성취도 그래프

성취도 그래프 활용법

① 회차별 공부가 끝나면 그래프의 맞힌 개수 칸에 붙임딱지( )를 붙입니다.
② 그래프의 변화를 보면서 스스로 성취도를 확인하고 연산 실력과 자신감을 키웁니다.

★ 회차별로 모두 맞힌 개수입니다.

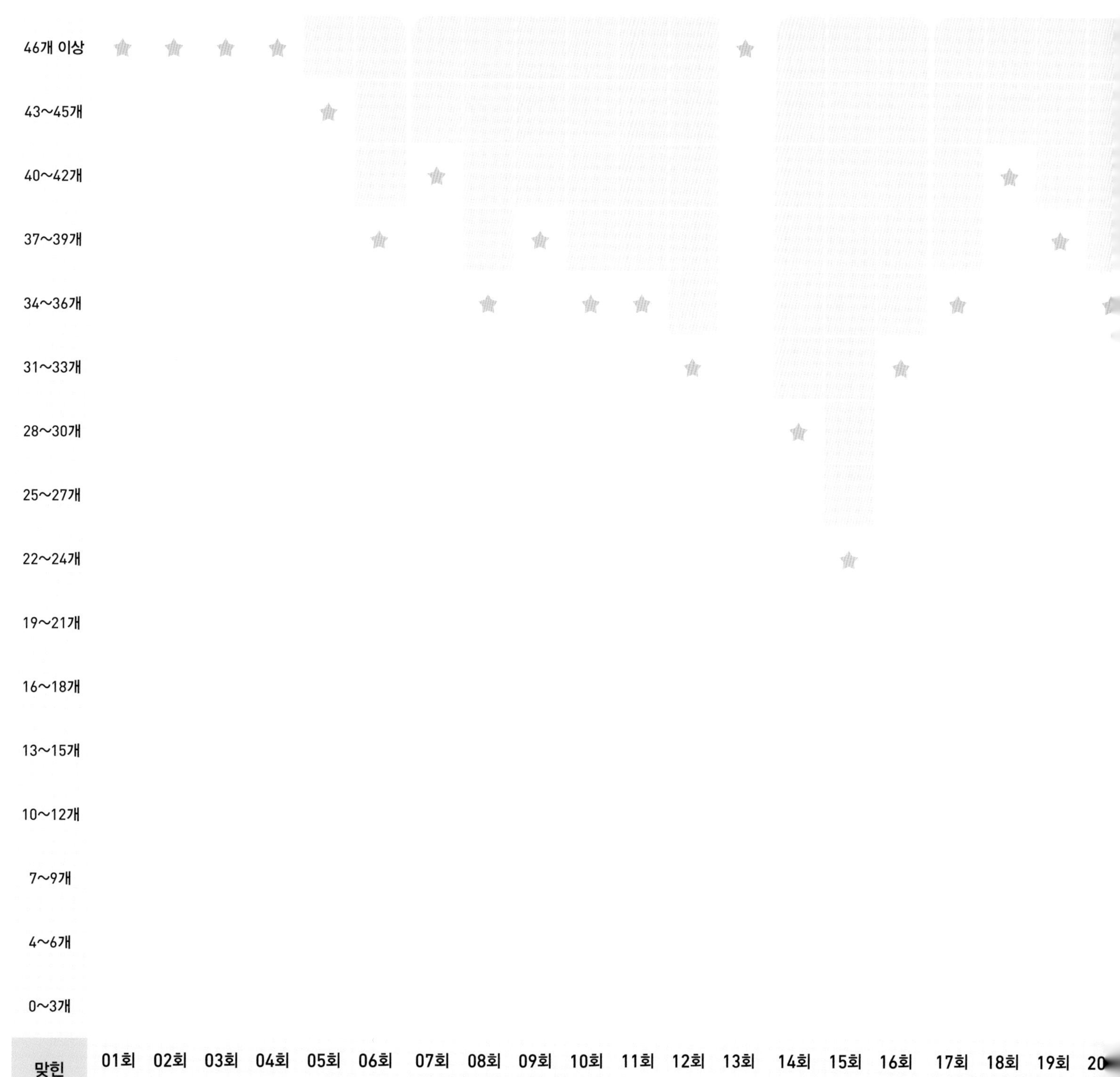

나의 다짐

- ◯ 나는 하루에 4쪽 큐브수학 연산을 공부합니다.
- ◯ 나는 문제를 다 푼 다음, 실수하지 않도록 꼭 검토를 하겠습니다.
- ◯ 나는 다 맞힌 회차를 　　　 회 도전합니다.

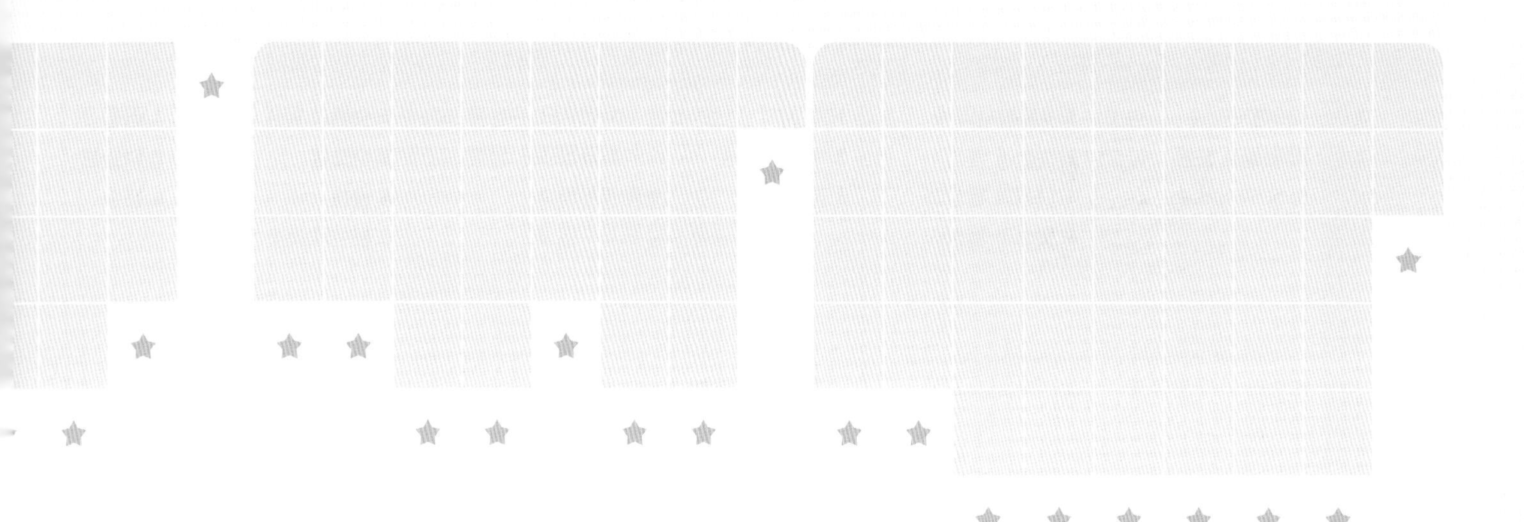

회	21회	22회	23회	24회	25회	26회	27회	28회	29회	30회	31회	32회	33회	34회	35회	36회	37회	38회	39회	40회
원				5단원								6단원								

★ 성취도 그래프의 맞힌 개수 칸에 붙임딱지를 붙이세요.

큐브 수학 연산

5-1

특징과 구성

#전 단원
#한 권으로
#빠짐없이

연산 따로 도형 따로 NO,
연산 학습도 수학 교과서의 단원별 개념 순서에 맞게 빠짐없이

수학은 개념 간 유기적으로 연결되어 있기 때문에 교과서 개념 순서에 맞게 학습해야 합니다. 연산이 필요한 부분만 선택적 학습을 하면 개념 이해가 부족하여 연산 실수가 생깁니다. 특히 도형과 측정 영역에서 개념 이해 없이 연산 방법만 공식처럼 암기하면 연산 학습에 구멍이 생깁니다. 따라서 모든 단원의 내용을 교과서 개념 순서에 맞춰 연산 학습해야 합니다.

#하루 4쪽
#4단계
#체계적인

기계적인 단순 반복 학습 NO,
하루 4쪽 체계적인 4단계 연산 유형으로 완벽하게

학생들이 연산 학습을 지루하게 생각하는 이유는 기계적인 단순 반복 훈련을 하기 때문입니다.

하루 4쪽 개념 → 연습 → 활용 → 완성 의 체계적인 4단계 문제로 구성되어 있어 지루하지 않고 효과적으로 연산 실력을 키울 수 있습니다.

#같은 수
#연산 감각
#효율적

같은 수 다른 문제로 연산 학습을 효율적으로

기계적인 단순 반복 학습을 하면 많은 문제를 풀어도 연산 실수가 생깁니다. 같은 수 다른 문제를 통해 수 감각을 익히면 자연스럽게 연산 감각이 향상되어 효율적으로 연산 학습을 할 수 있습니다.

#성취감
#자신감
#재미있게

성취도 그래프로 성취감을 키워 연산 학습을 재미있게

학습을 끝낸 후 성취도 그래프에 붙임딱지를 붙입니다. 다 맞힌 날수가 늘어날수록 성취감과 수학 자신감이 향상되어 연산 학습을 재미있게 할 수 있습니다.

하루 4쪽 4단계 학습

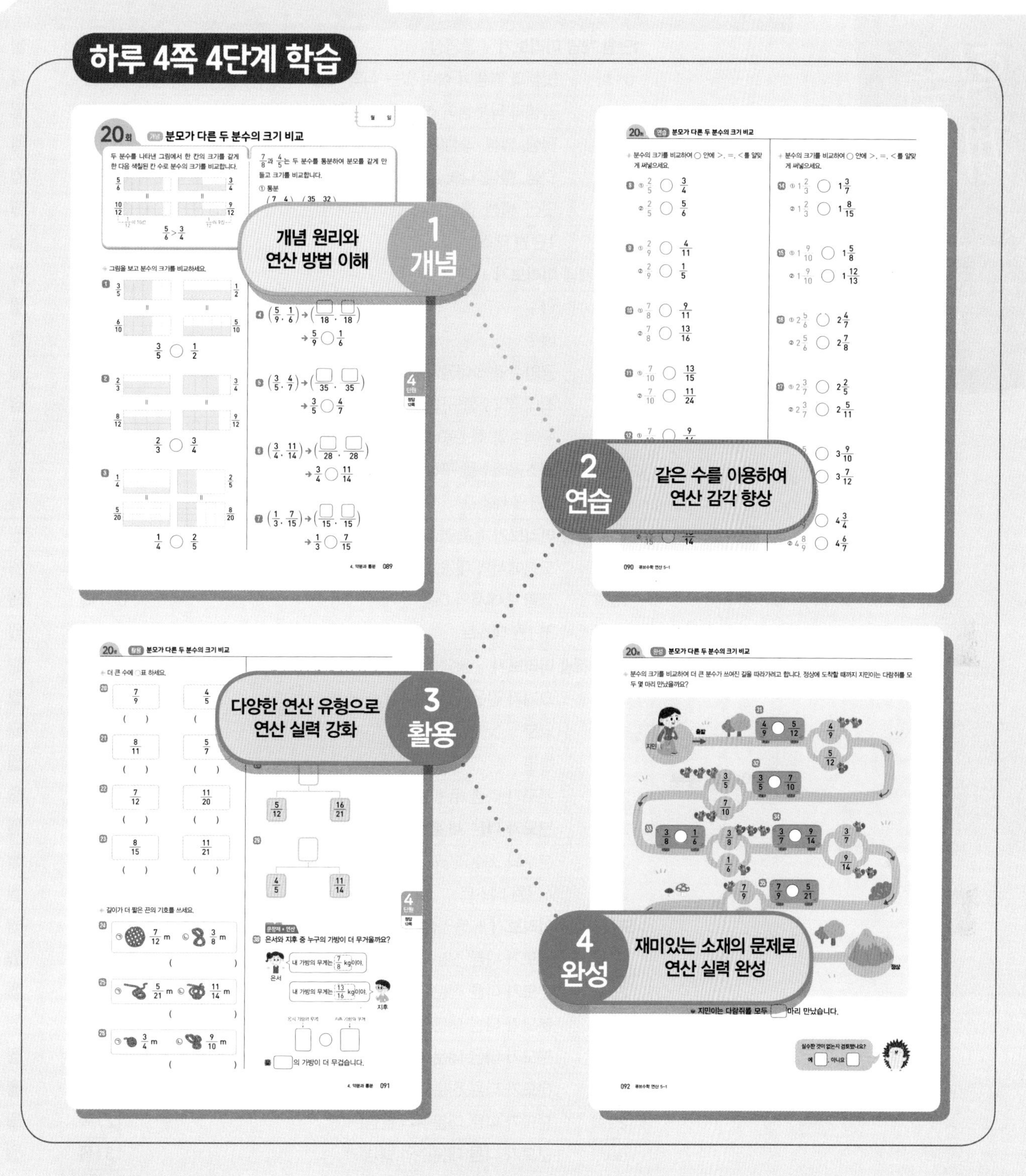

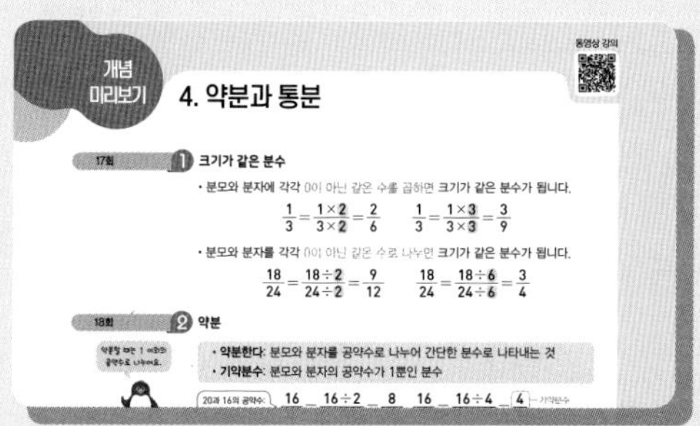

개념 미리보기 + 동영상

한 단원 내용의 전체 흐름을 한눈에 볼 수 있도록 구성

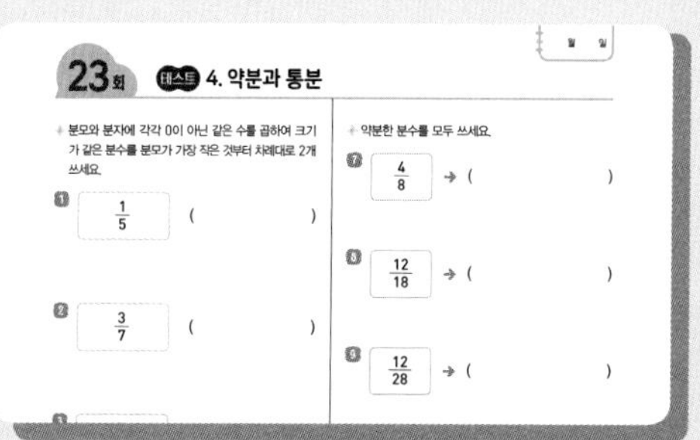

단원 테스트

한 단원의 학습을 마무리하며 연산 실력을 점검

학습 계획

1

자연수의 혼합 계산

	공부할 내용	문제 개수	확인
01회	덧셈과 뺄셈이 섞여 있는 식의 계산	48개	
02회	곱셈과 나눗셈이 섞여 있는 식의 계산	49개	
03회	덧셈, 뺄셈, 곱셈이 섞여 있는 식의 계산	47개	
04회	덧셈, 뺄셈, 나눗셈이 섞여 있는 식의 계산	46개	
05회	덧셈, 뺄셈, 곱셈, 나눗셈이 섞여 있는 식의 계산	44개	
06회	1단원 테스트	38개	

동영상 강의

개념 미리보기

1. 자연수의 혼합 계산

01~02회

1 덧셈과 뺄셈이 섞여 있는 식 / 곱셈과 나눗셈이 섞여 있는 식

앞에서부터 차례대로 계산합니다.

$25-16+7=16$ (① $25-16=9$, ② $9+7=16$)

$60\div3\times4=80$ (① $60\div3=20$, ② $20\times4=80$)

01~02회

2 괄호가 있는 식 (1)

( ) 안을 먼저 계산합니다.

( )가 있는 식과 없는 식의 계산 결과는 다르구나!

$25-(16+7)=2$ (① $16+7=23$, ② $25-23=2$)

$60\div(3\times4)=5$ (① $3\times4=12$, ② $60\div12=5$)

03~04회

3 덧셈, 뺄셈, 곱셈이 섞여 있는 식 / 덧셈, 뺄셈, 나눗셈이 섞여 있는 식

곱셈 또는 나눗셈을 먼저 계산합니다.

$34+25-6\times7$
$=34+25-42$
$=59-42$
$=17$

① 곱셈 계산
② 덧셈 또는 뺄셈은 앞에서부터 계산
③ 남은 식 계산

$52-6\div2+46$
$=52-3+46$
$=49+46$
$=95$

① 나눗셈 계산
② 덧셈 또는 뺄셈은 앞에서부터 계산
③ 남은 식 계산

03~04회

4 괄호가 있는 식 (2)

( ) 안을 먼저 계산합니다.

( )가 있는 식은 무조건 ( ) 안을 먼저 계산하는 거야~

$34+(25-6)\times7$
$=34+19\times7$
$=34+133$
$=167$

① ( ) 안 계산
② 곱셈 계산
③ 남은 식 계산

$(52-6)\div2+46$
$=46\div2+46$
$=23+46$
$=69$

① ( ) 안 계산
② 나눗셈 계산
③ 남은 식 계산

05회

5 덧셈, 뺄셈, 곱셈, 나눗셈이 섞여 있는 식

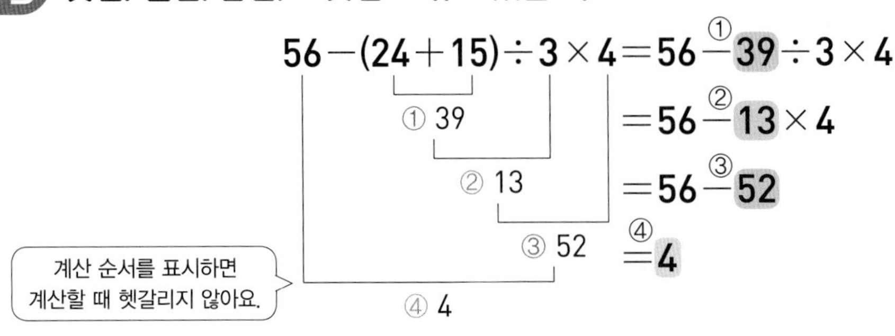

01회 개념 덧셈과 뺄셈이 섞여 있는 식의 계산

( )가 있으면 ( ) 안을 먼저 계산하고, ( )가 없으면 앞에서부터 계산합니다.

$9-5+3=4+3$
$=7$

① $9-5=4$
② $4+3=7$

$9-(5+3)=9-8$
$=1$

① $5+3=8$
② $9-8=1$

◈ 가장 먼저 계산해야 하는 부분에 ○표 하세요.

1 $47-21+14$

2 $8+24-19+32$

3 $16+31-28$

4 $7+(36-11)$

5 $29-(13+9)+4$

6 $34-(25-18)+11$

◈ □ 안에 알맞은 수를 써넣으세요.

7 $12+35-6=\square-6$
$=\square$

8 $9+43-38=\square-38$
$=\square$

9 $37-11+5-26=\square+5-26$
$=\square-26$
$=\square$

10 $46-(14+15)=46-\square$
$=\square$

11 $12+39-(24+12)=12+39-\square$
$=\square-36$
$=\square$

1단원 정답 01쪽

◆ 계산을 하세요.

⑫ $24+7-9$

⑬ $35-8+13$

⑭ $42+19-27$

⑮ $46-14+15$

⑯ $53-27+4$

⑰ $58+8-35$

⑱ $63-16+9$

⑲ $74+30-22$

⑳ $80-35+11$

㉑ $92+26-55$

◆ 계산을 하세요.

㉒ $21-(6+8)$

실수 방지 ( ) 안을 먼저 계산해요.

㉓ $30-(7+15)$

㉔ $42-(19+11)$

㉕ $49-(37+3)$

㉖ $57-(17+9)$

㉗ $65-(14+17)$

㉘ $68-(14+5)$

㉙ $71-(26+8)$

㉚ $84-(32+19)$

㉛ $91-(17+39)$

◆ ○ 안에 계산 결과를 써넣으세요.

32 $55+27-16$ ○

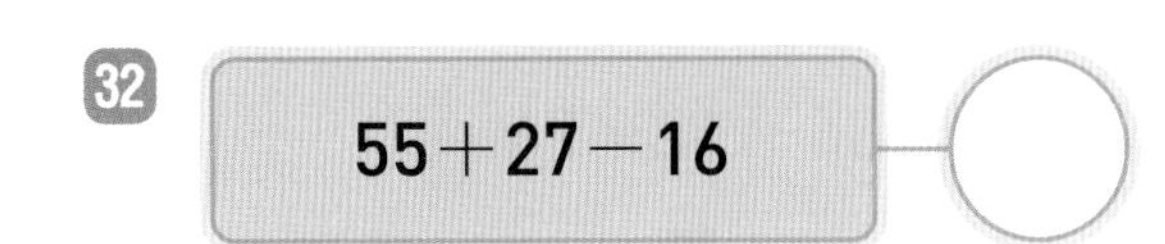

33 $60-(31+18)$ ○

34 $49-(12+25)$ ○

35 $62+23-38$ ○

◆ 하나의 식으로 나타내고, 계산을 하세요.

36 20에서 9와 7의 합을 뺀 수

→ ______

37 15와 26을 더하고 19를 뺀 수

→ ______

38 76에서 22와 15의 합을 뺀 수

→ ______

39 41에서 12를 빼고 17을 더한 수

→ ______

◆ 크기를 비교하여 ○ 안에 >, =, < 를 알맞게 써넣으세요.

40 $45-13+19$ ○ $45-(13+19)$

41 $57-25+18$ ○ $57-(25+18)$

42 $66+33-14$ ○ $66+(33-14)$

43 $82-49+24$ ○ $82-(49+24)$

44 $95-56+15$ ○ $95-(56+15)$

문장제 + 연산

45 어느 분식집에서 하정이는 돈가스를, 현태는 김밥과 우동을 먹었습니다. 하정이는 현태보다 얼마를 더 내야 할까요?

음식	김밥	돈가스	우동
가격(원)	3000	8500	5000

돈가스의 값 ↓ 김밥의 값 ↓ 우동의 값 ↓

$\square-(\square+\square)=\square$

답 하정이는 현태보다 $\square$원을 더 내야 합니다.

1 단원 정답 01쪽

사다리를 타고 내려가서 만나는 빈칸에 계산 결과를 써넣으세요.

46

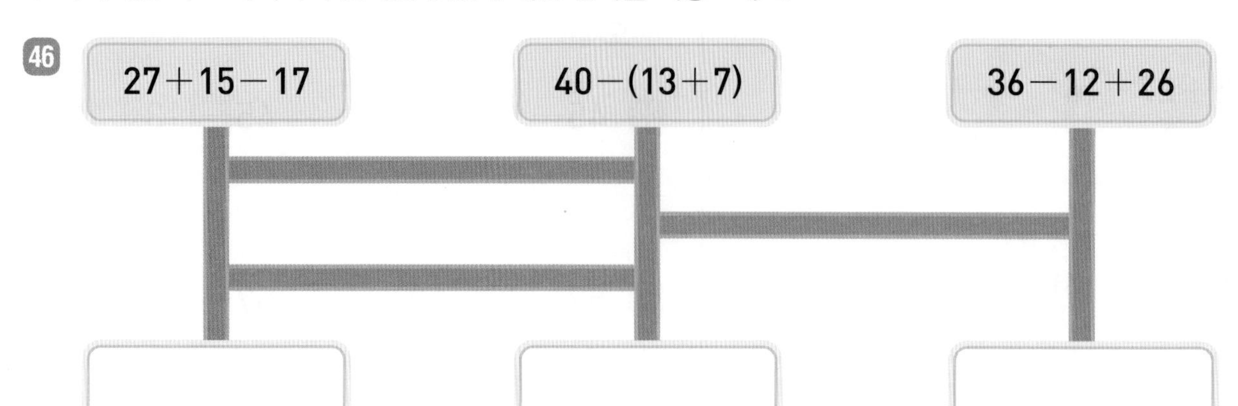

47

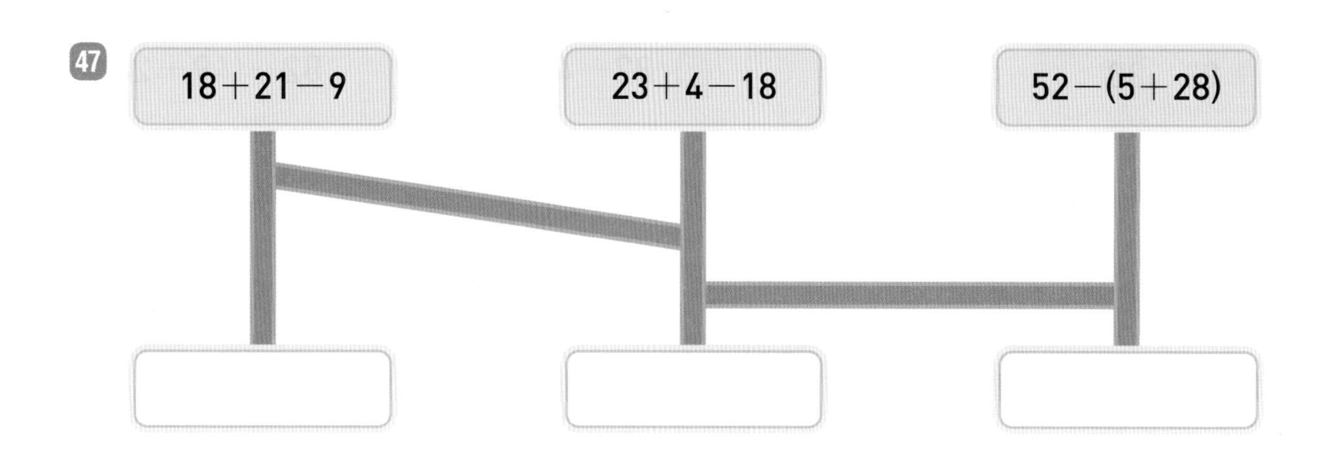

48

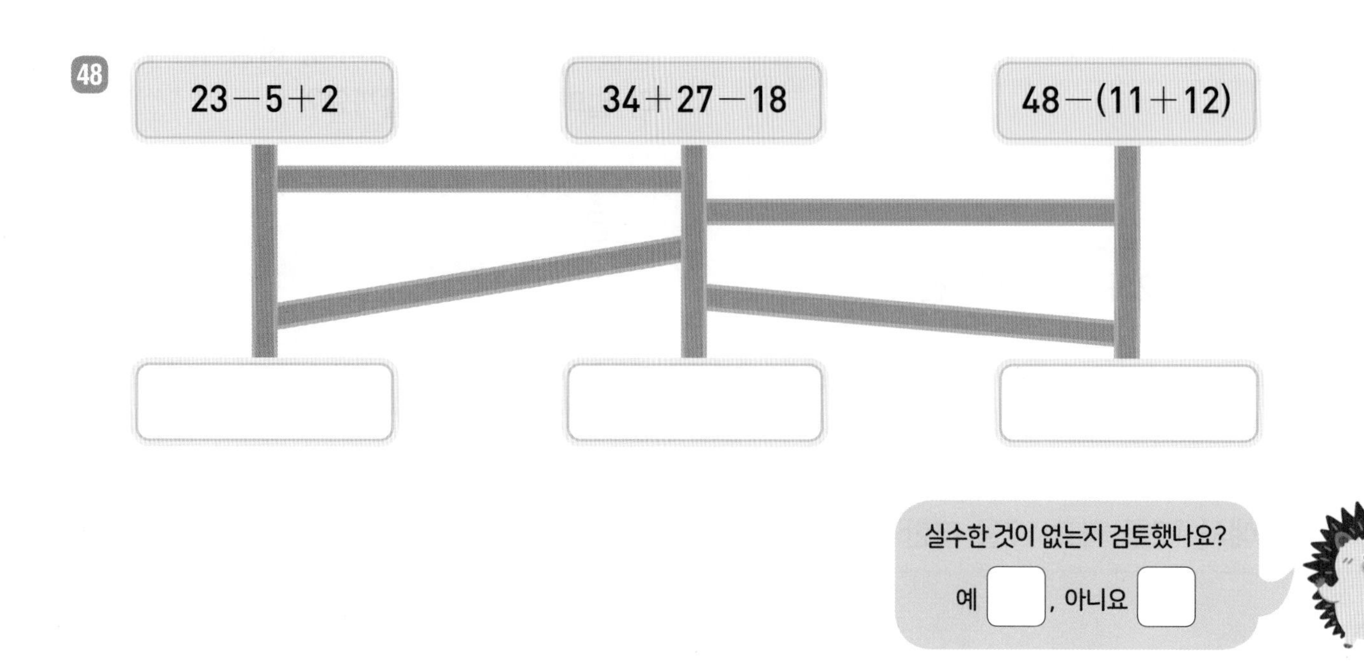

02회 개념 곱셈과 나눗셈이 섞여 있는 식의 계산

( )가 있으면 ( ) 안을 먼저 계산하고, ( )가 없으면 앞에서부터 계산합니다.

$12 \div 2 \times 3 = 6 \times 3 = 18$

① $12 \div 2 = 6$
② $6 \times 3 = 18$

$12 \div (2 \times 3) = 12 \div 6 = 2$

① $2 \times 3 = 6$
② $12 \div 6 = 2$

◆ 가장 먼저 계산해야 하는 부분의 기호를 쓰세요.

1 $27 \times 3 \div 9$ (㉠: 27 × 3, ㉡: 3 ÷ 9)

( )

2 $68 \div 17 \times 15$ (㉠: 68 ÷ 17, ㉡: 17 × 15)

( )

3 $9 \times (42 \div 7)$ (㉠: 9 × 42, ㉡: 42 ÷ 7)

( )

4 $180 \div (5 \times 3)$ (㉠: 180 ÷ 5, ㉡: 5 × 3)

( )

5 $21 \times (18 \div 6)$ (㉠: 21 × 18, ㉡: 18 ÷ 6)

( )

◆ 보기 와 같이 계산 순서를 나타내고, 계산하세요.

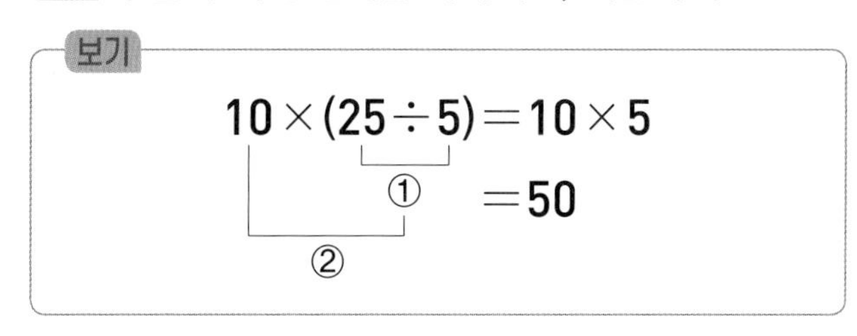

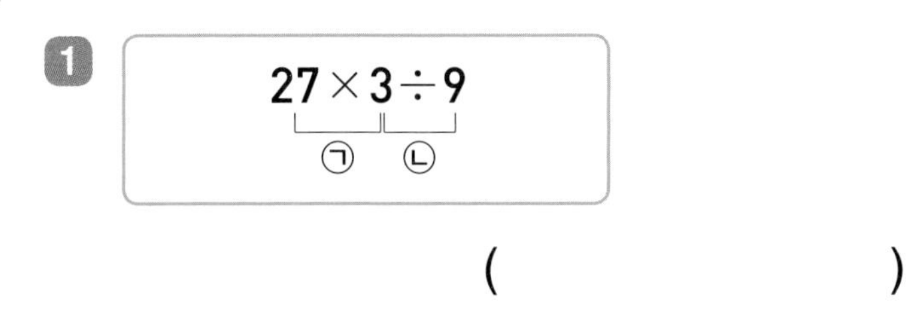

6 $42 \div 7 \times 14$

7 $15 \times 4 \div 3$

8 $160 \div (8 \times 4)$

9 $(24 \times 6) \div 12$

1 단원
정답 01쪽

◈ 계산을 하세요.

10 $4 \times 16 \div 8$

실수 방지 앞에서부터 차례대로 계산해야 해요.

11 $9 \div 3 \times 16$

12 $12 \times 7 \div 4$

13 $15 \div 3 \times 25$

14 $36 \div 6 \times 3$

15 $40 \times 4 \div 16$

16 $48 \div 12 \times 4$

17 $70 \times 8 \div 14$

18 $120 \div 5 \times 4$

19 $200 \div 10 \times 2$

◈ 계산을 하세요.

20 $24 \div (4 \times 2)$

21 $32 \div (4 \times 4)$

22 $40 \div (4 \times 5)$

23 $52 \div (2 \times 13)$

24 $64 \div (8 \times 2)$

25 $84 \div (6 \times 2)$

26 $108 \div (9 \times 3)$

27 $112 \div (2 \times 8)$

28 $168 \div (7 \times 3)$

29 $240 \div (6 \times 5)$

◆ 빈칸에 계산 결과를 써넣으세요.

30 $48\div16\times3$ → ◇

31 $6\times28\div21$ → ◇

32 $96\div(4\times4)$ → ◇

33 $112\div(2\times7)$ → ◇

◆ 계산 결과가 더 큰 식의 기호를 쓰세요.

34 ㉠ $270\div(3\times9)$ ㉡ $180\div(2\times6)$

( )

35 ㉠ $30\times7\div6$ ㉡ $45\div3\times2$

( )

36 ㉠ $75\div(5\times3)$ ㉡ $36\times2\div12$

( )

37 ㉠ $91\times5\div7$ ㉡ $204\div(2\times3)$

( )

◆ 보기 와 같이 두 식을 하나의 식으로 나타내세요.

보기

$132\div22=6$ $11\times2=22$

22 대신에 (11 × 2)를 넣어요.

→ $132\div(11\times2)=6$

38 $4\times27=108$ $108\div12=9$

→ ______

39 $3\times3=9$ $63\div9=7$

→ ______

40 $2\times4=8$ $40\div8=5$

→ ______

문장제 + 연산

41 한 사람이 한 시간 동안 종이꽃을 5개 만들 수 있습니다. 7명이 종이꽃을 70개 만들려면 몇 시간이 걸릴까요?

만들어야 하는 종이꽃 수 / 사람 수 / 한 사람이 한 시간 동안 만드는 종이꽃 수

☐ ÷ (☐ × ☐) = ☐

답 7명이 종이꽃을 70개 만들려면 ☐시간이 걸립니다.

1 단원 정답 02쪽

◈ 자물쇠의 비밀번호는 식의 계산 결과입니다. 예를 들어 계산 결과가 1이면 비밀번호는 001, 계산 결과가 12이면 비밀번호는 012입니다. 자물쇠의 비밀번호를 구하세요.

42

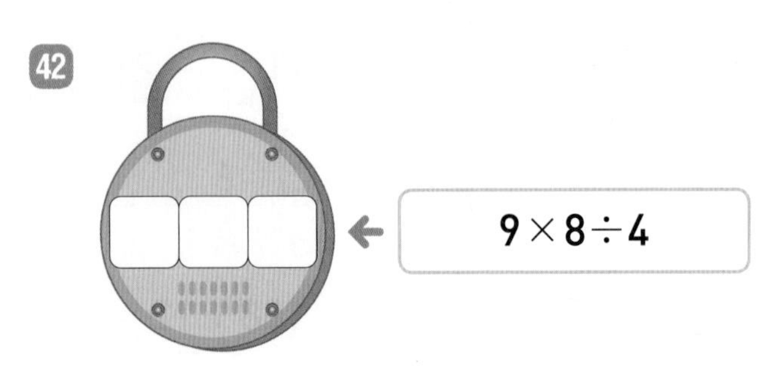

$9 \times 8 \div 4$

43

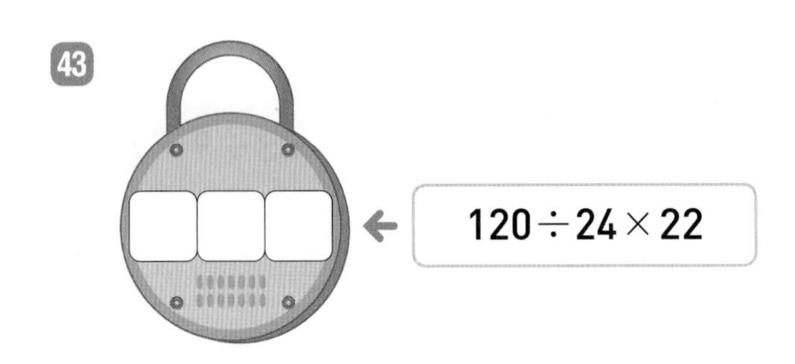

$120 \div 24 \times 22$

44

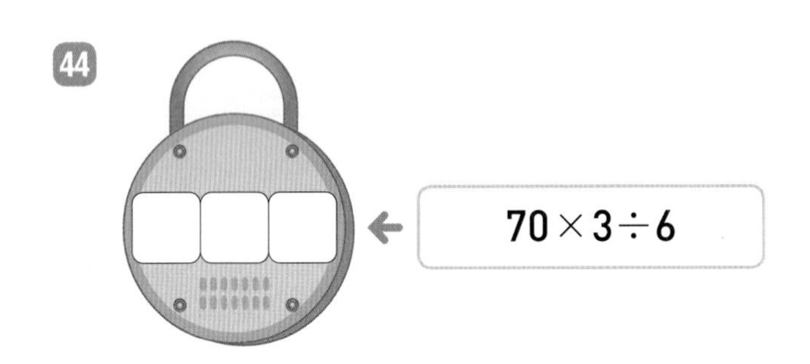

$70 \times 3 \div 6$

45

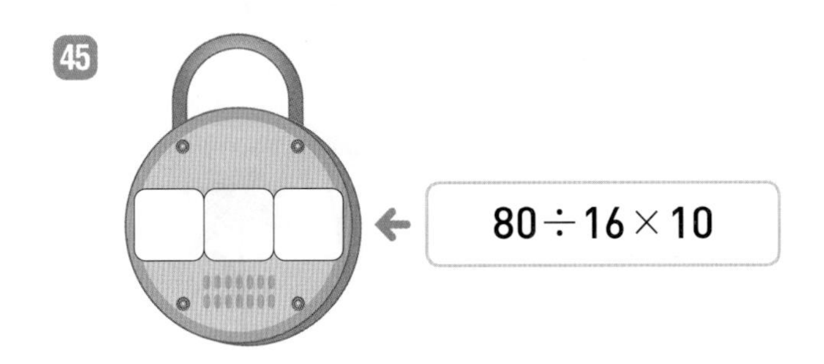

$80 \div 16 \times 10$

46

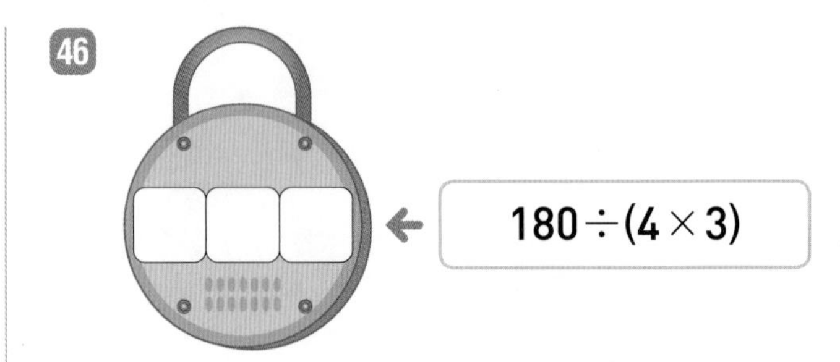

$180 \div (4 \times 3)$

47

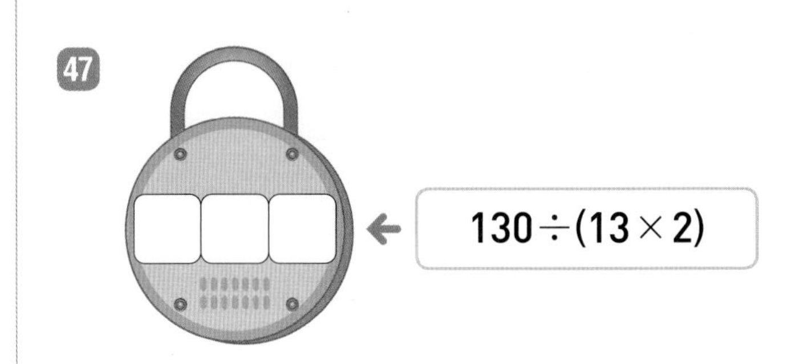

$130 \div (13 \times 2)$

48

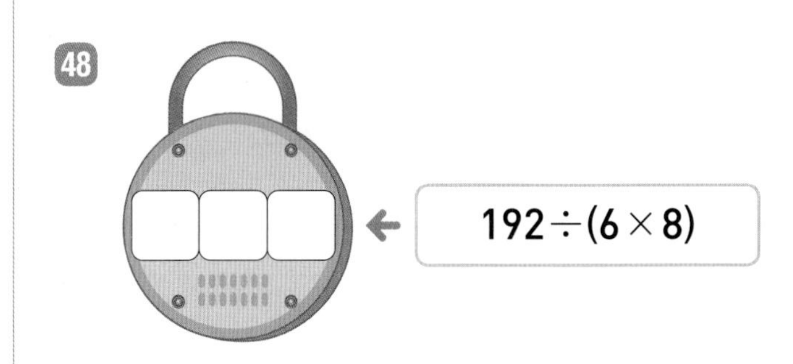

$192 \div (6 \times 8)$

49

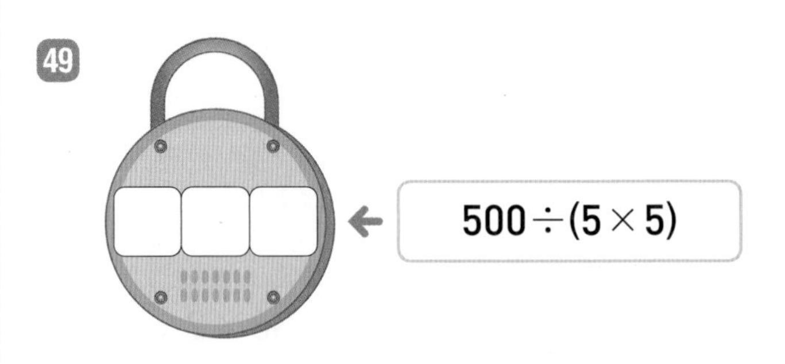

$500 \div (5 \times 5)$

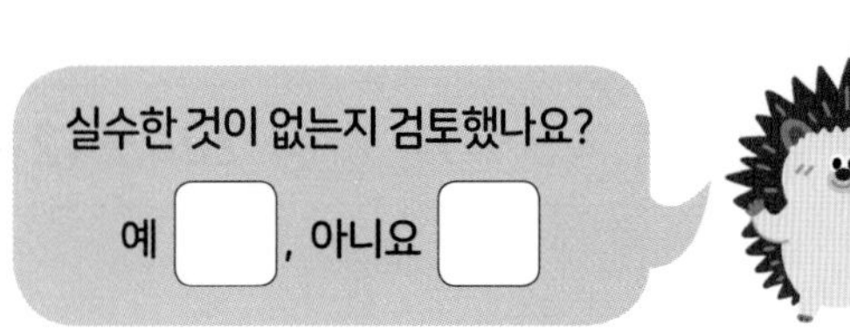

03회 개념 덧셈, 뺄셈, 곱셈이 섞여 있는 식의 계산

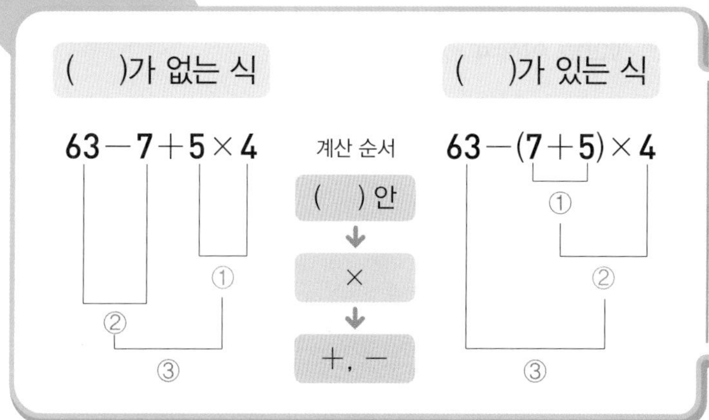

( )가 있으면 ( ) 안을 먼저 계산하고, ( )가 없으면 곱셈을 먼저 계산합니다.

$9\times10-(17+6)=9\times10-23$
$=90-23$
$=67$

① $17+6=23$
② $9\times10=90$
③ $90-23=67$

◈ 계산 순서에 맞게 기호를 쓰세요.

1 $57-14\times2+13$ (㉠: −, ㉡: ×, ㉢: +)

( )

2 $85+18-10\times6$ (㉠: +, ㉡: −, ㉢: ×)

( )

3 $(31+18)\times2-42$ (㉠: +, ㉡: ×, ㉢: −)

( )

4 $47+(36-23)\times2$ (㉠: +, ㉡: −, ㉢: ×)

( )

5 $73-4\times(2+11)$ (㉠: −, ㉡: ×, ㉢: +)

( )

◈ □ 안에 알맞은 수를 써넣으세요.

6 $39+41-7\times9=39+41-$□
$=$□-63
$=$□

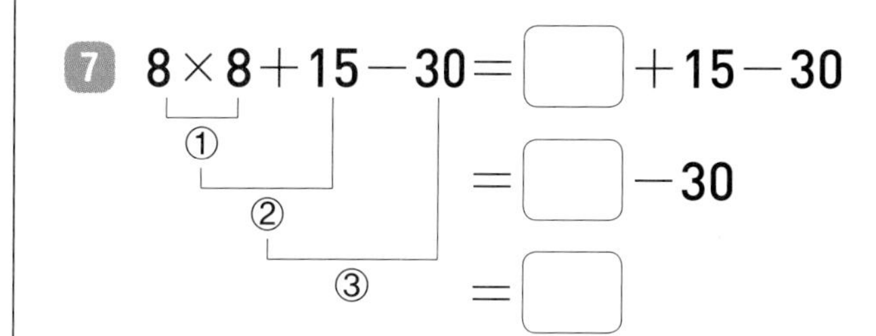

7 $8\times8+15-30=$□$+15-30$
$=$□-30
$=$□

8 $10+5\times(29-15)=10+5\times$□
$=10+$□
$=$□

9 $7\times(6+4)-37=7\times$□-37
$=$□-37
$=$□

1 단원
정답 02쪽

◈ 계산을 하세요.

10 $9 \times 9 + 14 - 22$

11 $10 + 37 - 6 \times 7$

12 $11 \times 3 - 19 + 8$

실수 방지 앞에서부터 계산하지 않고 곱셈부터 계산해야 해요.

13 $25 + 7 \times 8 - 20$

14 $37 - 4 \times 5 + 13$

15 $46 - 9 + 2 \times 4$

16 $53 + 8 - 4 \times 5$

17 $65 - 10 \times 2 + 3$

18 $72 - 6 + 7 \times 3$

19 $80 + 15 \times 4 - 49$

◈ 계산을 하세요.

20 $(12 + 18) \times 4 - 17$

21 $16 \times (7 - 2) + 30$

22 $(20 + 8) \times 6 - 35$

23 $24 \times (5 - 3) + 25$

24 $31 \times (5 - 4) + 17$

25 $55 + 3 \times (15 - 7)$

26 $69 + (11 - 7) \times 2$

27 $(75 - 41) \times 3 + 16$

28 $88 - 8 \times (3 + 5)$

29 $100 - (21 + 16) \times 2$

◈ 계산 결과를 찾아 선으로 이으세요.

30

$65-11+8\times2$ •		• 34
$12\times4+23-17$ •		• 70
$54-3\times13+19$ •		• 54

31

$42\times(10-8)+26$ •		• 81
$154-(8+7)\times6$ •		• 64
$(12-5)\times9+18$ •		• 110

◈ (   )가 없어도 계산 결과가 같은 식을 찾아 기호를 쓰세요.

32

㉠ $94-(8\times9)+45$
㉡ $(19+6)\times16-70$

(   )

33

㉠ $(8+5)\times6-21$
㉡ $70+21-(15\times4)$

(   )

34

㉠ $18\times(17-5)+4$
㉡ $(86-2)+9\times5$

(   )

◈ 1부터 9까지의 자연수 중에서 ☐ 안에 들어갈 수 있는 수는 모두 몇 개인지 구하세요.

35 $\square<2\times6+7-11$

(   )

36 $\square<54-(3+9)\times4$

(   )

37 $(11+6)\times2-30<\square$

(   )

38 $9\times11-95+4<\square$

(   )

1 단원 정답 02쪽

문장제 + 연산

39 방울토마토가 34개 있습니다. 남학생 2명과 여학생 2명이 각각 7개씩 먹었습니다. 남은 방울토마토는 몇 개일까요?

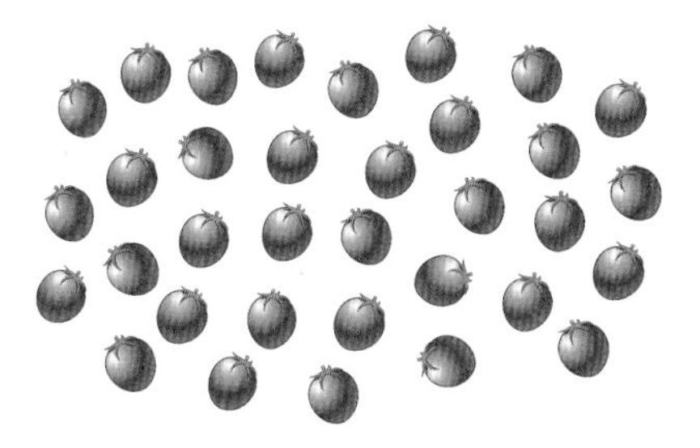

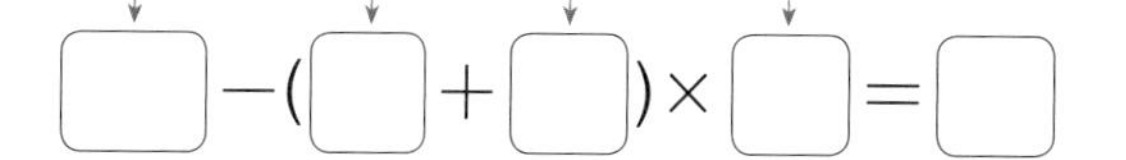

$\square-(\square+\square)\times\square=\square$

답 남은 방울토마토는 ☐개입니다.

계산을 하고, 아래에서 값이 같은 칸을 찾아 해당하는 글자를 써넣어 수수께끼를 해결하세요.

40. $59-10\times4+21=\square$ 문

41. $5\times16+17-42=\square$ 는

42. $61+6\times4-25=\square$ 떠

43. $47-26+8\times3=\square$ 다

44. $7\times(9+5)-28=\square$ 아

45. $14+(24-12)\times3=\square$ 돌

46. $80-5\times(5+4)=\square$ 은

47. $6\times(38-27)+19=\square$ 니

수수께끼 질문 →

60	50	70	45	85	55		40	35	
									?

수수께끼 정답 → □

실수한 것이 없는지 검토했나요?
예 □, 아니요 □

04회 개념 덧셈, 뺄셈, 나눗셈이 섞여 있는 식의 계산

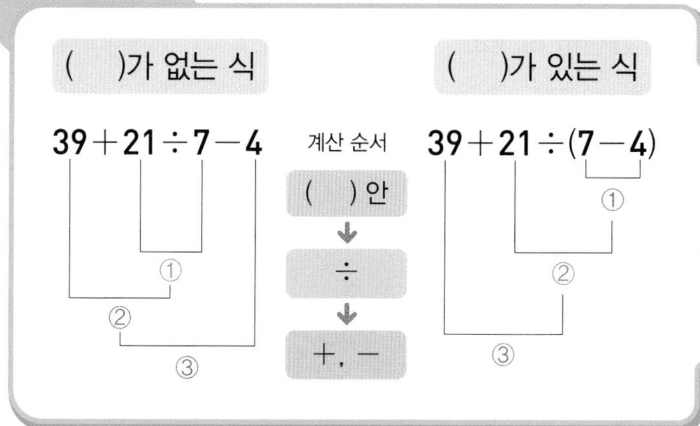

( )가 있으면 ( ) 안을 먼저 계산하고, ( )가 없으면 나눗셈을 먼저 계산합니다.

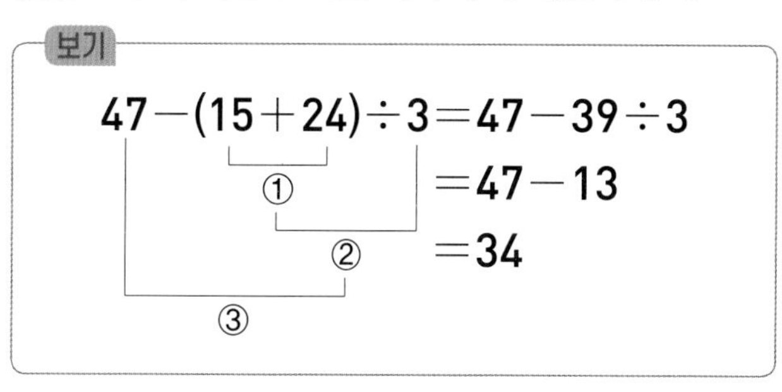

◆ 가장 먼저 계산해야 하는 부분에 색칠하세요.

1 $23+19-16\div4$

↓

$23+19$	$19-16$	$16\div4$

2 $45\div5-3+17$

↓

$45\div5$	$5-3$	$3+17$

3 $60\div(20-15)+32$

↓

$60\div20$	$20-15$	$15+32$

4 $59-36\div(12+6)$

↓

$59-36$	$36\div12$	$12+6$

◆ 보기 와 같이 계산 순서를 나타내고, 계산하세요.

보기

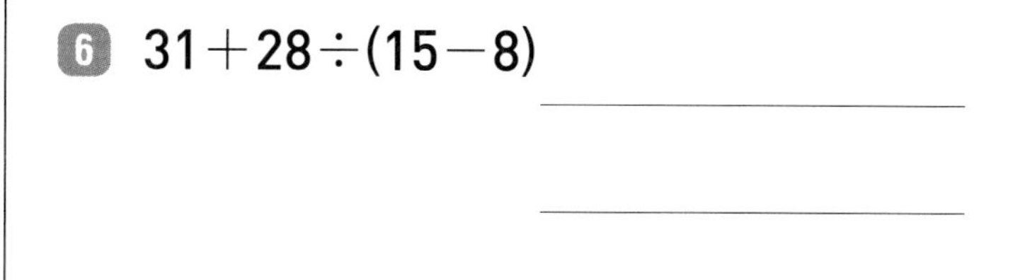

5 $34+42\div14-21$

6 $31+28\div(15-8)$

7 $(18+30)\div3-4$

1 단원
정답 02쪽

계산을 하세요.

8 $28+24\div4-7$

9 $36-18\div6+5$

10 $42\div7-3+18$

11 $47+30-20\div5$

12 $50-30+15\div3$

13 $56-27\div3+4$

14 $64\div4-1+15$

15 $70\div5-3+16$

16 $83+28\div7-39$

17 $98-24\div3+5$

계산을 하세요.

18 $24\div(9-3)+16$

19 $(32+16)\div8-3$

20 $47-(23+52)\div5$

실수 방지 괄호가 있을 때에는 나눗셈보다 괄호 안을 먼저 계산해야 해요.

21 $55-(4+12)\div4$

22 $61-20\div(2+3)$

23 $(63+13)\div4-5$

24 $78+(16-8)\div2$

25 $81\div(9+18)-1$

26 $96\div(6-2)+31$

27 $104\div(8+5)-2$

계산 결과를 찾아 선으로 이으세요.

28
$85-21+18\div2$ • • 67
$32\div4+66-7$ • • 73

29
$52\div(10-8)+36$ • • 90
$100-(55+5)\div6$ • • 62

30
$19+45\div5-6$ • • 22
$(68-14)\div9+7$ • • 13

바르게 계산한 사람의 이름을 쓰세요.

31
현아: $(24-9)\div5+10=13$
시경: $60-24\div12+5=89$

( )

32
경진: $20-(5+10)\div5=5$
태우: $30-12\div4+1=28$

( )

33
효진: $(48+24)\div6-7=45$
승국: $14+2-69\div23=13$

( )

두 식의 계산 결과의 차를 구하세요.

34
$24-8+36\div4$ $20-45\div5+4$

( )

35
$102\div6+11-1$ $(72-18)\div9+24$

( )

36
$54-16\div(2+2)$ $48-36\div6+13$

( )

37
$39+17-24\div4$ $23+(47-11)\div3$

( )

38
$96\div(9-1)+4$ $15\div(8-5)+7$

( )

문장제 + 연산

39 공책 한 권은 900원, 연필 한 타는 4800원입니다. 2000원으로 공책 한 권과 연필 한 자루를 샀다면 남은 돈은 얼마일까요?
(단, 연필 한 타는 12자루입니다.)

공책 한 권의 가격 연필 한 타의 가격

$2000-(\square+\square\div12)=\square$

답 남은 돈은 ☐원입니다.

1 단원 정답 03쪽

수와 기호 카드를 섞어 식을 만들고 있습니다. 보기 와 같이 뒤집어진 기호 카드를 생각하며 계산을 하세요.

뒤		앞	뒤		앞	뒤		앞
😎	=	−	😊	=	+	😝	=	÷

보기

16 😊(+) 12 😎(−) 40 😝(÷) 5

(20)

40 34 😎 28 😝 4 😊 10

(　　　　)

41 90 😝 6 😊 48 😎 10

(　　　　)

42 45 😊 91 😝 7 😎 34

(　　　　)

43 (46 😎 11) 😝 7 😊 32

(　　　　)

44 57 😝 3 😎 (4 😊 6)

(　　　　)

45 88 😝 (3 😊 1) 😎 15

(　　　　)

46 56 😝 (17 😎 13) 😊 27

(　　　　)

실수한 것이 없는지 검토했나요?

예 ☐, 아니요 ☐

05회 개념 덧셈, 뺄셈, 곱셈, 나눗셈이 섞여 있는 식의 계산

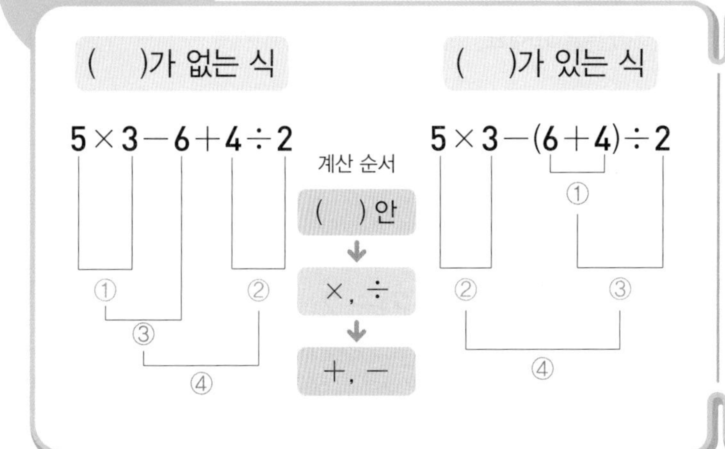

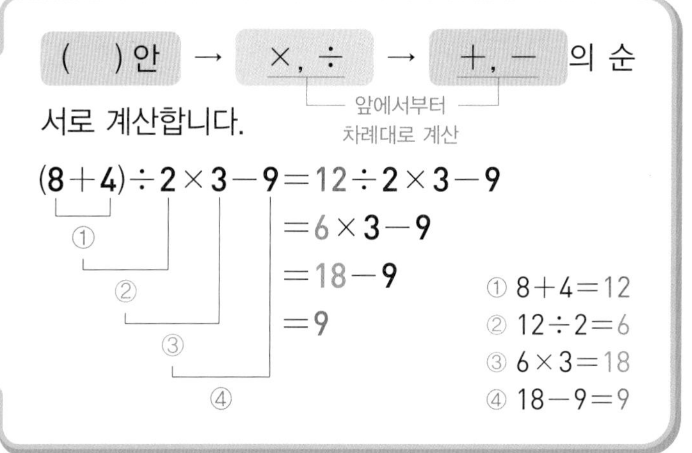

◆ 계산 순서대로 ☐ 안에 1, 2, 3, 4를 써넣으세요.

1. $72\div8-4+5\times10$

2. $11\times3+15-42\div7$

3. $6\times(13+8)\div7-5$

4. $24\div3+(12-7)\times6$

5. $40\div8\times6-(19+3)$

◆ 계산을 하세요.

6. $13+6\times6\div9-7=$ ☐

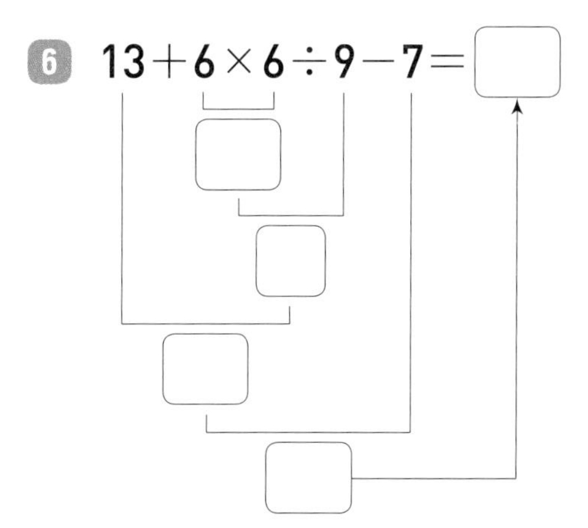

7. $41-60\div(3\times4)+10=$ ☐

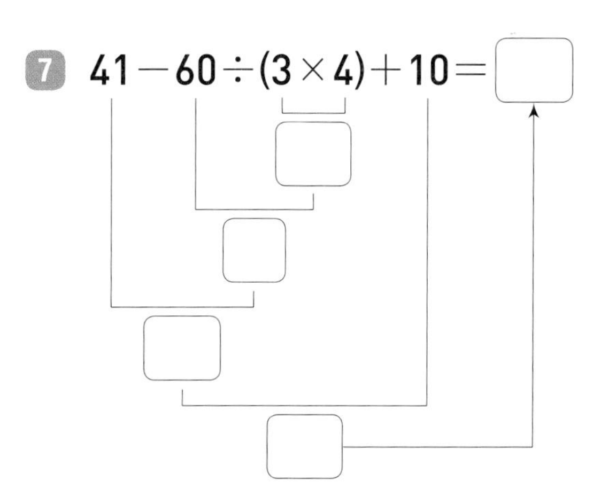

8. $(14+5)\times4-72\div8=$ ☐

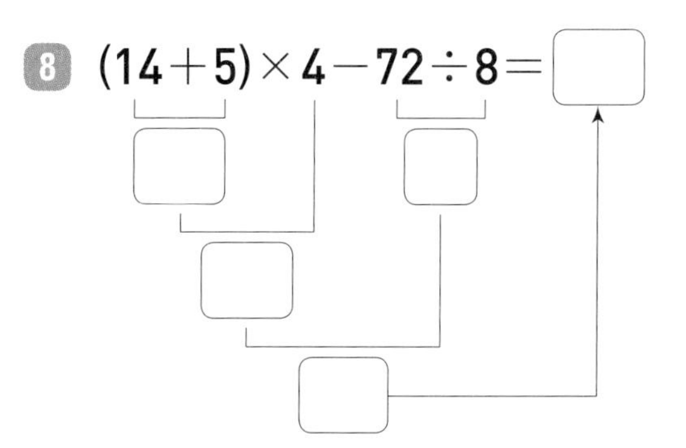

1 단원 정답 03쪽

◆ 계산을 하세요.

9 $5\times8+16-9\div3$

실수 방지 곱셈과 나눗셈 중 앞에 있는 것부터 계산해요.

10 $9\times18-6\div3+5$

11 $12\times4+30\div5-3$

12 $16+9\times8\div3-10$

13 $20\times3-10+15\div3$

14 $27-50\div5+7\times8$

15 $34\div2+7\times3-12$

16 $47+3\times6-4\div2$

17 $50\div5\times2+29-11$

18 $72-2\times3+15\div3$

◆ 계산을 하세요.

19 $3\times(8+32)\div8-1$

20 $13+7\times(6-2)\div2$

21 $22\div(9+2)\times18-7$

22 $25\times(6+18)\div6-54$

23 $36\div12+(24-2)\times4$

24 $(42-7)\div5+13\times4$

25 $55+64\div16\times(30-28)$

26 $61-3\times(5+10)\div5$

27 $72\div(17-8)+4\times3$

28 $190\div5-4\times(3+6)$

◆ 빈칸에 계산 결과를 써넣으세요.

29 $35-42\div7+9\times2$ ☐

30 $92\div(4-2)\times3+28$ ☐

31 $16+8\times2\div4-5$ ☐

32 $330\div6+(28-20)\times4$ ☐

◆ 계산을 하고, 두 식의 계산 결과가 같으면 ○표, 다르면 ×표 하세요.

33
$56+4\times6-36\div18=$ ☐
$(56+4)\times6-36\div18=$ ☐

( )

34
$6\times8+27-9\div3=$ ☐
$6\times8+(27-9)\div3=$ ☐

( )

35
$30\div2+4\times5-7=$ ☐
$30\div(2+4)\times5-7=$ ☐

( )

◆ 계산 결과가 더 작은 것의 기호를 쓰세요.

36
㉠ $5\times12\div(14-8)+61$
㉡ $42\div7+23\times(8-6)$

( )

37
㉠ $14\times2+25-84\div7$
㉡ $54\div6+8\times7-20$

( )

38
㉠ $6\times12-(35+14)\div7$
㉡ $49-24\div6+4\times3$

( )

39
㉠ $4\times10-(21+39)\div2$
㉡ $3\times8-(25+11)\div9$

( )

문장제 + 연산

40 볶음밥 2인분을 만들려고 합니다. 7000원으로 필요한 재료를 샀다면 남은 돈은 얼마일까요?

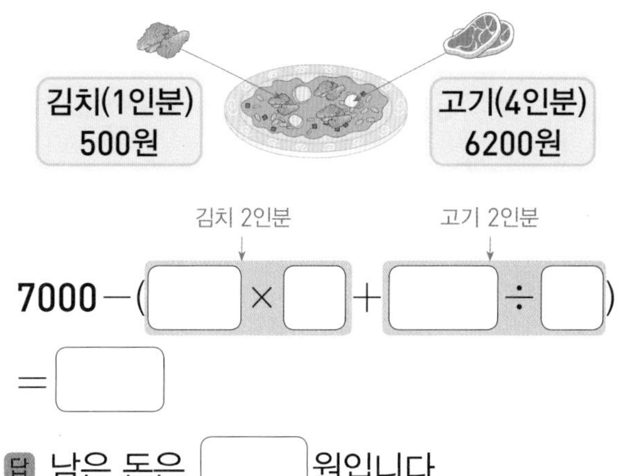

$7000-($ ☐ $\times$ ☐ $+$ ☐ $\div$ ☐ $)$

$=$ ☐

답 남은 돈은 ☐ 원입니다.

1단원 정답 03쪽

잘못 계산하기 시작한 곳을 찾아 ☐ 안에 ×표 하고, 바르게 계산한 값을 쓰세요.

41

$54\div6+11\times3-25$
$=9+11\times3-25$
$=20\times3-25$
$=60-25$
$=35$

$54\div6+11\times3-25$

42

$39-64\div(2\times4)+19$
$=39-64\div8+19$
$=39-8+19$
$=39-27$
$=12$

$39-64\div(2\times4)+19$

43

$49\div7+11\times3-25$
$=7+11\times3-25$
$=18\times3-25$
$=54-25$
$=29$

$49\div7+11\times3-25$

44

$63+(12-10)\times42\div6$
$=63+12-420\div6$
$=63+12-70$
$=75-70$
$=5$

$63+(12-10)\times42\div6$

실수한 것이 없는지 검토했나요?

예 ☐, 아니요 ☐

06회 테스트 1. 자연수의 혼합 계산

◆ 계산을 하세요.

1 ① $39-15+7$

② $41+19-32$

2 ① $54-23+18$

② $75+30-44$

3 ① $6\times16\div3$

② $14\div2\times70$

4 ① $22\times10\div5$

② $84\div4\times2$

5 ① $64-11+5\times3$

② $97-6\times4+7$

◆ 계산을 하세요.

6 ① $21\times5+9-14$

② $43-4\times8+9$

7 ① $52-30\div2+10$

② $64+56\div8-12$

8 ① $78-66\div6+5$

② $105\div7+16-2$

9 ① $5\times11+25-81\div9$

② $13+26-20\times2\div5$

10 ① $25\times4+48\div6-2$

② $82-4\times6+18\div6$

1 단원 정답 03쪽

◆ 계산을 하세요.

11 ① $39-(13+5)$

② $61-(20+19)$

12 ① $72-(35+24)$

② $91-(50+22)$

13 ① $64\div(2\times4)$

② $72\div(6\times3)$

14 ① $126\div(7\times2)$

② $180\div(9\times5)$

15 ① $8\times(12+24)-35$

② $(15-9)\times2+30$

◆ 계산을 하세요.

16 ① $75-5\times(7+4)$

② $90+(19-6)\times2$

17 ① $32-12\div(4+2)$

② $64\div(11-7)+28$

18 ① $89+(39-15)\div3$

② $100-(48+36)\div4$

19 ① $9\times7-36\div(4+5)$

② $24\div6+2\times(7-4)$

20 ① $(35-17)\div2+3\times5$

② $46\times2-72\div(10+8)$

◆ 빈칸에 계산 결과를 써넣으세요.

21

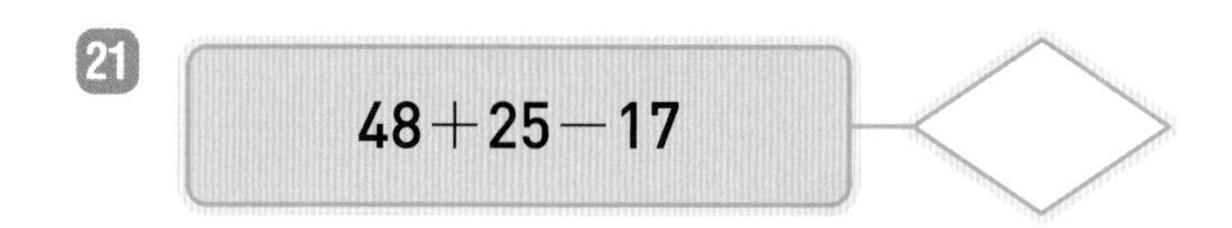

$48+25-17$ → ◇

22 $98\div14\times5$ → ◇

23 $5\times(6+8)-27$ → ◇

24 $144\div(12-4)+33$ → ◇

◆ 바르게 계산한 사람의 이름을 쓰세요.

25

지민: $48-(17+16)=15$

효주: $96\div(2\times3)=144$

(　　　　　　　)

26

기은: $35+6\times(7-4)=73$

태수: $96-81\div3+2=71$

(　　　　　　　)

27

국진: $25+(110-11)\div3=41$

수지: $4\times3-(22+6)\div7=8$

(　　　　　　　)

◆ 계산 결과가 더 큰 식의 기호를 쓰세요.

28

㉠ $20+25-17$

㉡ $75-(37+19)$

(　　　　　　　)

29

㉠ $225\div25\times3$

㉡ $14\times8\div4$

(　　　　　　　)

30

㉠ $(12-9)\times7+27\div3$

㉡ $59-2\times(5+14)$

(　　　　　　　)

◆ 두 식을 하나의 식으로 나타내세요.

31 $6+14\times5=76$　　$21-7=14$

➜ ____________________

32 $91\div7=13$　　$14+13=27$

➜ ____________________

33 $35\div5-4=3$　　$19+16=35$

➜ ____________________

34 $2\times5=10$　　$22-10+3=15$

➜ ____________________

1 단원

정답 04쪽

◈ 문제를 읽고 답을 구하세요.

35 25명이 탄 체험 버스가 도착했습니다. 정류장에서 8명이 내리고 13명이 탔다면 지금 버스 안에 있는 사람은 몇 명일까요?

□ − □ + □ = □

답 지금 버스 안에 있는 사람은 □ 명입니다.

36 현중이네 반 학생들이 컵 만들기 체험을 하고 있습니다. 가마 한 개에는 컵을 6개씩 3줄로 넣을 수 있습니다. 컵 54개를 한 번에 구울 때 필요한 가마는 몇 개일까요?

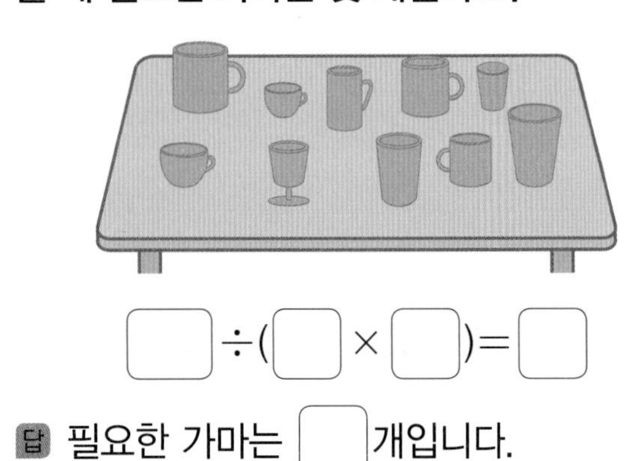

□ ÷ (□ × □) = □

답 필요한 가마는 □ 개입니다.

◈ 문제를 읽고 답을 구하세요.

37 남은 과자는 몇 개인지 구하세요.

□ − (□ + □) × □ = □

답 남은 과자는 □ 개입니다.

38 문구점에서 연필 3자루를 2100원, 볼펜 한 자루를 800원에 팔고 있습니다. 2000원을 내고 연필과 볼펜을 각각 한 자루씩 샀다면 거스름돈은 얼마일까요?

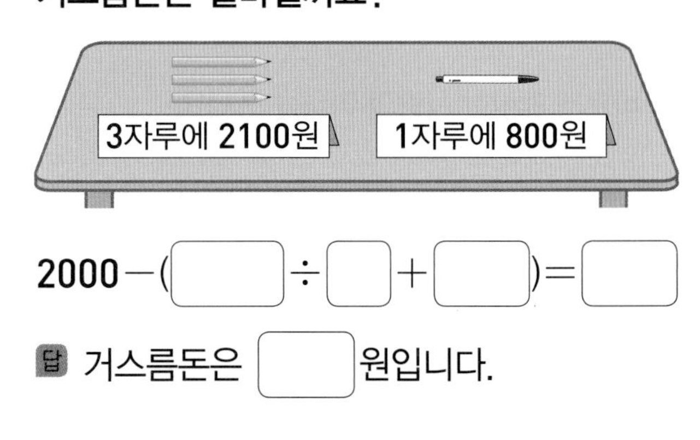

2000 − (□ ÷ □ + □) = □

답 거스름돈은 □ 원입니다.

• 1단원 테스트 후 맞힌 개수에 따라 아래와 같이 공부하세요.

맞힌 개수	0~26개	27~34개	35~38개
공부 방법	자연수의 혼합 계산에 대한 이해가 부족해요. 01~05회를 다시 공부해요.	자연수의 혼합 계산에 대해 이해는 하고 있으나 좀 더 연습이 필요해요.	실수하지 않도록 집중하여 틀린 문제를 확인해요.

2

약수와 배수

	공부할 내용	문제 개수	확인
07회	약수	40개	
08회	배수	35개	
09회	공약수와 최대공약수	37개	
10회	최대공약수를 구하는 방법	34개	
11회	공배수와 최소공배수	36개	
12회	최소공배수를 구하는 방법	33개	
13회	2단원 테스트	46개	

개념 미리보기

2. 약수와 배수

동영상 강의

07회, 09회

1 약수, 공약수, 최대공약수

- **약수**: 어떤 수를 나누어떨어지게 하는 수
- **공약수**: 두 수의 공통된 약수
- **최대공약수**: 공약수 중에서 가장 큰 수

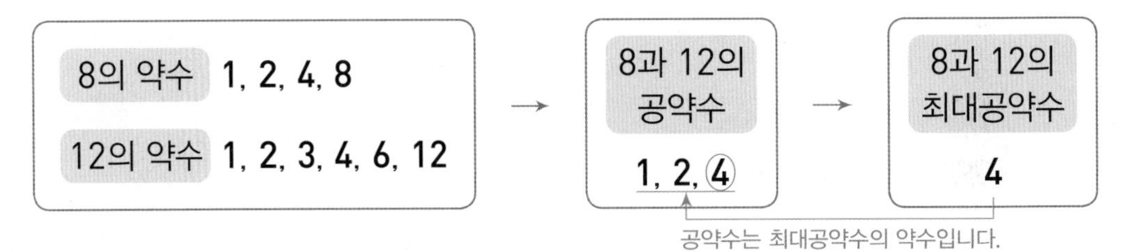

08회, 11회

2 배수, 공배수, 최소공배수

- **배수**: 어떤 수를 1배, 2배, 3배, ... 한 수
- **공배수**: 두 수의 공통된 배수
- **최소공배수**: 공배수 중에서 가장 작은 수

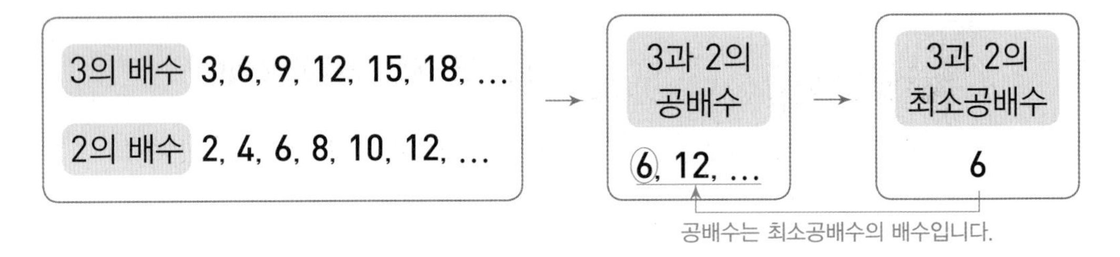

10회, 12회

3 최대공약수와 최소공배수 구하기 (1) – 곱셈식 이용하기

더 쪼개질 수 없을 때까지 여러 수의 곱으로 쪼개요.

$18=2\times9=2\times3\times3$ ($9=3\times3$)

$30=2\times15=2\times3\times5$ ($15=3\times5$)

- 18과 30의 최대공약수: $2\times3=6$ (공통인 수)
- 18과 30의 최소공배수: $2\times3\times3\times5=90$ (공통인 수와 공통이 아닌 수의 곱)

10회, 12회

4 최대공약수와 최소공배수 구하기 (2) – 나눗셈식 이용하기

나눗셈 기호를 뒤집어 적고 몫을 밑에 적어요.

2) 20 30 → 2) 20 30, 5) 10 15, 2 3

(2: 20과 30의 공약수, 5: 10과 15의 공약수)

- 20과 30의 최대공약수: $2\times5=10$ (공약수의 곱)
- 20과 30의 최소공배수: $2\times5\times2\times3=60$ (공약수와 몫의 곱)

07회 개념 약수

6의 약수는 6을 나누어떨어지게 하는 수입니다.

$6 \div 1 = 6$ $6 \div 4 = 1 \cdots 2$
$6 \div 2 = 3$ $6 \div 5 = 1 \cdots 1$
$6 \div 3 = 2$ $6 \div 6 = 1$

나머지가 있으므로 약수가 아니에요.

→ 6의 약수: 1, 2, 3, 6

두 수의 곱이 6일 때 두 수는 6의 약수가 됩니다.

$6 = 1 \times 6$ $6 = 2 \times 3$

→ 6의 약수: 1, 2, 3, 6

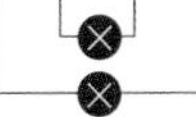

두 수씩 곱하면 6이 돼요.

◆ 나눗셈을 이용하여 주어진 수의 약수를 모두 구하세요.

1

$5 \div \square = 5$ $5 \div \square = 1$

→ 5의 약수: □, □

2

$8 \div \square = 8$ $8 \div \square = 2$
$8 \div \square = 4$ $8 \div \square = 1$

→ 8의 약수: □, □, □, □

3

$12 \div \square = 12$ $12 \div \square = 3$
$12 \div \square = 6$ $12 \div \square = 2$
$12 \div \square = 4$ $12 \div \square = 1$

→ 12의 약수: □, □, □,

□, □, □

4

$22 \div \square = 22$ $22 \div \square = 2$
$22 \div \square = 11$ $22 \div \square = 1$

→ 22의 약수: □, □, □, □

◆ 곱셈을 이용하여 주어진 수의 약수를 모두 구하세요.

5

$10 = 1 \times \square$ $10 = 2 \times \square$

→ 10의 약수:

□, □, □, □

6

$21 = 1 \times \square$ $21 = 3 \times \square$

→ 21의 약수: □, □, □, □

7

$24 = 1 \times \square$ $24 = 3 \times \square$
$24 = 2 \times \square$ $24 = 4 \times \square$

→ 24의 약수: □, □, □, □,

□, □, □, □

8

$56 = 1 \times \square$ $56 = 4 \times \square$
$56 = 2 \times \square$ $56 = 7 \times \square$

→ 56의 약수: □, □, □, □,
□, □, □, □

2 단원
정답 04쪽

약수를 모두 쓰세요.

9 2의 약수

→ ____________________

10 15의 약수

→ ____________________

11 17의 약수

→ ____________________

12 20의 약수

→ ____________________

13 28의 약수

→ ____________________

14 40의 약수

→ ____________________

15 52의 약수

→ ____________________

약수를 모두 쓰세요.

16 4의 약수

→ ____________________

실수 방지 $9=1\times9$, $9=3\times3$에서 3은 중복된 수이므로 한 번만 써요.

17 9의 약수

→ ____________________

18 16의 약수

→ ____________________

19 25의 약수

→ ____________________

20 49의 약수

→ ____________________

21 64의 약수

→ ____________________

22 81의 약수

→ ____________________

주어진 수의 약수를 모두 찾아 ○표 하세요.

23 36의 약수

1	2	3	4	5	6	7	8	9
10	11	12	13	14	15	16	17	18
19	20	21	22	23	24	25	26	27
28	29	30	31	32	33	34	35	36

24 45의 약수

1	2	3	4	5	6	7	8	9
10	11	12	13	14	15	16	17	18
19	20	21	22	23	24	25	26	27
28	29	30	31	32	33	34	35	36
37	38	39	40	41	42	43	44	45

빈칸에 주어진 수의 약수의 개수를 써넣으세요.

25 3의 약수 — ( )

26 18의 약수 — ( )

27 30의 약수 — ( )

28 72의 약수 — ( )

오른쪽 수가 왼쪽 수의 약수인 것에 ○표, 아닌 것에 ×표 하세요.

29 | 27 | 3 | ( ) | 30 | 4 | ( )

30 | 10 | 20 | ( ) | 11 | 11 | ( )

31 | 25 | 5 | ( ) | 1 | 7 | ( )

32 | 13 | 1 | ( ) | 48 | 9 | ( )

33 | 35 | 10 | ( ) | 42 | 6 | ( )

문장제 + 연산

34 지후와 은서가 설명하는 수를 구하세요.

지후: 이 수는 50의 약수입니다.
은서: 그리고 20보다 크고 40보다 작아요.

지후의 설명 ↓ 은서의 설명 ↓

☐의 약수: 1, 2, 5, 10, ☐, 50

답 지후와 은서가 설명하는 수는 ☐입니다.

2 단원

정답 04쪽

다은이는 약수의 개수가 바르게 적힌 회전목마를 타려고 합니다. 다은이가 탈 회전목마를 찾아 ○표 하세요.

35 14의 약수

36 23의 약수

37 32의 약수

38 39의 약수

39 42의 약수

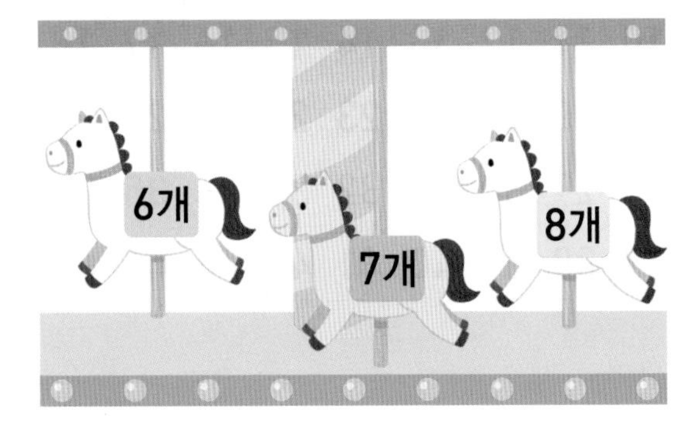

40 44의 약수

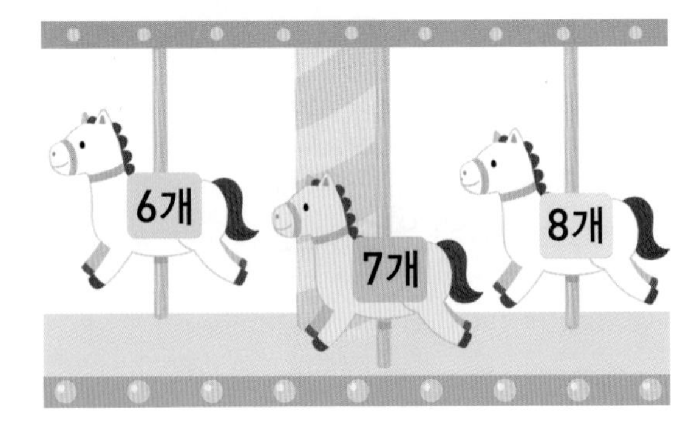

실수한 것이 없는지 검토했나요?

예 , 아니요

08회 개념 배수

3의 배수는 3을 1배, 2배, 3배, ... 한 수입니다.

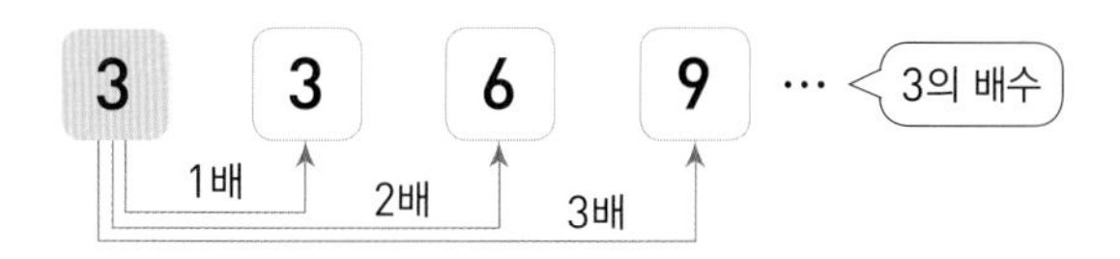

→ 3의 배수: 3, 6, 9, ...

4의 배수는 4에 1, 2, 3, 4, ...를 각각 곱한 수입니다.

$4\times1=4$ $4\times3=12$
$4\times2=8$ $4\times4=16$ ⋯

→ 4의 배수: 4, 8, 12, 16, ...

빈칸에 알맞은 수를 써넣고, 배수를 가장 작은 수부터 차례대로 3개 구하세요.

1 2 [ ] [ ] [ ] ⋯ (1배, 2배, 3배)

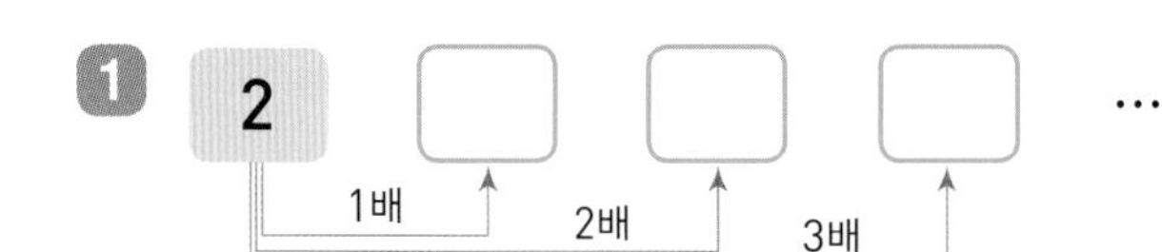

→ 2의 배수: [ ], [ ], [ ]

2 7 [ ] [ ] [ ] ⋯ (1배, 2배, 3배)

→ 7의 배수: [ ], [ ], [ ]

3 12 [ ] [ ] [ ] ⋯ (1배, 2배, 3배)

→ 12의 배수: [ ], [ ], [ ]

4 15 [ ] [ ] [ ] ⋯ (1배, 2배, 3배)

→ 15의 배수: [ ], [ ], [ ]

□ 안에 알맞은 수를 써넣고, 배수를 가장 작은 수부터 차례대로 3개 구하세요.

5

$5\times1=$ [ ]
$5\times2=$ [ ]
$5\times3=$ [ ]

→ 5의 배수: [ ], [ ], [ ]

6

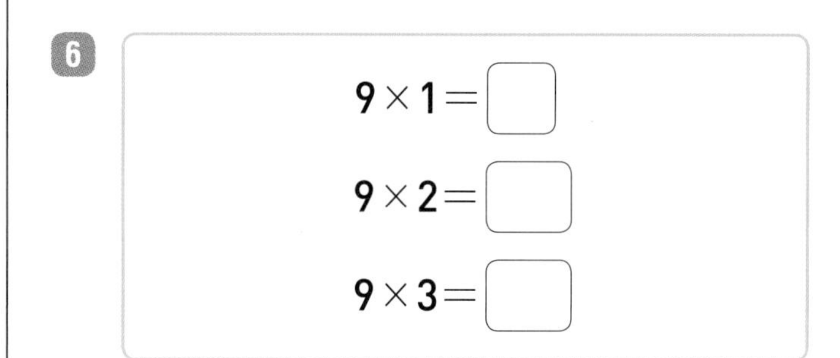

$9\times1=$ [ ]
$9\times2=$ [ ]
$9\times3=$ [ ]

→ 9의 배수: [ ], [ ], [ ]

7

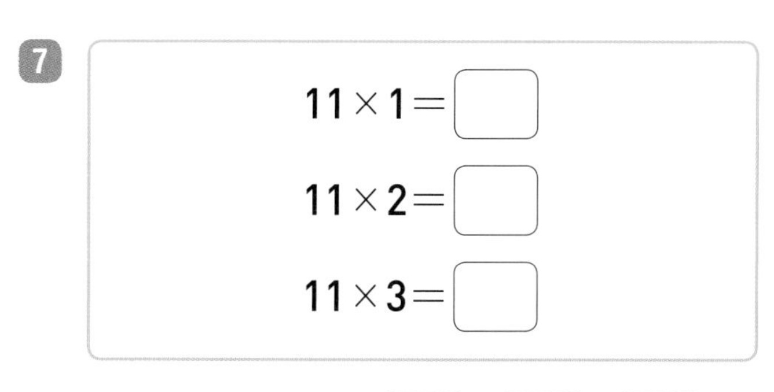

$11\times1=$ [ ]
$11\times2=$ [ ]
$11\times3=$ [ ]

→ 11의 배수: [ ], [ ], [ ]

2 단원

정답 04쪽

배수를 가장 작은 수부터 차례대로 4개 쓰세요.

8 10의 배수

➔ ____________________

실수 방지 13에 차례대로 1, 2, 3, 4를 곱한 수를 구해요.

9 13의 배수

➔ ____________________

10 14의 배수

➔ ____________________

11 16의 배수

➔ ____________________

12 18의 배수

➔ ____________________

13 20의 배수

➔ ____________________

14 22의 배수

➔ ____________________

배수를 가장 작은 수부터 차례대로 5개 쓰세요.

15 25의 배수

➔ ____________________

16 27의 배수

➔ ____________________

17 31의 배수

➔ ____________________

18 34의 배수

➔ ____________________

19 36의 배수

➔ ____________________

20 40의 배수

➔ ____________________

21 50의 배수

➔ ____________________

주어진 수의 배수를 수 배열표에서 모두 찾아 ○표 하세요.

22 3의 배수

1	2	3	4	5	6	7	8	9	10
11	12	13	14	15	16	17	18	19	20
21	22	23	24	25	26	27	28	29	30
31	32	33	34	35	36	37	38	39	40
41	42	43	44	45	46	47	48	49	50

23 8의 배수

1	2	3	4	5	6	7	8	9	10
11	12	13	14	15	16	17	18	19	20
21	22	23	24	25	26	27	28	29	30
31	32	33	34	35	36	37	38	39	40
41	42	43	44	45	46	47	48	49	50

주어진 수의 배수를 찾아 기호를 쓰세요.

24 11 | ㉠ 20 ㉡ 33 ㉢ 39

( )

25

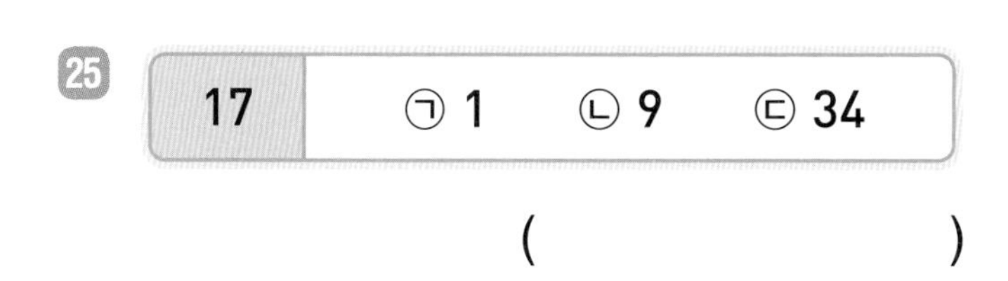

( )

26

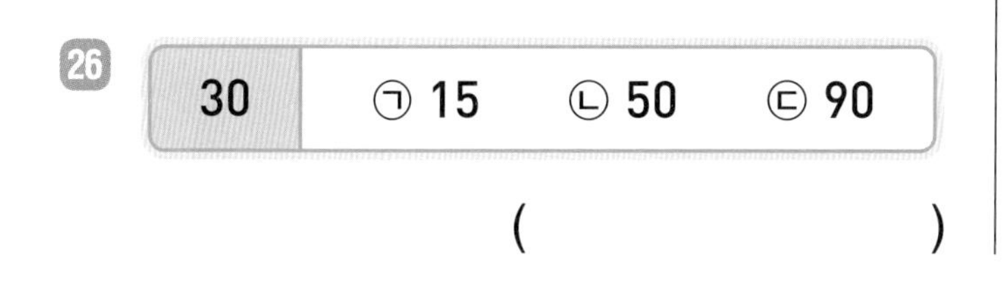

( )

빈칸에 주어진 수의 배수 중에서 50에 가장 가까운 수를 써넣으세요.

27

28

29

30

문장제 + 연산

31 터미널에서 놀이동산으로 가는 버스가 오전 10시부터 16분 간격으로 출발합니다. 오전 10시부터 오전 11시까지 버스의 출발 시각을 모두 구하세요.

버스 출발 간격

□의 배수: 16, 32, 48, 64, ...

답 출발 시각은 오전 10시, 10시 □분, 10시 □분, 10시 □분입니다.

2 단원

정답 05쪽

◈ 주어진 수의 배수를 찾아 선을 그어서 미로를 탈출하세요.

32 3의 배수

출발	6	9	11	16
4	7	15	13	14
8	17	18	21	19
20	23	26	24	25
22	28	29	27	도착

34 5의 배수

출발	1	27	31	38
5	3	25	30	35
10	15	20	33	40
11	18	26	41	45
17	12	29	43	도착

33 4의 배수

출발	8	12	16	10
2	3	6	24	28
5	7	22	18	32
14	31	38	42	36
26	46	41	43	도착

35 8의 배수

출발	2	4	12	20
8	16	24	30	18
1	10	32	34	42
18	28	40	52	60
36	44	48	56	도착

실수한 것이 없는지 검토했나요?

예 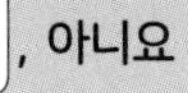, 아니요

09회 개념 공약수와 최대공약수

18과 24의 공통된 약수를 18과 24의 공약수라고 합니다.

18의 약수: 1, 2, 3, 6, 9, 18
24의 약수: 1, 2, 3, 4, 6, 8, 12, 24

↓

18과 24의 공약수: 1, 2, 3, 6

18과 24의 최대공약수는 두 수의 공약수 중에서 가장 큰 수입니다.

18과 24의 공약수: 1, 2, 3, 6

↓

18과 24의 최대공약수: 6
6의 약수: 1, 2, 3, 6

두 수의 공약수는 최대공약수의 약수와 같아요.

◆ 공통된 약수를 모두 찾아 ○표 하고, 공약수를 쓰세요.

1

15의 약수: 1, 3, 5, 15
18의 약수: 1, 2, 3, 6, 9, 18

→ 15와 18의 공약수: ☐, ☐

2

6의 약수: 1, 2, 3, 6
8의 약수: 1, 2, 4, 8

→ 6과 8의 공약수: ☐, ☐

3

24의 약수: 1, 2, 3, 4, 6, 8, 12, 24
20의 약수: 1, 2, 4, 5, 10, 20

→ 24와 20의 공약수: ☐, ☐, ☐

4

12의 약수: 1, 2, 3, 4, 6, 12
16의 약수: 1, 2, 4, 8, 16

→ 12와 16의 공약수: ☐, ☐, ☐

◆ 두 수의 공약수를 모두 찾아 쓰고, 최대공약수를 구하세요.

5

30의 약수: 1, 2, 3, 5, 6, 10, 15, 30
42의 약수: 1, 2, 3, 6, 7, 14, 21, 42

공약수 ( )
최대공약수 ( )

6

72의 약수: 1, 2, 3, 4, 6, 8, 9, 12, 18, 24, 36, 72
81의 약수: 1, 3, 9, 27, 81

공약수 ( )
최대공약수 ( )

7

45의 약수: 1, 3, 5, 9, 15, 45
35의 약수: 1, 5, 7, 35

공약수 ( )
최대공약수 ( )

2 단원 정답 05쪽

◈ 두 수의 약수, 공약수를 각각 쓰세요.

8

16의 약수	
20의 약수	

→ 공약수: ______

9

25의 약수	
30의 약수	

→ 공약수: ______

10

24의 약수	
42의 약수	

→ 공약수: ______

11

27의 약수	
45의 약수	

→ 공약수: ______

12

32의 약수	
56의 약수	

→ 공약수: ______

실수 방지 20이 40의 약수이므로 20과 40의 공약수는 20의 약수와 같아요.

13

20의 약수	
40의 약수	

→ 공약수: ______

◈ 두 수의 공약수와 최대공약수를 구하세요.

14 21 35

공약수 ( )
최대공약수 ( )

15 30 40

공약수 ( )
최대공약수 ( )

16 24 36

공약수 ( )
최대공약수 ( )

17 30 45

공약수 ( )
최대공약수 ( )

18 42 56

공약수 ( )
최대공약수 ( )

19 44 55

공약수 ( )
최대공약수 ( )

빈칸에 두 수의 공약수의 개수를 써넣으세요.

20 ①

36	63

②

4	10

21 ①

22	33

②

20	8

22 ①

48	54

②

21	14

더 큰 수의 기호를 쓰세요.

23
㉠ 20과 32의 최대공약수
㉡ 30과 38의 최대공약수
( )

24
㉠ 40과 55의 최대공약수
㉡ 54와 63의 최대공약수
( )

25
㉠ 16과 88의 최대공약수
㉡ 24와 54의 최대공약수
( )

26
㉠ 35와 49의 최대공약수
㉡ 12와 36의 최대공약수
( )

어떤 두 수의 최대공약수가 다음과 같을 때 두 수의 공약수를 모두 구하세요.

27 5 → ( )

두 수의 공약수는 최대공약수 5의 약수와 같아요.

28 4 → ( )

29 7 → ( )

30 16 → ( )

31 10 → ( )

2 단원
정답 05쪽

문장제 + 연산

32 색연필 16자루와 공책 28권을 최대한 많은 친구들에게 남김없이 똑같이 나누어 주려고 합니다. 색연필과 공책을 최대 몇 명에게 나누어 줄 수 있을까요?

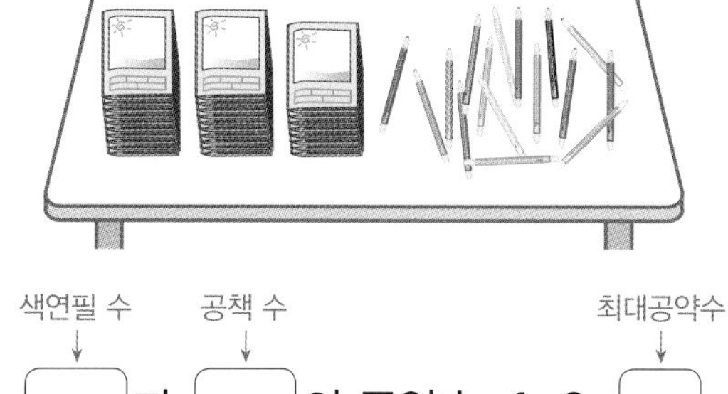

색연필 수 □과 공책 수 □의 공약수: 1, 2, 최대공약수 □

답 최대 □명에게 나누어 줄 수 있습니다.

보기 와 같이 약수와 공약수를 알맞게 써넣고, 최대공약수를 구하세요.

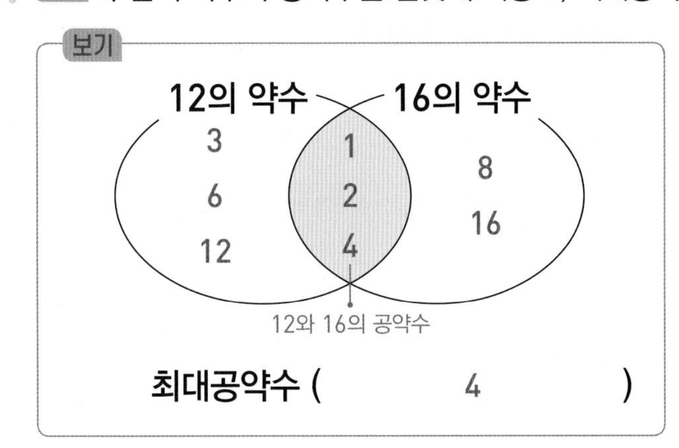

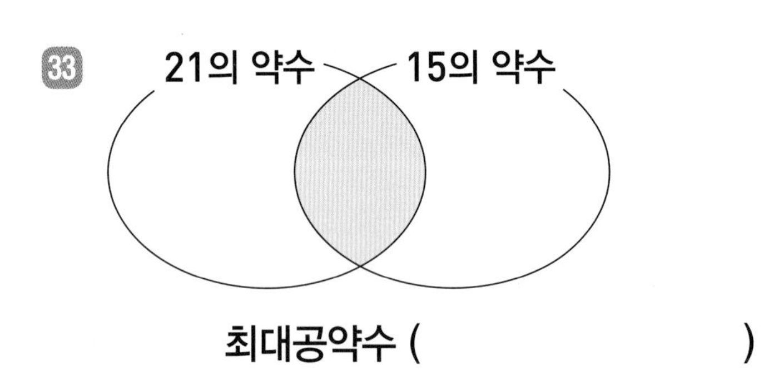

최대공약수 ( )

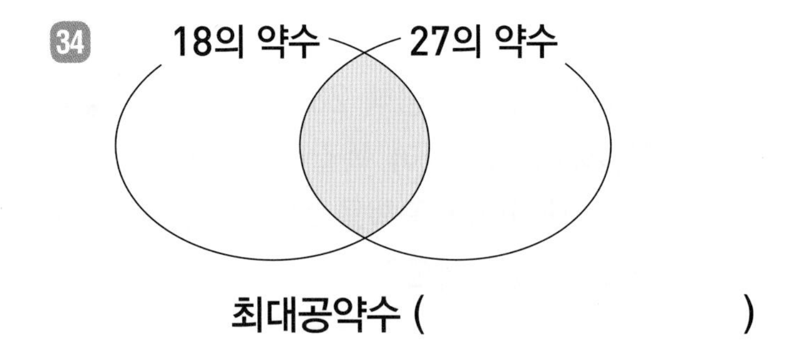

최대공약수 ( )

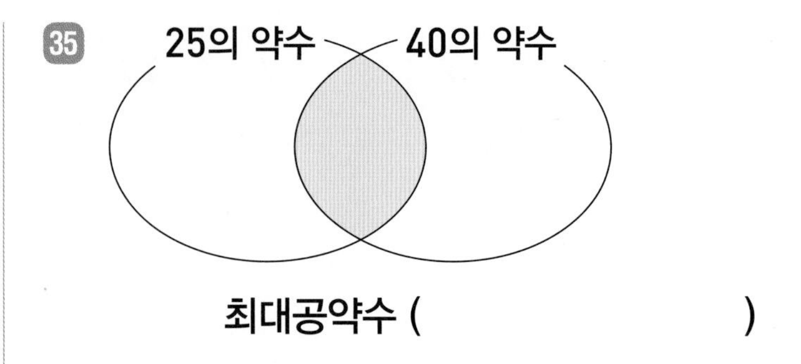

최대공약수 ( )

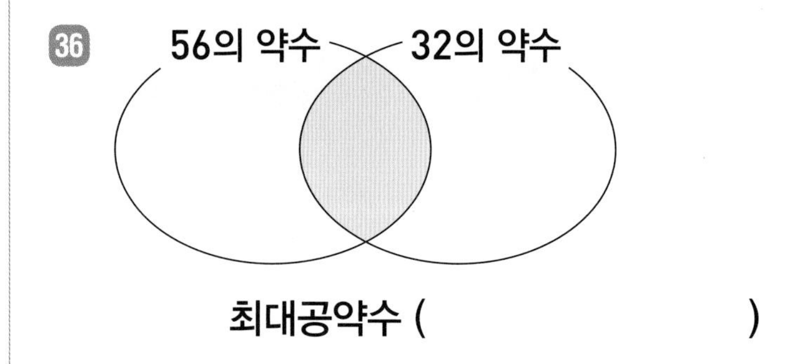

최대공약수 ( )

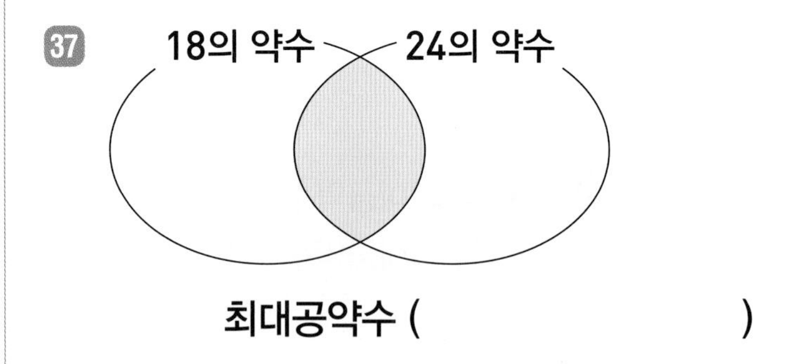

최대공약수 ( )

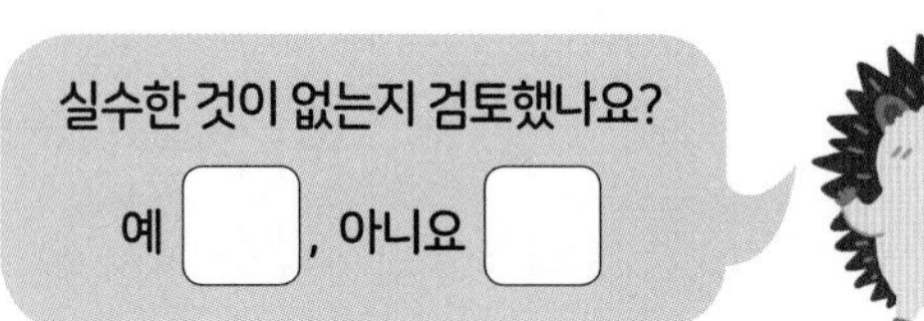

10회 개념 최대공약수를 구하는 방법

30과 18의 최대공약수는 여러 수의 곱으로 나타낸 곱셈식에서 공통인 수들의 곱입니다.

$30=5\times6$
$=5\times2\times3$

$18=2\times9$
$=2\times3\times3$

더 쪼갤 수 없을 때까지 여러 수의 곱으로 쪼개기

$30=2\times3\times5$
$18=2\times3\times3$

작은 수부터 차례대로 적어요.

→ 30과 18의 최대공약수: $2\times3=6$

30과 18의 최대공약수는 두 수를 나눈 공약수들의 곱입니다.

1 이외의 공약수가 없는지 확인해요.

→ 30과 18의 최대공약수: $2\times3=6$

다음을 보고 두 수의 최대공약수를 구하세요.

1

$16=2\times2\times2\times2$
$12=2\times2\times3$

→ 최대공약수: □ × □ = □

2

$24=2\times2\times2\times3$
$18=2\times3\times3$

→ 최대공약수: □ × □ = □

3

$42=2\times3\times7$
$70=2\times5\times7$

→ 최대공약수: □ × □ = □

4

$81=3\times3\times3\times3$
$36=2\times2\times3\times3$

→ 최대공약수: □ × □ = □

다음을 보고 두 수의 최대공약수를 구하세요.

5

3) 15 30
5) 5 10
1 2

→ 최대공약수: □ × □ = □

6

2) 32 20
2) 16 10
8 5

→ 최대공약수: □ × □ = □

7

2) 70 28
7) 35 14
5 2

→ 최대공약수: □ × □ = □

2 단원

정답 06쪽

최대공약수를 구하는 방법

◆ □ 안에 알맞은 수를 써넣고, 두 수의 최대공약수를 구하세요.

8

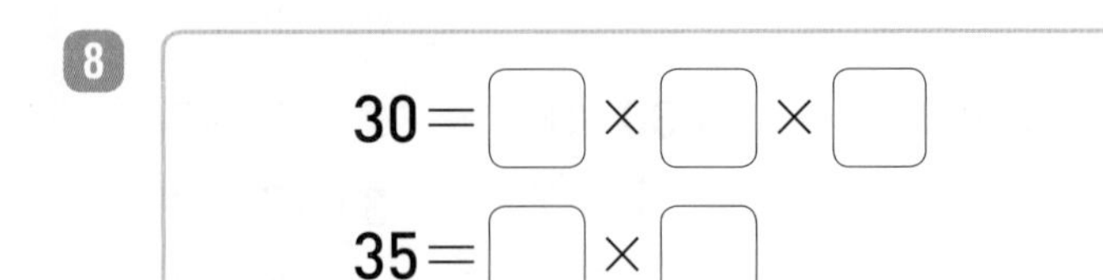

30=□×□×□

35=□×□

최대공약수 (　　　　　　)

실수 방지 여러 번 공통으로 들어 있는 수는 여러 번 곱해야 해요.

9

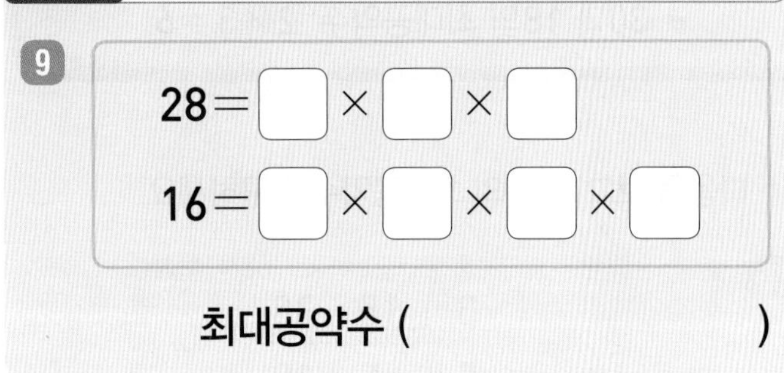

28=□×□×□

16=□×□×□×□

최대공약수 (　　　　　　)

10

24=□×□×□×□

54=□×□×□×□

최대공약수 (　　　　　　)

11

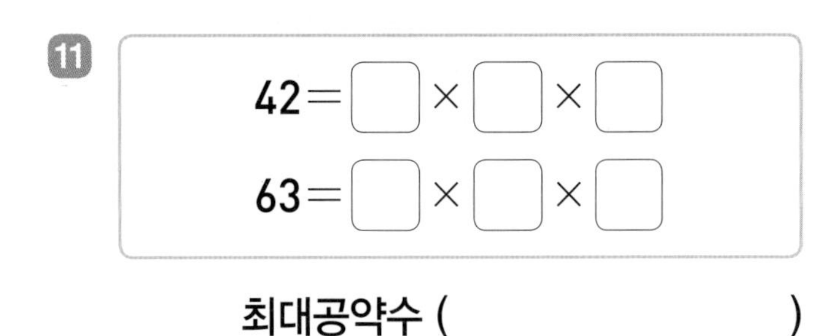

42=□×□×□

63=□×□×□

최대공약수 (　　　　　　)

12

45=□×□×□

81=□×□×□×□

최대공약수 (　　　　　　)

◆ 두 수를 공약수로 나누어 두 수의 최대공약수를 구하세요.

13

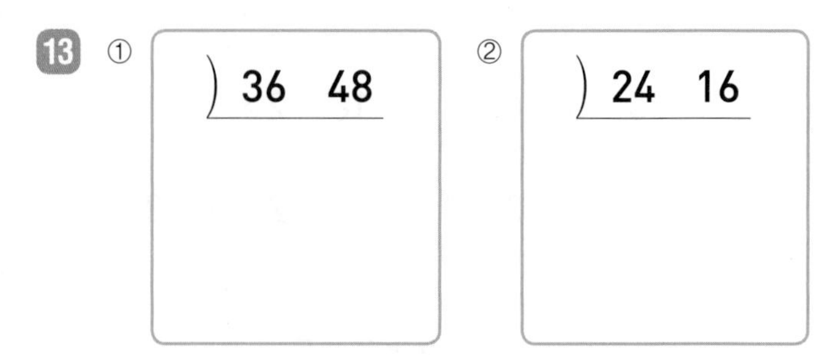

①) 36　48

최대공약수: □

②) 24　16

최대공약수: □

14

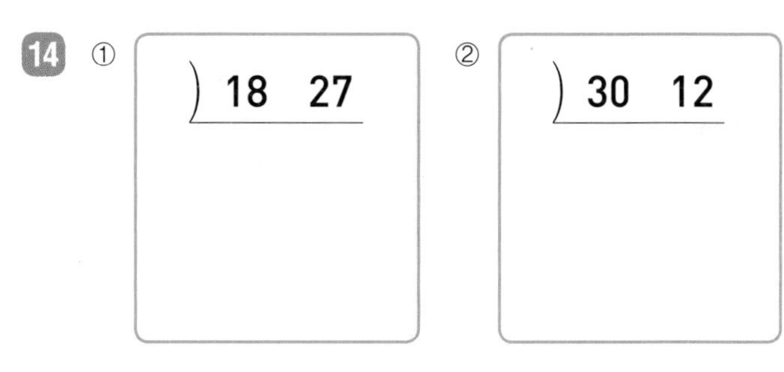

①) 18　27

최대공약수: □

②) 30　12

최대공약수: □

15

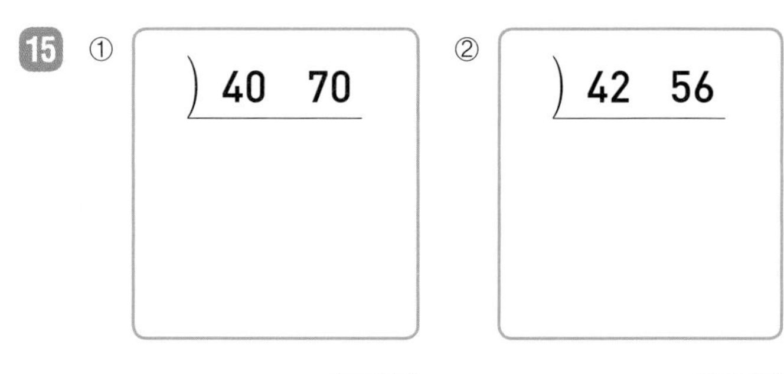

①) 40　70

최대공약수: □

②) 42　56

최대공약수: □

16

①) 56　16

최대공약수: □

②) 80　60

최대공약수: □

◆ 빈칸에 두 수의 최대공약수를 써넣으세요.

17 ① 42, 30 ( ) ② 25, 45 ( )

18

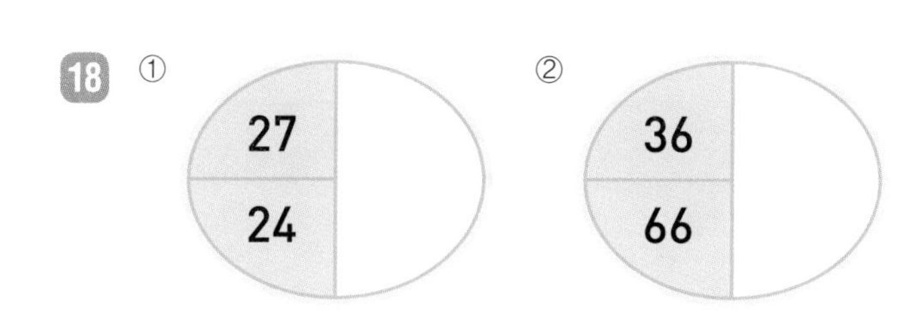

19

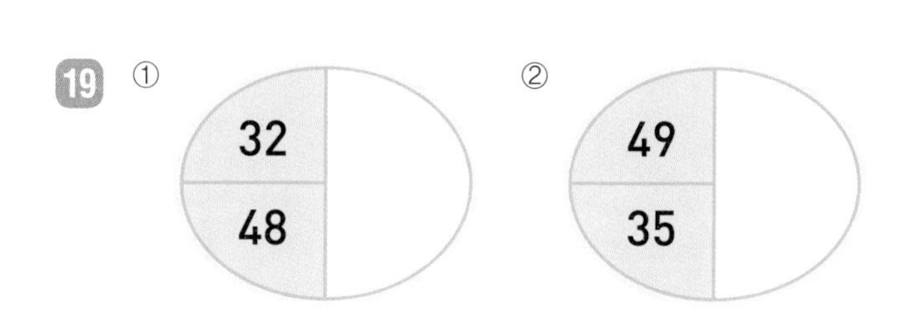

◆ 두 수의 최대공약수를 구하고, 최대공약수를 이용하여 공약수를 모두 구하세요.

20

수	최대공약수	공약수
36, 45		

21

수	최대공약수	공약수
28, 36		

22

수	최대공약수	공약수
48, 40		

23

수	최대공약수	공약수
60, 45		

◆ 두 수의 최대공약수가 더 큰 것의 기호를 쓰세요.

24 ㉠ (16, 12) ㉡ (30, 48)

( )

25

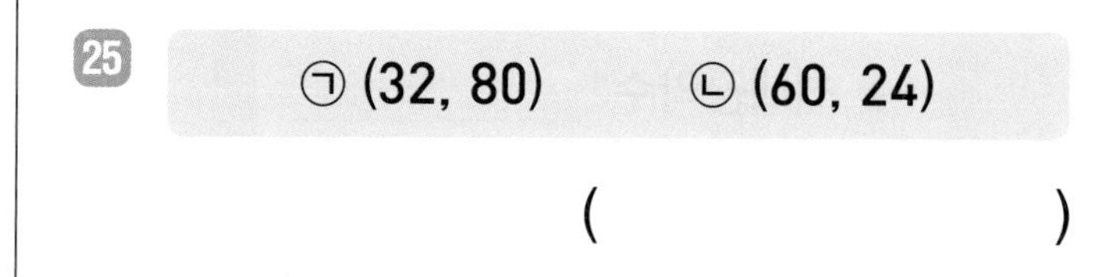

26

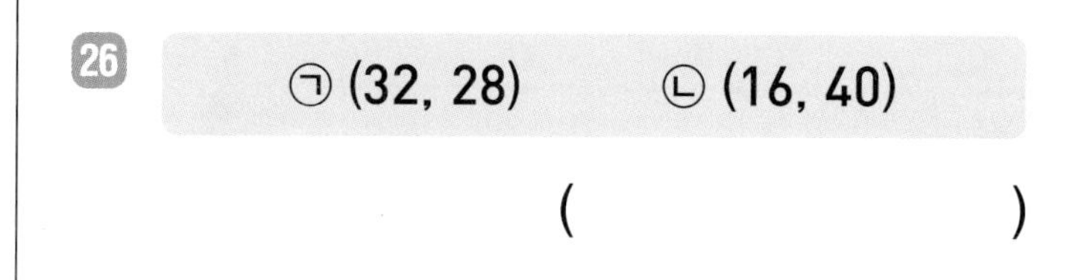

27

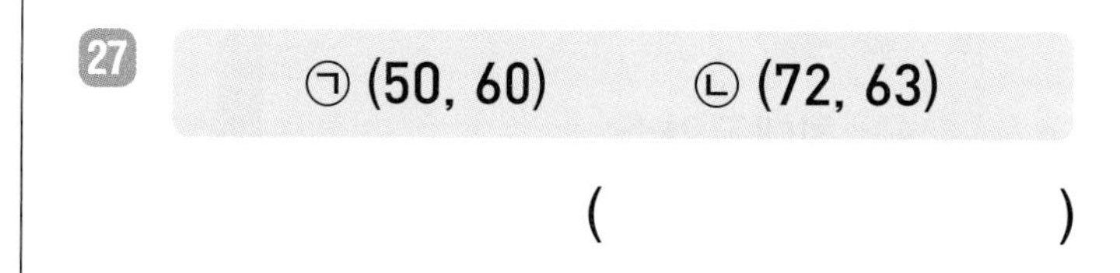

문장제 + 연산

28 길이가 12 cm, 18 cm인 색 테이프를 모두 똑같은 길이로 남김없이 자르려고 합니다. 한 도막의 길이를 최대한 길게 자르려면 몇 cm씩 잘라야 할까요?

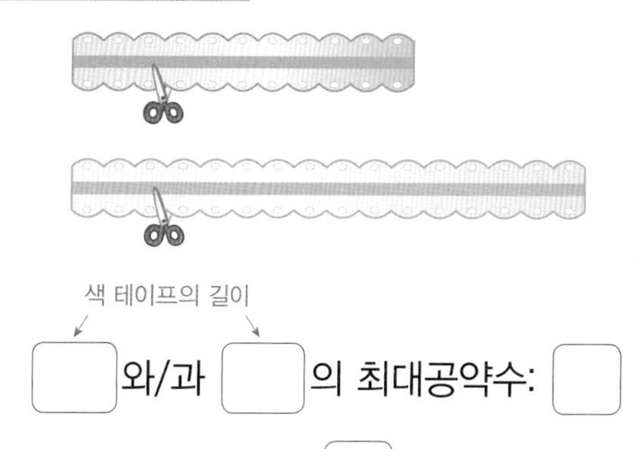

색 테이프의 길이

☐와/과 ☐의 최대공약수: ☐

답 한 도막의 길이를 ☐ cm씩 잘라야 합니다.

2 단원

정답 06쪽

◆ 두 수의 최대공약수를 구하고, 최대공약수가 작은 것부터 차례대로 해당하는 글자를 아래의 ▢ 안에 써넣으세요.

29
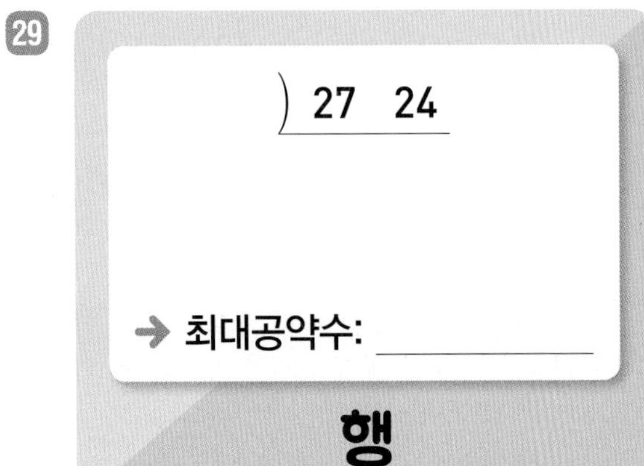

30
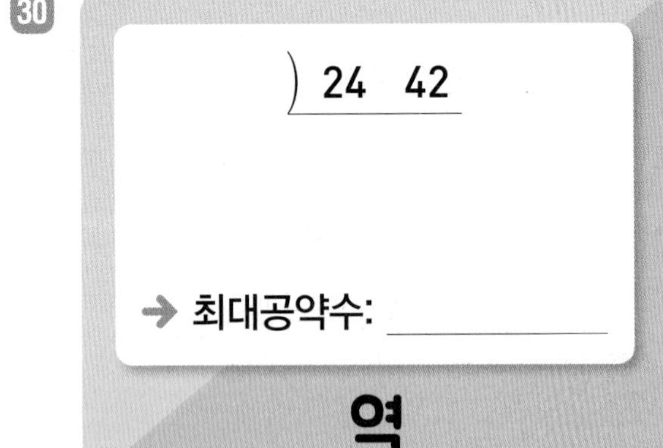

31
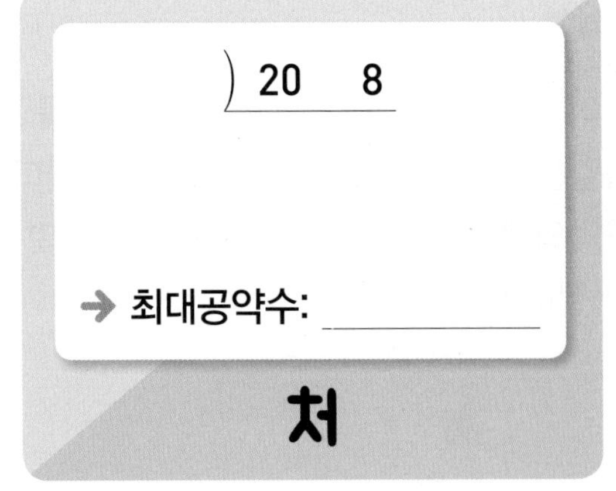

32
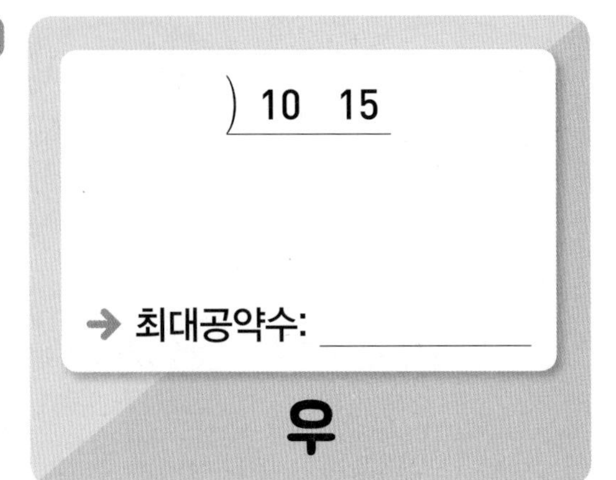

33
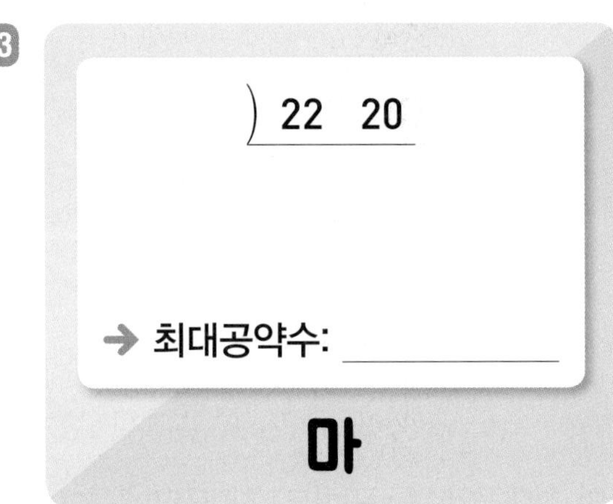

34
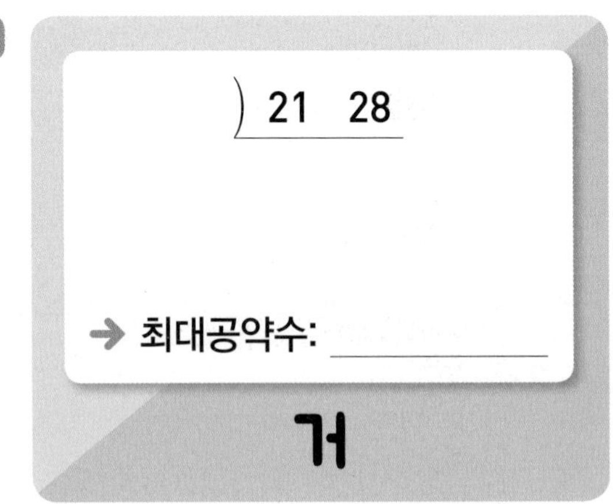

 ▢▢▢▢▢▢

말 가는 데 소도 간다는 말로 재주가 모자라도 꾸준히 노력하면 일을 성취할 수 있다는 뜻이에요.

실수한 것이 없는지 검토했나요?

예 ▢, 아니요 ▢

11회 개념 공배수와 최소공배수

21과 14의 공통된 배수를 21과 14의 공배수라고 합니다.

21의 배수: 21, 42, 63, 84, 105, 126, ...
14의 배수: 14, 28, 42, 56, 70, 84, ...

↓

21과 14의 공배수: 42, 84, ...

21과 14의 최소공배수는 두 수의 공배수 중에서 가장 작은 수입니다.

21과 14의 공배수: 42, 84, ...

↓

21과 14의 최소공배수: 42
42의 배수: 42, 84, ...

두 수의 공배수는 최소공배수의 배수와 같아요.

공통된 배수를 모두 찾아 ○표 하고, 공배수를 쓰세요.

1

3의 배수: 3, 6, 9, 12, 15, 18, 21, ...
2의 배수: 2, 4, 6, 8, 10, 12, 14, ...

→ 3과 2의 공배수: ☐, ☐, ...

2

8의 배수: 8, 16, 24, 32, 40, 48, ...
6의 배수: 6, 12, 18, 24, 30, 36, 42, 48, 54, ...

→ 8과 6의 공배수: ☐, ☐, ...

3

9의 배수: 9, 18, 27, ...
3의 배수: 3, 6, 9, 12, 15, 18, 21, ...

→ 9와 3의 공배수: ☐, ☐, ...

4

10의 배수: 10, 20, 30, 40, 50, 60, ...
15의 배수: 15, 30, 45, 60, 75, ...

→ 10과 15의 공배수: ☐, ☐, ...

두 수의 공배수를 모두 찾아 쓰고, 최소공배수를 구하세요.

5

2의 배수: 2, 4, 6, 8, 10, 12, 14, 16, 18, 20, 22, ...
5의 배수: 5, 10, 15, 20, 25, ...

공배수 (   )
최소공배수 (   )

6

3의 배수: 3, 6, 9, 12, 15, 18, 21, 24, 27, ...
6의 배수: 6, 12, 18, 24, 30, 36, ...

공배수 (   )
최소공배수 (   )

7

6의 배수: 6, 12, 18, 24, 30, 36, ...
4의 배수: 4, 8, 12, 16, 20, 24, 28, 32, 36, 40, ...

공배수 (   )
최소공배수 (   )

2 단원 정답 06쪽

◈ 두 수의 배수를 가장 작은 수부터 차례대로 6개 쓰고, 공배수를 가장 작은 수부터 차례대로 2개 쓰세요.

8

8의 배수	
12의 배수	

→ 공배수: ____________

실수 방지 8이 4의 배수이므로 4와 8의 공배수는 8의 배수와 같아요.

9

4의 배수	
8의 배수	

→ 공배수: ____________

10

3의 배수	
5의 배수	

→ 공배수: ____________

11

6의 배수	
15의 배수	

→ 공배수: ____________

12

10의 배수	
6의 배수	

→ 공배수: ____________

13

5의 배수	
4의 배수	

→ 공배수: ____________

◈ 두 수의 공배수를 가장 작은 수부터 차례대로 3개 쓰고, 최소공배수를 구하세요.

14

2 7

공배수 ( )
최소공배수 ( )

15

3 4

공배수 ( )
최소공배수 ( )

16

6 9

공배수 ( )
최소공배수 ( )

17

8 10

공배수 ( )
최소공배수 ( )

18

6 8

공배수 ( )
최소공배수 ( )

19

7 8

공배수 ( )
최소공배수 ( )

◆ 주어진 두 수의 공배수를 모두 찾아 ○표 하세요.

20

5와 6의 공배수	20	30	40	50
	60	70	80	90

21

4와 10의 공배수	12	16	20	30	36
	40	48	50	52	60

22

2와 8의 공배수	2	4	6	8	12
	16	20	24	32	36

23

8과 12의 공배수	8	12	16	24	36
	40	48	60	72	80

◆ 더 작은 수에 △표 하세요.

24

2와 5의 최소공배수	
3과 4의 최소공배수	

25

3과 5의 최소공배수	
4와 6의 최소공배수	

26

2와 7의 최소공배수	
3과 8의 최소공배수	

27

22와 11의 최소공배수	
6과 15의 최소공배수	

◆ 어떤 두 수의 최소공배수가 다음과 같을 때 두 수의 공배수를 가장 작은 것부터 차례대로 3개 구하세요.

28 12 → (　　　　　　　　)

두 수의 공배수는 최소공배수 12의 배수와 같아요.

29 21 → (　　　　　　　　)

30 30 → (　　　　　　　　)

31 36 → (　　　　　　　　)

32 42 → (　　　　　　　　)

문장제 + 연산

33 연아와 정우는 운동장 둘레를 따라 일정한 빠르기로 걷고 있습니다. 연아는 4분마다, 정우는 5분마다 운동장 둘레를 한 바퀴 돕니다. 두 사람이 출발점에서 같은 방향으로 동시에 출발할 때 두 사람이 처음으로 다시 만나는 때는 몇 분 후일까요?

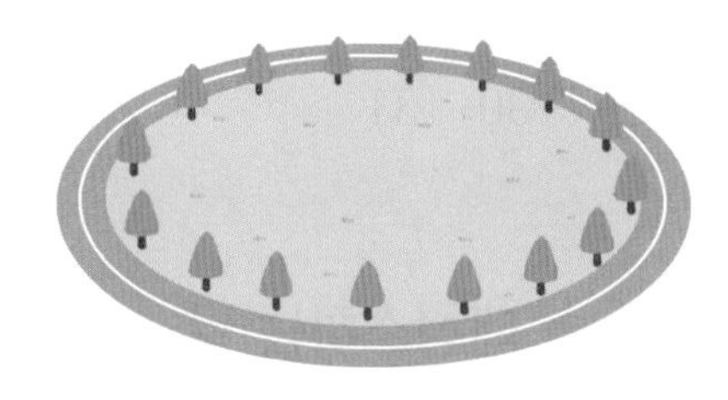

연아 정우 최소공배수

□와 □의 공배수: □, 40, ...

답 두 사람이 처음으로 다시 만나는 때는 □분 후입니다.

2단원 정답 07쪽

○표 한 날은 음악실 청소를, △표 한 날은 미술실 청소를 하고, 음악실과 미술실을 동시에 청소하는 날은 대청소를 하는 날입니다. 보기 와 같이 달력에 알맞게 표시하고, 대청소하는 날을 구하세요.

35 2의 배수에 ○표, 7의 배수에 △표

→ 대청소하는 날: ☐일, ☐일

34

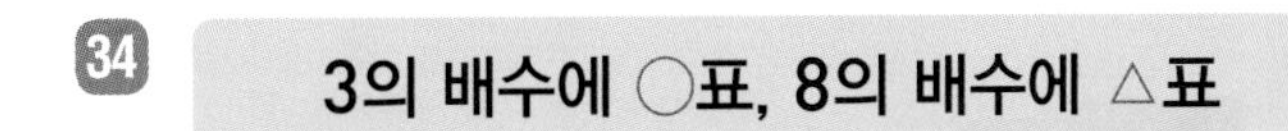

→ 대청소하는 날: ☐일

36 4의 배수에 ○표, 6의 배수에 △표

→ 대청소하는 날: ☐일, ☐일

실수한 것이 없는지 검토했나요?
예 ☐, 아니요 ☐

12회 개념 최소공배수를 구하는 방법

12와 30의 최소공배수는 여러 수의 곱으로 나타낸 곱셈식에서 공통인 수들과 공통이 아닌 수들의 곱입니다.

$12=3\times4$ $=3\times2\times2$

$30=5\times6$ $=5\times2\times3$

더 쪼갤 수 없을 때까지 여러 수의 곱으로 쪼개기

$12=2\times2\times3$

$30=2\times3\times5$

→ 12와 30의 최소공배수: $2\times3\times2\times5=60$

12와 30의 최소공배수는 두 수를 나눈 공약수들과 밑에 남은 몫의 곱입니다.

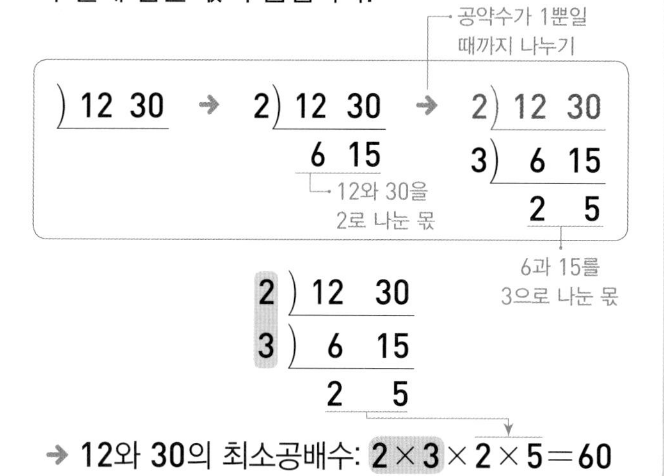

→ 12와 30의 최소공배수: $2\times3\times2\times5=60$

다음을 보고 두 수의 최소공배수를 구하세요.

1

$27=3\times3\times3$

$6=2\times3$

→ 최소공배수:

$3\times\square\times\square\times\square=\square$

2

$20=2\times2\times5$

$25=5\times5$

→ 최소공배수:

$5\times\square\times\square\times\square=\square$

3

$18=2\times3\times3$

$15=3\times5$

→ 최소공배수:

$3\times\square\times\square\times\square=\square$

다음을 보고 두 수의 최소공배수를 구하세요.

4

2) 8 12
2) 4 6
2 3

→ 최소공배수:

$2\times2\times\square\times\square=\square$

5

3) 9 12
3 4

→ 최소공배수:

$3\times\square\times\square=\square$

6

3) 27 45
3) 9 15
3 5

→ 최소공배수:

$3\times3\times\square\times\square=\square$

2 단원

정답 07쪽

◆ □ 안에 알맞은 수를 써넣고, 두 수의 최소공배수를 구하세요.

7

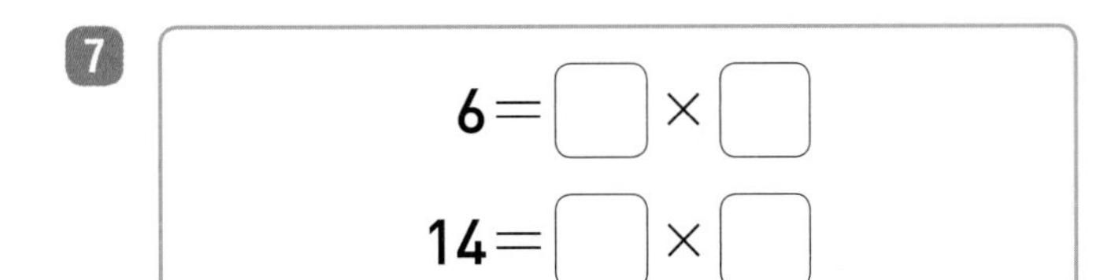

6=□×□

14=□×□

최소공배수 (　　　　　　)

실수 방지 18이 9의 배수이므로 9와 18의 공배수는 18의 배수와 같아요.

8

9=□×□

18=□×□×□

최소공배수 (　　　　　　)

9

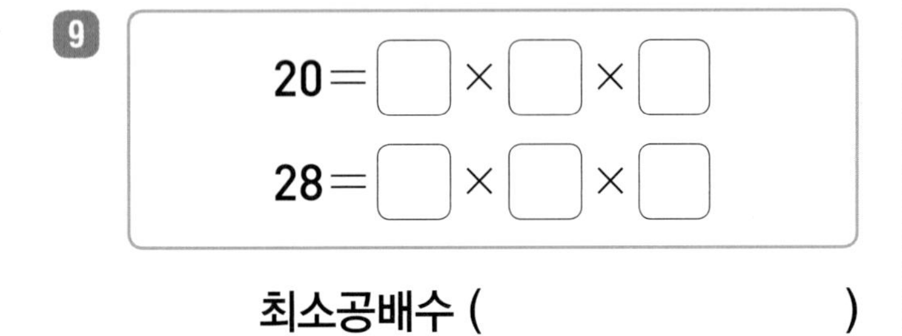

20=□×□×□

28=□×□×□

최소공배수 (　　　　　　)

10

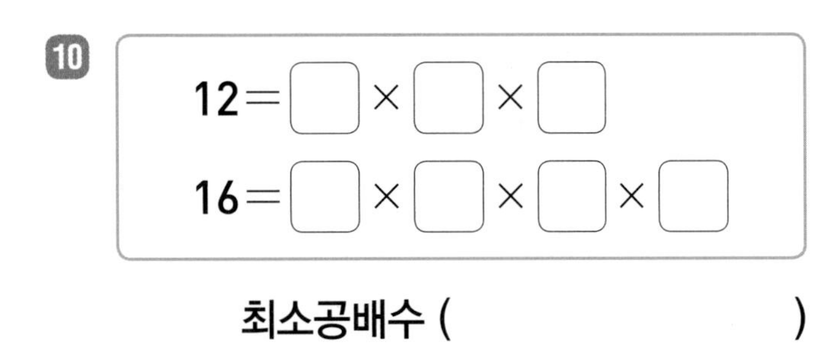

12=□×□×□

16=□×□×□×□

최소공배수 (　　　　　　)

11

105=□×□×□

45=□×□×□

최소공배수 (　　　　　　)

◆ 두 수를 공약수로 나누어 두 수의 최소공배수를 구하세요.

12 ①) 24 36

최소공배수: □

②) 60 30

최소공배수: □

13

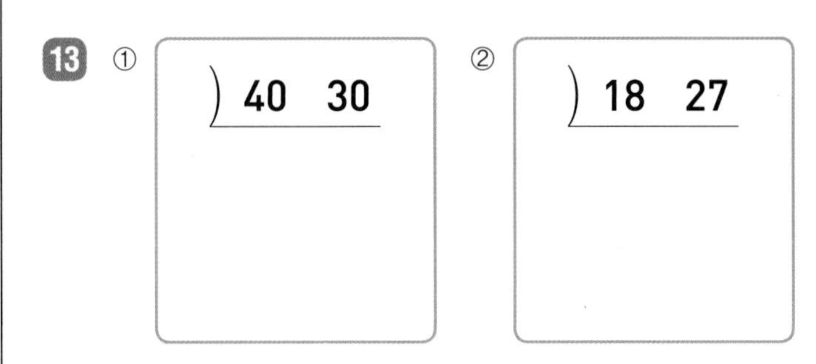

①) 40 30

최소공배수: □

②) 18 27

최소공배수: □

14

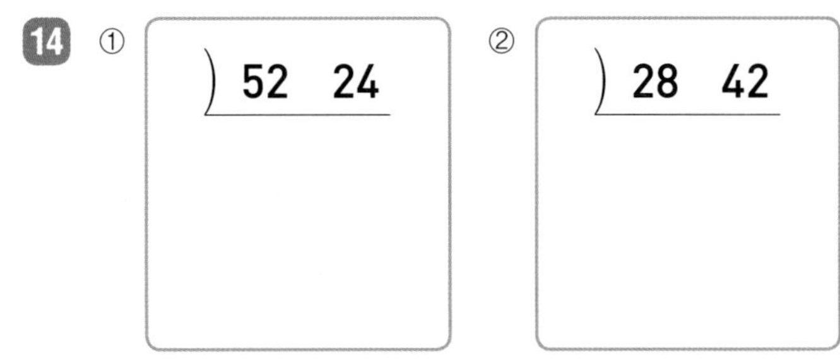

①) 52 24

최소공배수: □

②) 28 42

최소공배수: □

15 ①) 36 54

최소공배수: □

②) 81 54

최소공배수: □

◈ 빈칸에 두 수의 최소공배수를 써넣으세요.

16

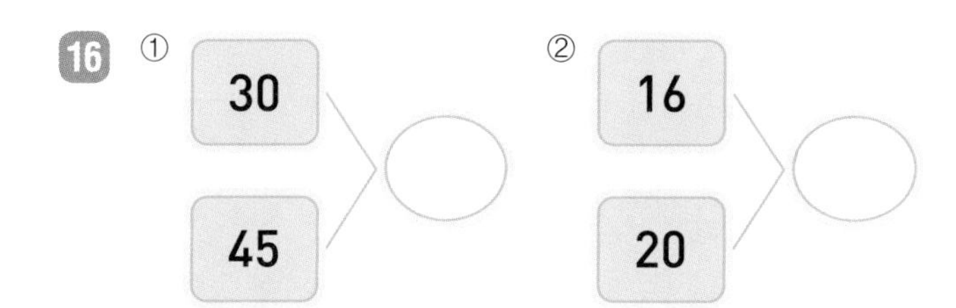

17

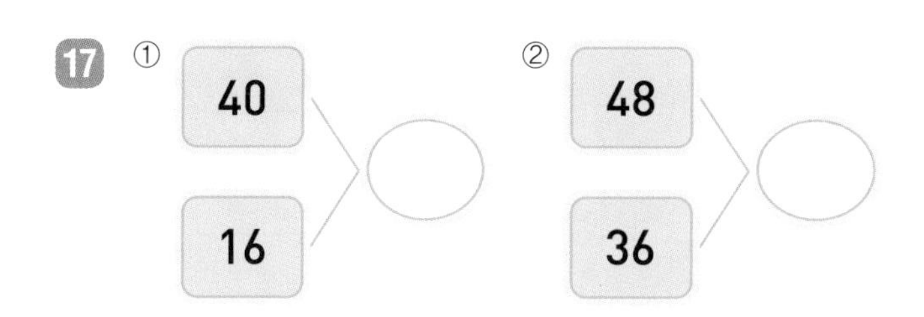

18

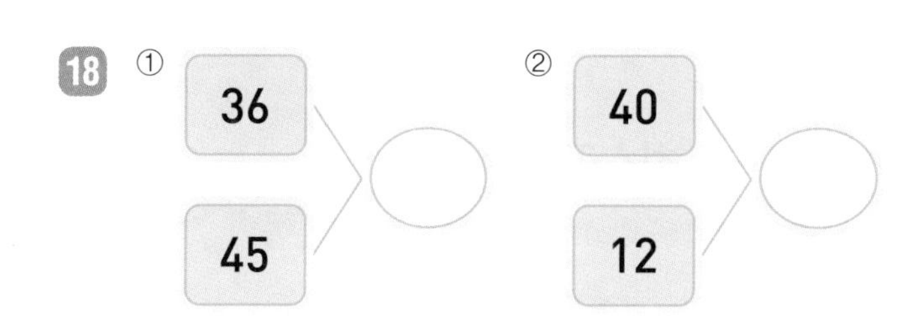

◈ 두 수의 최소공배수를 구하고, 최소공배수를 이용하여 공배수를 가장 작은 수부터 3개 구하세요.

19

수	최소공배수	공배수
16, 10		

20

수	최소공배수	공배수
12, 32		

21

수	최소공배수	공배수
25, 30		

22

수	최소공배수	공배수
21, 15		

◈ 두 수의 최소공배수가 더 작은 것의 기호를 쓰세요.

23 ㉠ (25, 20) ㉡ (18, 45)

( )

24 ㉠ (27, 45) ㉡ (42, 63)

( )

25 ㉠ (28, 12) ㉡ (32, 48)

( )

26 ㉠ (72, 16) ㉡ (18, 42)

( )

문장제 + 연산

27 버스 정류장에서 오전 9시에 공항행 버스와 시내행 버스가 동시에 출발하였습니다. 두 버스는 몇 분마다 동시에 출발할까요?

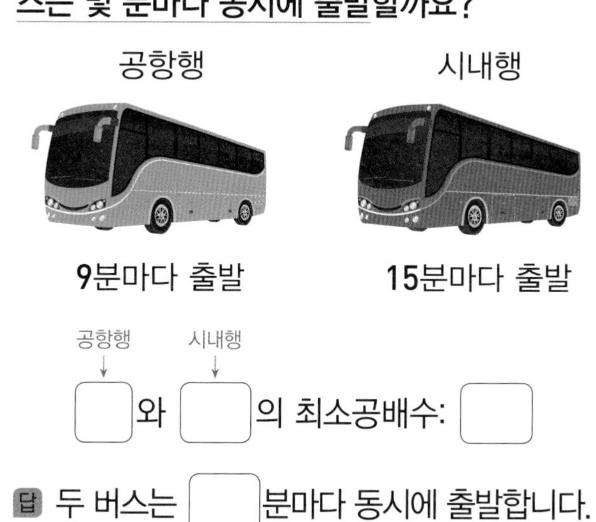

공항행 시내행

□와 □의 최소공배수: □

답 두 버스는 □분마다 동시에 출발합니다.

2 단원

정답 08쪽

◆ 박물관에 전시된 보물이 사라졌습니다. 최소공배수를 구하고, 글자 안내판에서 최소공배수와 연결된 글자를 번호 순서대로 찾아 보물을 훔친 도둑을 찾아 보세요.

28
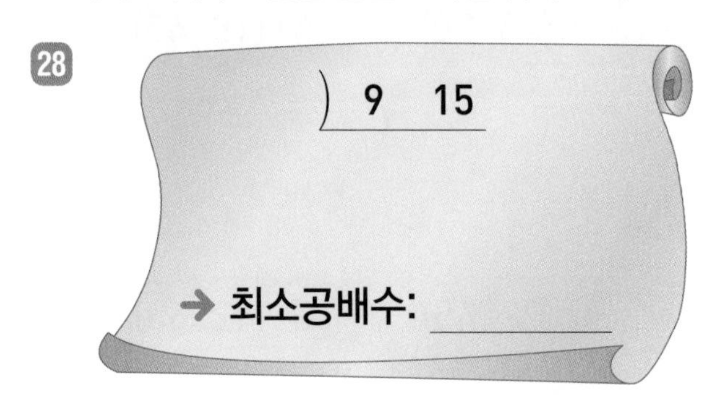

29
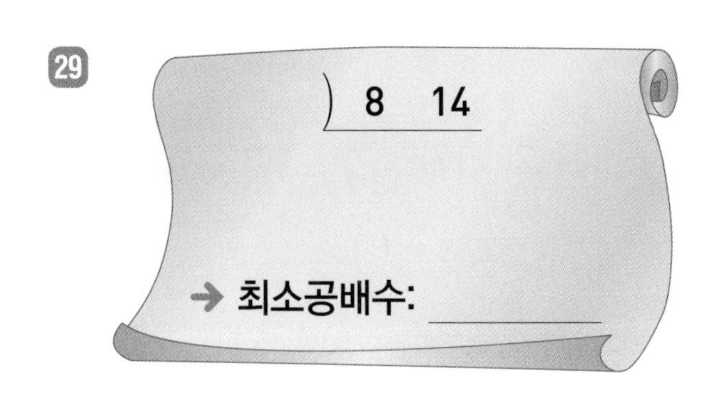

30
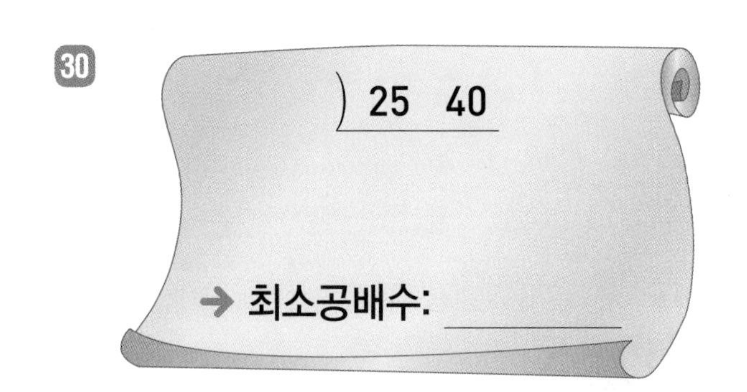

31
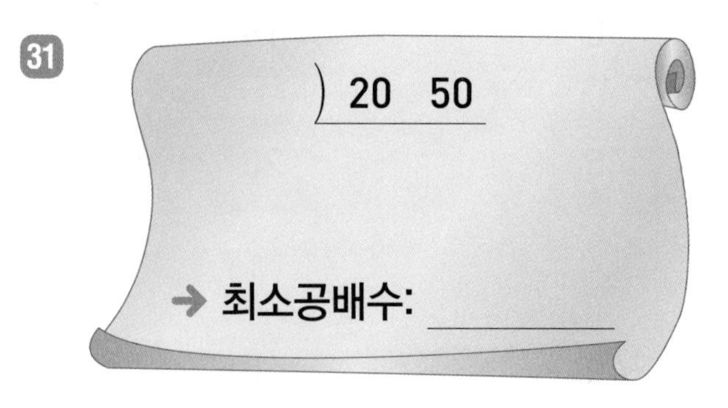

32
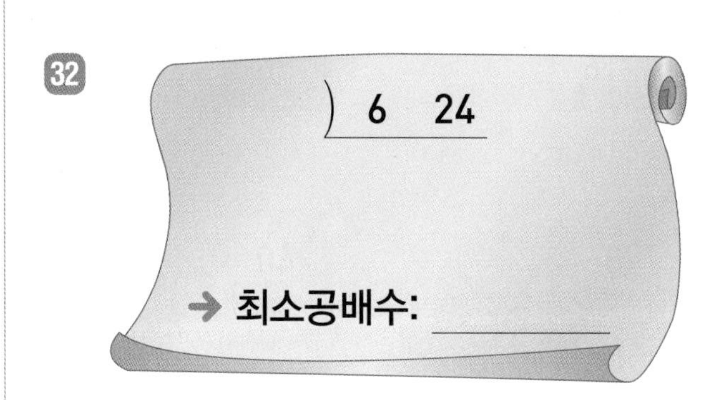

33
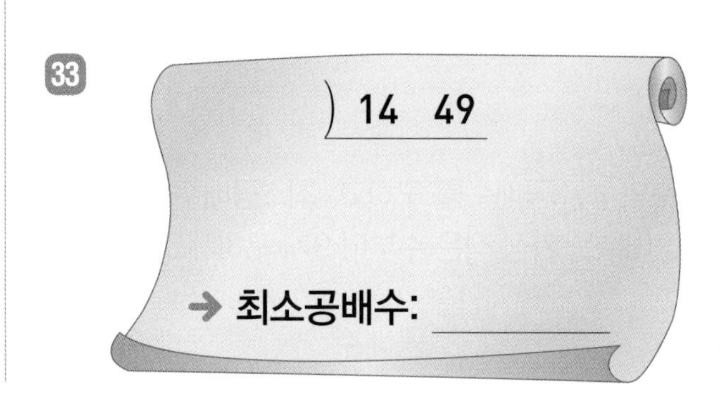

<글자 안내판>

120	45	140	128	56	72	40
빨	검	방	자	은	란	간
200	81	100	27	360	24	98
색	가	티	파	모	셔	츠

◆ 보물을 훔친 도둑은 ☐ 입니다.

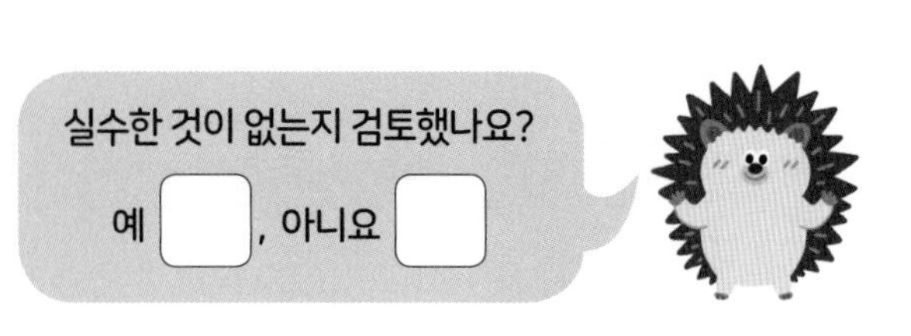

테스트 2. 약수와 배수

◆ 약수를 모두 쓰세요.

1 4의 약수

→

2 6의 약수

→

3 9의 약수

→

4 12의 약수

→

5 13의 약수

→

6 16의 약수

→

7 35의 약수

→

◆ 배수를 가장 작은 수부터 차례대로 4개 쓰세요.

8 5의 배수

→

9 6의 배수

→

10 9의 배수

→

11 15의 배수

→

12 19의 배수

→

13 23의 배수

→

14 26의 배수

→

2 단원
정답 08쪽

두 수의 약수, 공약수를 각각 쓰세요.

15

18의 약수	
42의 약수	

→ 공약수: ______

16

24의 약수	
16의 약수	

→ 공약수: ______

17

50의 약수	
75의 약수	

→ 공약수: ______

두 수의 배수를 가장 작은 수부터 차례대로 6개 쓰고, 공배수를 가장 작은 수부터 차례대로 2개 쓰세요.

18

3의 배수	
4의 배수	

→ 공배수: ______

19

8의 배수	
12의 배수	

→ 공배수: ______

20

15의 배수	
10의 배수	

→ 공배수: ______

두 수의 최대공약수와 최소공배수를 구하세요.

21 8 10

최대공약수 (　　　　)
최소공배수 (　　　　)

22 26 39

최대공약수 (　　　　)
최소공배수 (　　　　)

23 40 30

최대공약수 (　　　　)
최소공배수 (　　　　)

24 75 100

최대공약수 (　　　　)
최소공배수 (　　　　)

25 16 56

최대공약수 (　　　　)
최소공배수 (　　　　)

26 35 42

최대공약수 (　　　　)
최소공배수 (　　　　)

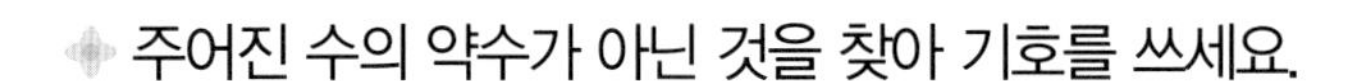

◆ 주어진 수의 약수가 아닌 것을 찾아 기호를 쓰세요.

27

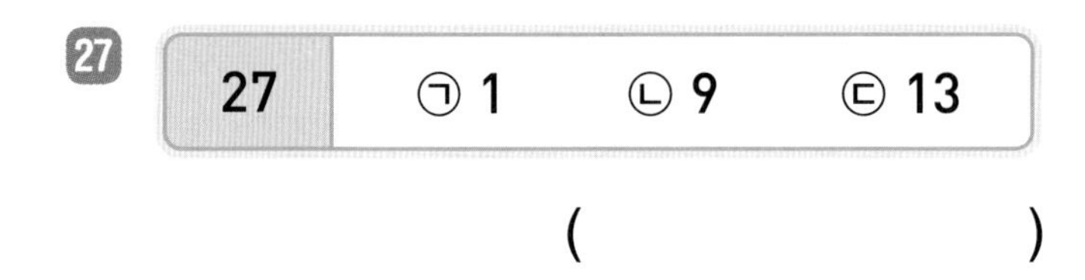

27	㉠ 1	㉡ 9	㉢ 13

( )

28

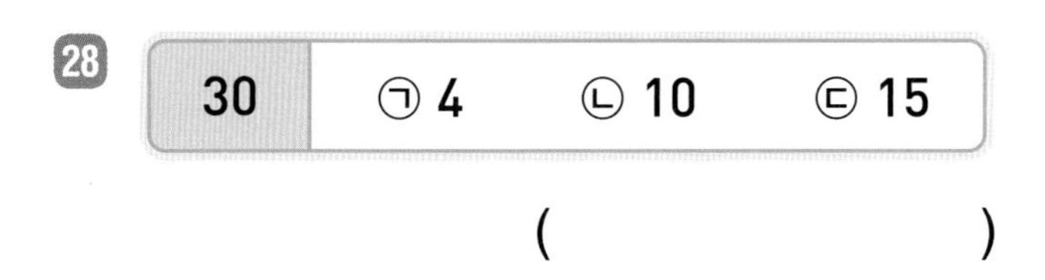

30	㉠ 4	㉡ 10	㉢ 15

( )

29

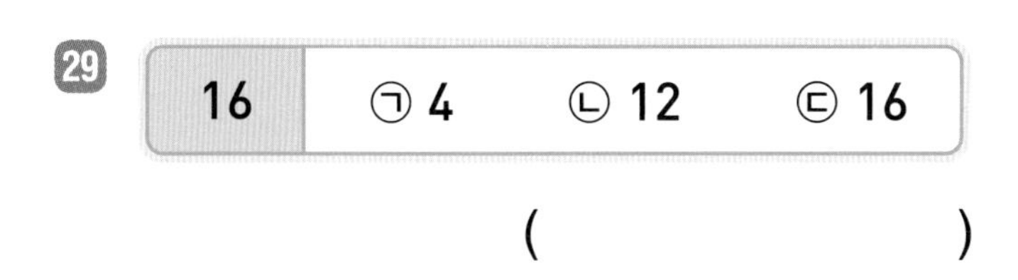

16	㉠ 4	㉡ 12	㉢ 16

( )

30

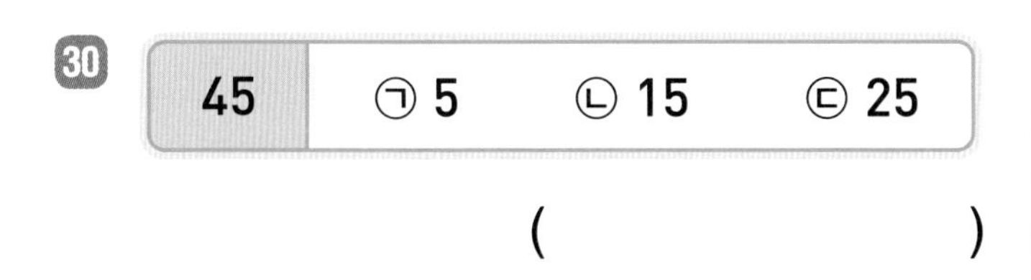

45	㉠ 5	㉡ 15	㉢ 25

( )

◆ 빈칸에 주어진 수의 배수 중에서 50에 가장 가까운 수를 써넣으세요.

31

32

33

14의 배수

34

◆ 빈칸에 두 수의 공약수의 개수를 써넣으세요.

35

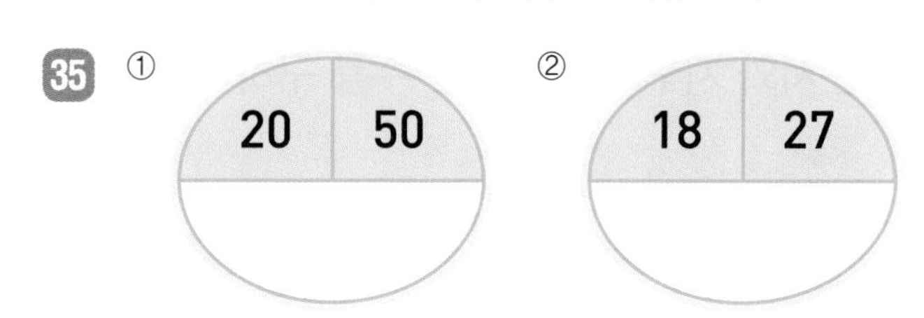

36

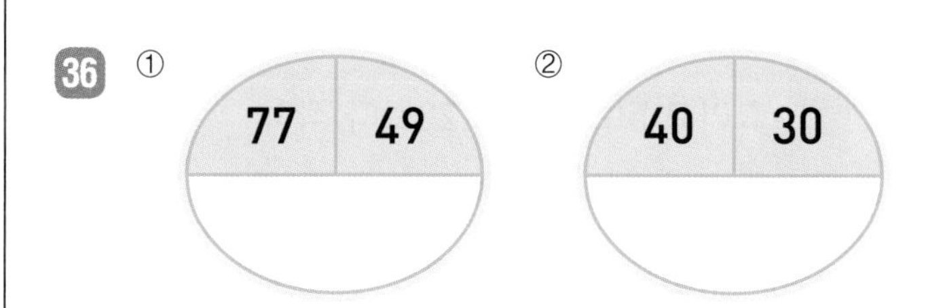

37

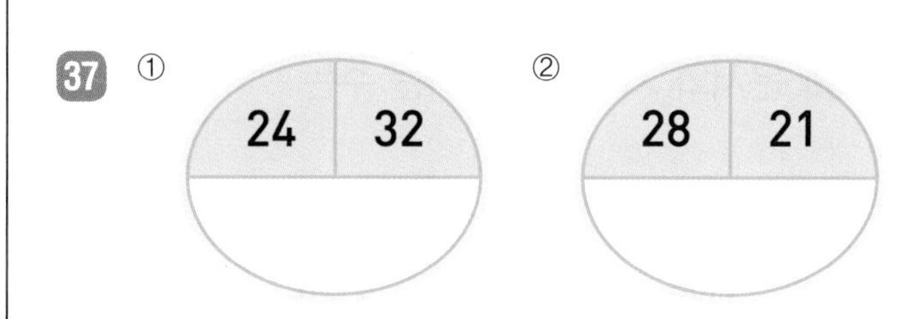

38

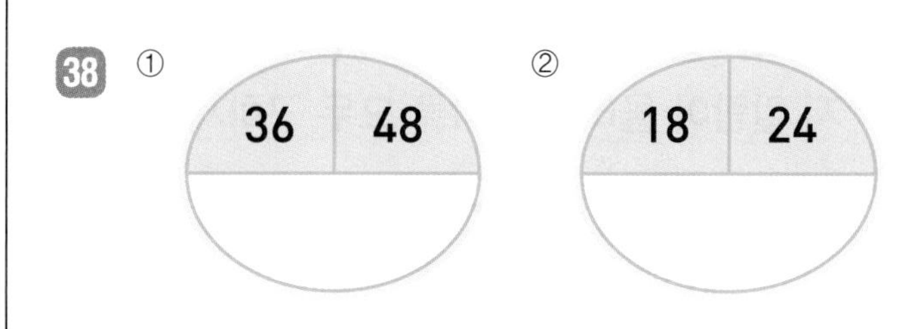

◆ 더 큰 수에 ○표 하세요.

39

60과 40의 최소공배수	
39와 52의 최소공배수	

40

22와 55의 최소공배수	
54와 36의 최소공배수	

41

40과 90의 최소공배수	
44와 154의 최소공배수	

42

24와 36의 최소공배수	
45와 18의 최소공배수	

◈ 문제를 읽고 답을 구하세요.

43 은서와 지후가 설명하는 수를 구하세요.

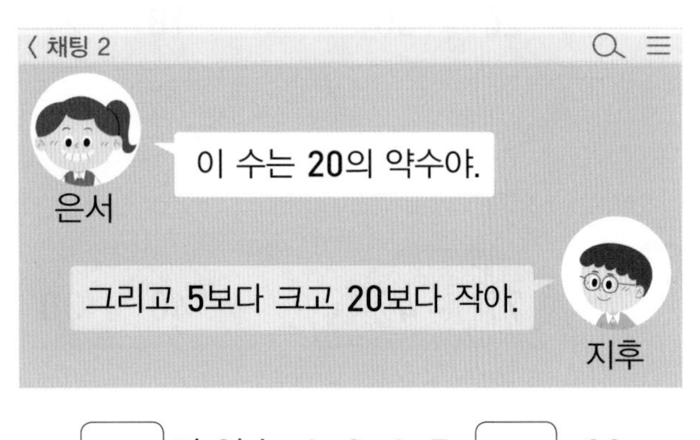

□의 약수: 1, 2, 4, 5, □, 20

답 은서와 지후가 설명하는 수는 □입니다.

44 어느 시계의 알람은 오후 1시부터 19분 간격으로 울립니다. 오후 1시부터 오후 2시까지 알람이 울리는 시각을 모두 구하세요.

□의 배수: 19, 38, 57, 76, ...

답 알람이 울리는 시각은 오후 1시,
1시 □분, 1시 □분, 1시 □분
입니다.

◈ 문제를 읽고 답을 구하세요.

45 빨강 장미 20송이와 노랑 장미 24송이를 최대한 많은 꽃병에 남김없이 똑같이 나누어 꽂으려고 합니다. 빨강 장미와 노랑 장미를 최대 몇 개의 꽃병에 나누어 꽂을 수 있을까요?

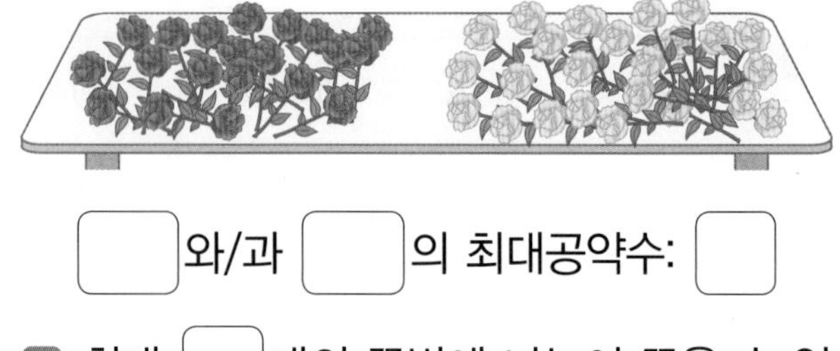

□와/과 □의 최대공약수: □

답 최대 □개의 꽃병에 나누어 꽂을 수 있습니다.

46 선정이는 4일마다, 현우는 6일마다 도서관에 갑니다. 두 사람이 오늘 도서관에서 만났다면 처음으로 다시 만나는 날은 며칠 후일까요?

□와/과 □의 최소공배수: □

답 처음으로 다시 만나는 날은 □일 후입니다.

• 2단원 테스트 후 맞힌 개수에 따라 아래와 같이 공부하세요.

맞힌 개수	0~32개	33~41개	42~46개
공부 방법	약수와 배수에 대한 이해가 부족해요. 07~12회를 다시 공부해요.	약수와 배수에 대해 이해는 하고 있으나 좀 더 연습이 필요해요.	실수하지 않도록 집중하여 틀린 문제를 확인해요.

3

규칙과 대응

	공부할 내용	문제 개수	확인
14회	도형에서의 대응 관계	30개	
15회	생활 속에서의 대응 관계	24개	
16회	3단원 테스트	32개	

동영상 강의

개념 미리보기

3. 규칙과 대응

14회

1 도형에서의 대응 관계

표를 이용하면 대응 관계를 알아보기 편해요!

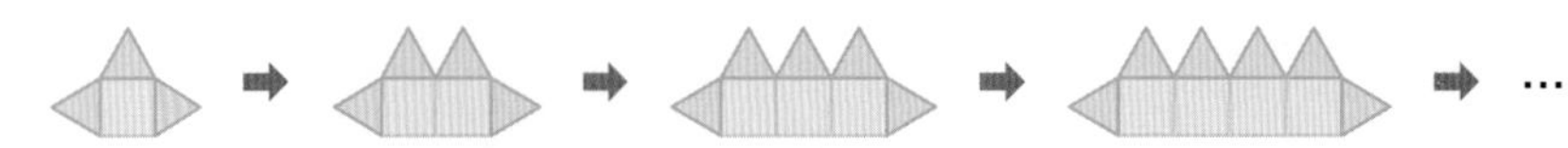

◆ 두 양 사이의 대응 관계 찾기

	+1	+1	+1		
삼각형 수(개)	3	4	5	6	…
사각형 수(개)	1	2	3	4	…

(삼각형 수와 사각형 수 모두 오른쪽으로 갈 때마다 +1)

→ 삼각형이 1개씩 늘어날 때 사각형은 1개씩 늘어납니다.

◆ 대응 관계를 설명하고 식으로 나타내기

삼각형 수를 ▲, 사각형 수를 ■로 나타내요.

대응 관계 설명하기		식으로 나타내기		기호로 나타내기
삼각형 수는 사각형 수에 2를 더한 것과 같습니다.	→	삼각형 수 = 사각형 수 + 2	→	▲ = ■ + 2
사각형 수는 삼각형 수에서 2를 뺀 것과 같습니다.	→	사각형 수 = 삼각형 수 − 2	→	■ = ▲ − 2

15회

2 생활 속에서의 대응 관계

각 양을 ○, □, △, ☆ 등과 같이 다양한 기호로 나타낼 수 있어요.

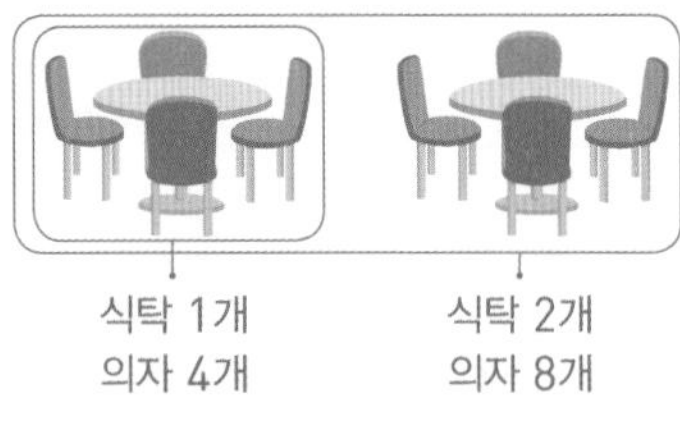

…

식탁 1개 의자 4개

식탁 2개 의자 8개

식탁 수를 ■, 의자 수를 ●로 나타내요.

대응 관계 설명하기		식으로 나타내기		기호로 나타내기
식탁 수는 의자 수를 4로 나눈 것과 같습니다.	→	식탁 수 = 의자 수 ÷ 4	→	■ = ● ÷ 4
의자 수는 식탁 수에 4를 곱한 것과 같습니다.	→	의자 수 = 식탁 수 × 4	→	● = ■ × 4

14회 개념 도형에서의 대응 관계

규칙적인 배열에서 대응 관계를 찾을 수 있습니다.

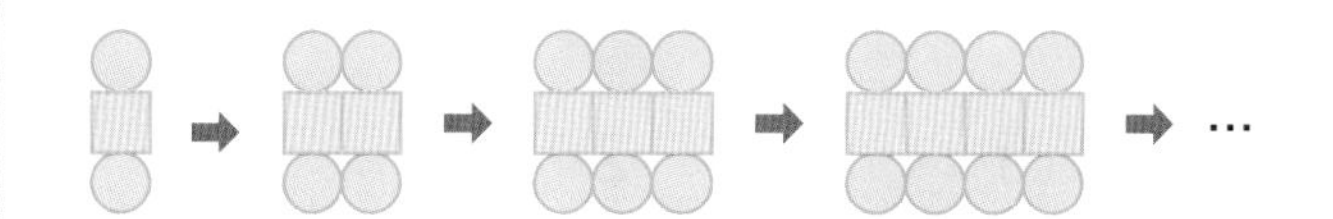

사각형 수(개)	1	2	3	4	…
원의 수(개)	2	4	6	8	…

(×2)

- 사각형 수는 원의 수를 2로 나눈 몫과 같습니다.
- 원의 수는 사각형 수의 2배입니다.

규칙적인 배열에서 찾은 대응 관계를 식으로 나타낼 수 있습니다.

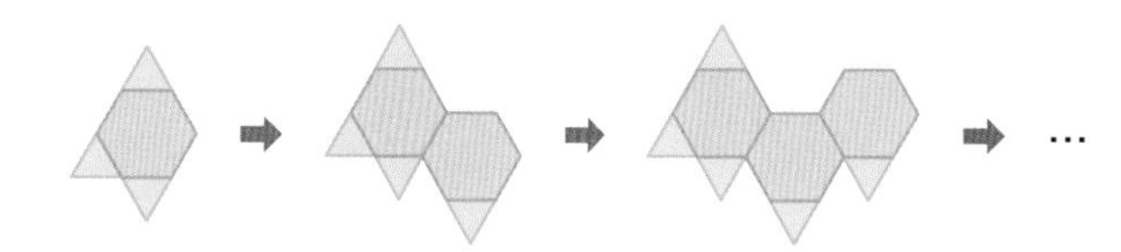

- 삼각형 수는 육각형 수보다 2만큼 더 큽니다.
  → (삼각형 수)=(육각형 수)+2 △=⬡+2
- 육각형 수는 삼각형 수보다 2만큼 더 작습니다.
  → (육각형 수)=(삼각형 수)−2 ⬡=△−2

◆ 표를 완성하고, 두 양 사이의 대응 관계를 구하세요.

1

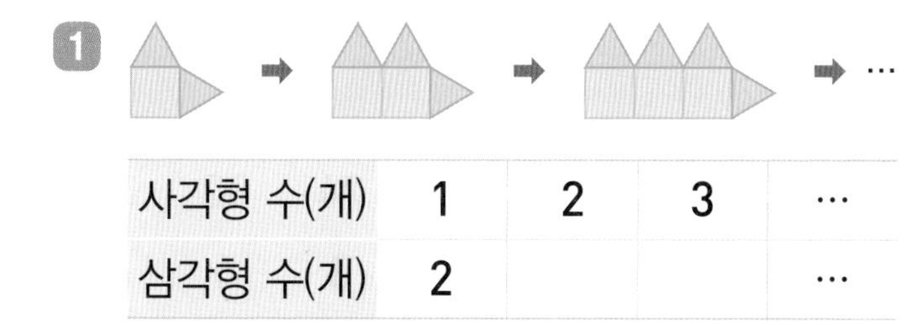

사각형 수(개)	1	2	3	…
삼각형 수(개)	2			…

삼각형 수는 사각형 수보다 ☐만큼 더 큽니다.

2

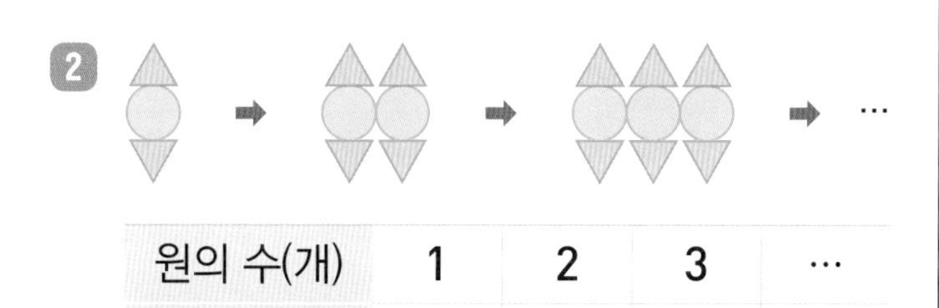

원의 수(개)	1	2	3	…
삼각형 수(개)	2			…

삼각형 수는 원의 수의 ☐배입니다.

3

오각형 수(개)	1	2	3	…
변의 수(개)	5			…

변의 수는 오각형 수의 ☐배입니다.

◆ 두 양 사이의 대응 관계로 알맞은 식에 ○표 하세요.

4

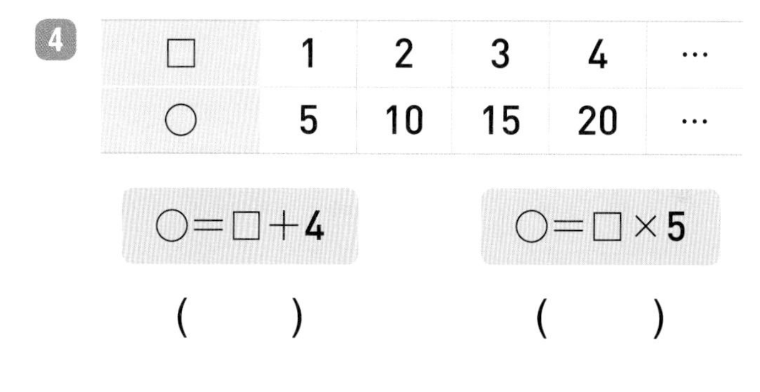

□	1	2	3	4	…
○	5	10	15	20	…

○=□+4 ( )　　○=□×5 ( )

5

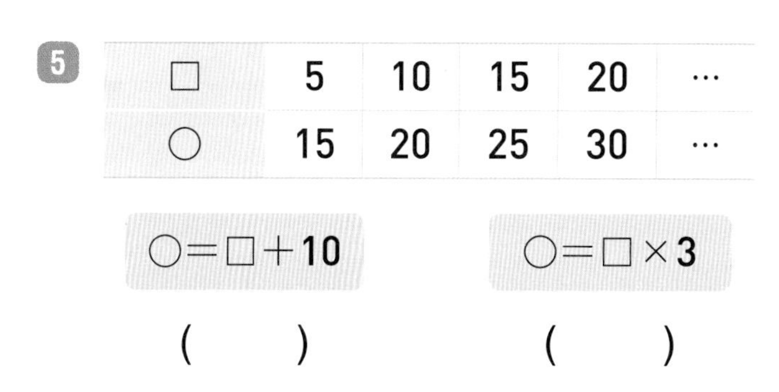

□	5	10	15	20	…
○	15	20	25	30	…

○=□+10 ( )　　○=□×3 ( )

6

□	5	6	7	8	…
○	1	2	3	4	…

○=□÷5 ( )　　○=□−4 ( )

3 단원

정답 08쪽

◈ 보기 와 같이 그림을 보고 식을 쓰세요.

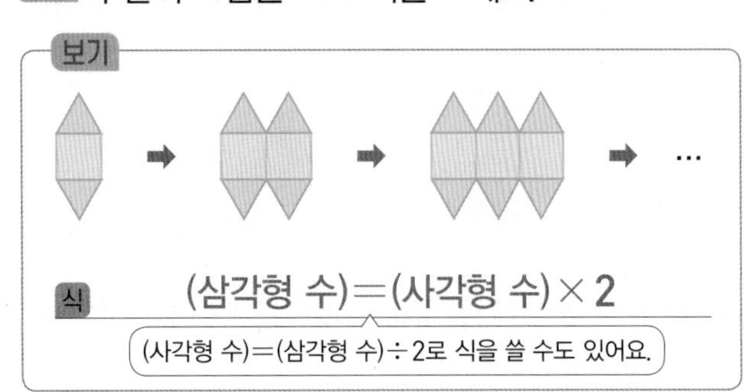

보기

식 (삼각형 수)=(사각형 수)×2

(사각형 수)=(삼각형 수)÷2로 식을 쓸 수도 있어요.

7

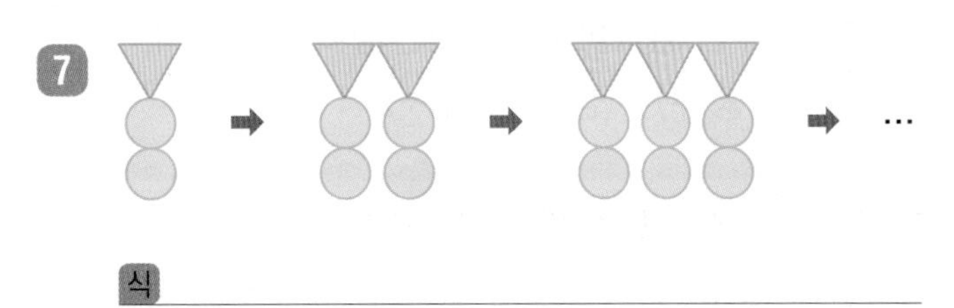

식

8

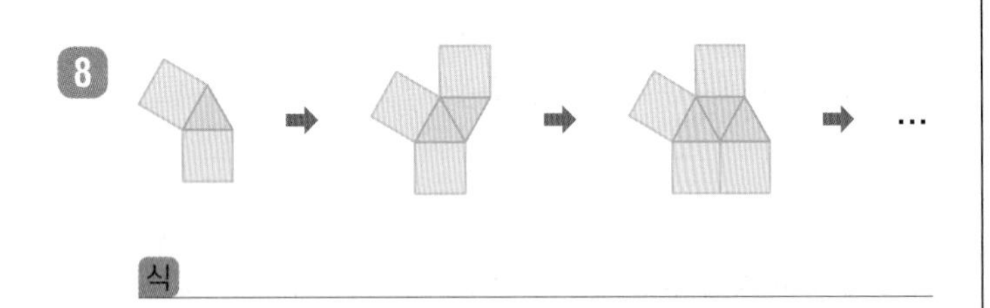

식

9

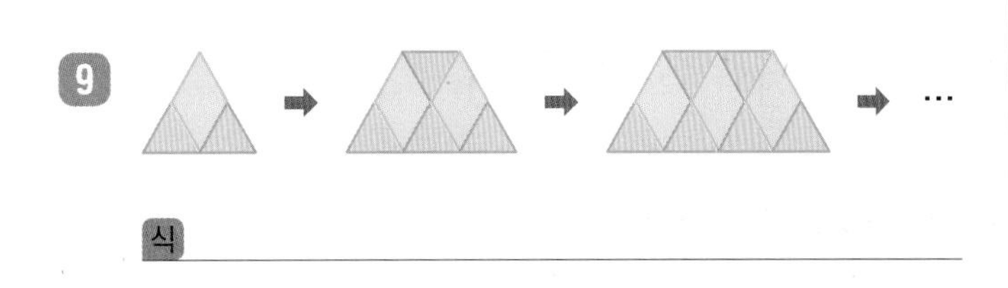

식

10

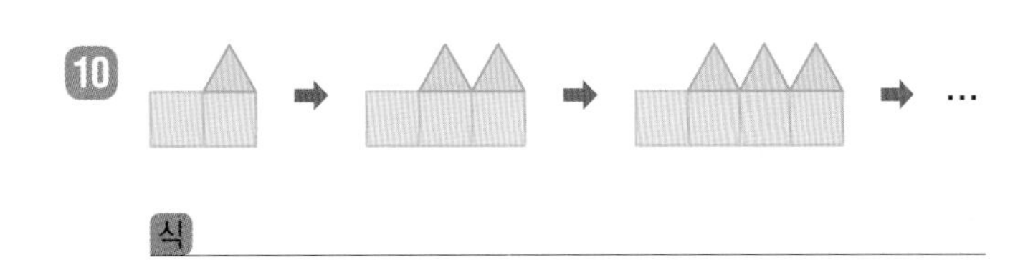

식

11 □ ➡ □□ ➡ □□□ ➡ …

식

◈ 두 양 사이의 대응 관계를 □와 △를 사용한 식으로 나타내세요.

12

□	1	2	3	4	…
△	2	4	6	8	…

식

13

□	1	2	3	4	…
△	5	6	7	8	…

식

14

□	8	16	24	32	…
△	1	2	3	4	…

식

15

□	11	12	13	14	…
△	4	5	6	7	…

식

16

□	1	2	3	4	…
△	9	18	27	36	…

식

17

□	4	5	6	7	…
△	20	21	22	23	…

식

◆ 도형의 배열을 보고 다음에 이어질 모양을 알맞게 그리세요.

18

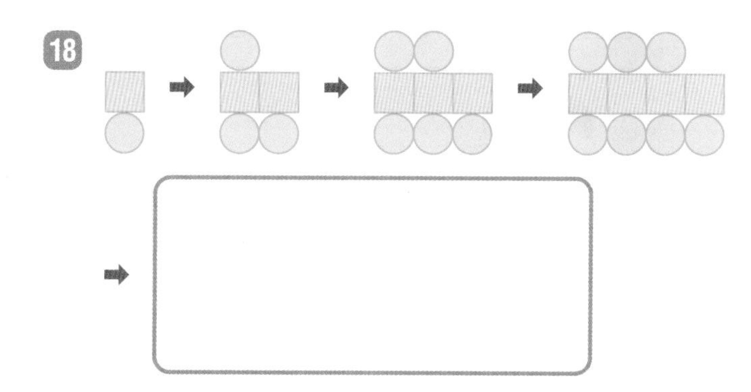

19

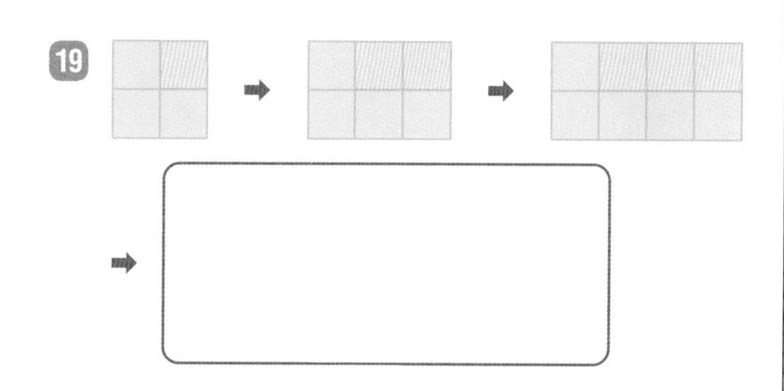

◆ 사각형과 삼각형으로 규칙적인 배열을 만들고 있습니다. 사각형이 10개일 때 삼각형은 몇 개 필요할지 구하세요.

20

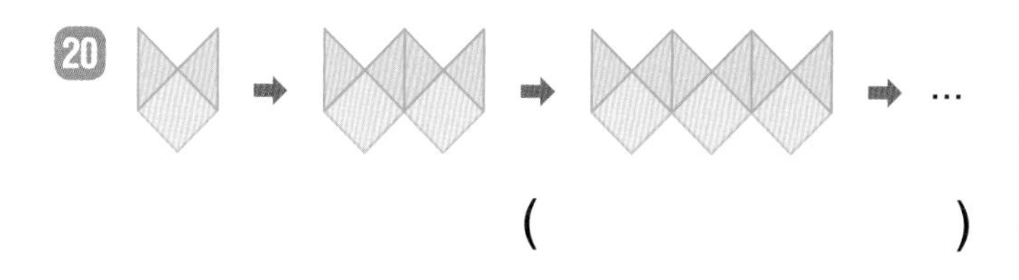

(　　　　　　　)

21

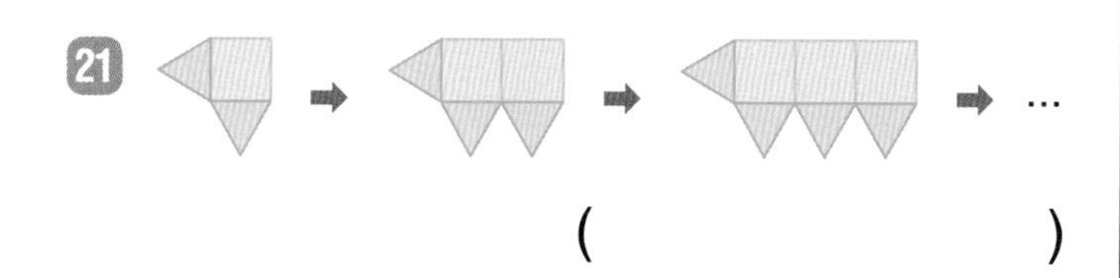

(　　　　　　　)

22

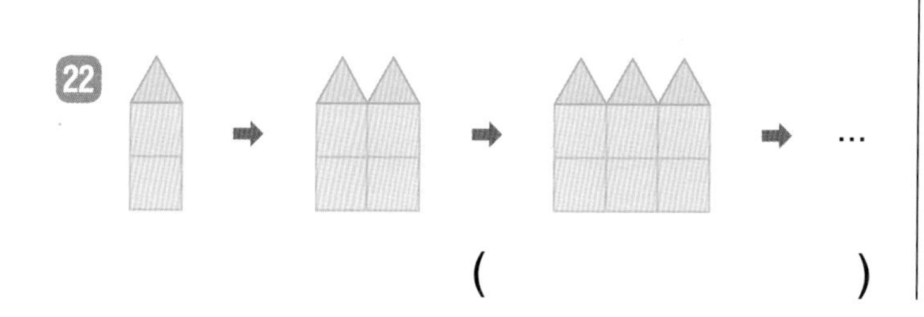

(　　　　　　　)

◆ 도형의 수와 배열 순서 사이의 대응 관계를 식으로 나타내세요.

23

식 (배열 순서)=＿＿＿＿＿＿

24

식 (배열 순서)=＿＿＿＿＿＿

25

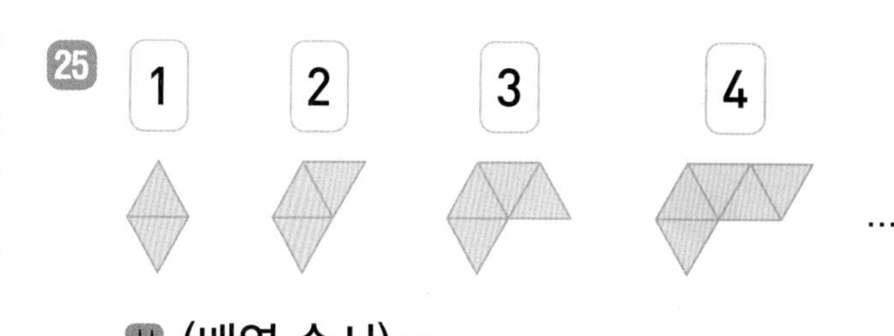

식 (배열 순서)=＿＿＿＿＿＿

문장제 + 연산

26 경태가 성냥개비로 정삼각형을 만들고 있습니다. 정삼각형 20개를 만드는 데 필요한 성냥개비는 모두 몇 개일까요?

정삼각형의 변의 수

(성냥개비 수)=(정삼각형 수)×☐

답 정삼각형 20개를 만드는 데 필요한 성냥개비는 모두 ☐개입니다.

3 단원

정답 09쪽

지후네 모둠은 여러 물건을 이용하여 도형을 만들었습니다. 그림을 보고 물건과 도형 사이의 대응 관계를 알아보세요.

27 (면봉 수)=(육각형 수)× □ 입니다.

29 (연필 수)=(오각형 수)× □ 입니다.

28 (이쑤시개 수)=(사각형 수)× □ 입니다.

30 (붓의 수)=(사각형 수)× □ 입니다.

실수한 것이 없는지 검토했나요?

예 □, 아니요 □

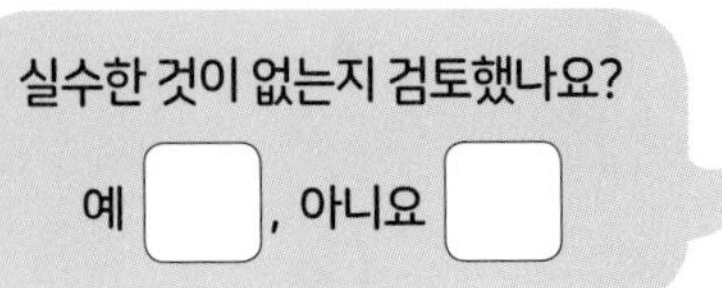

15회 개념 생활 속에서의 대응 관계

서로 관계가 있는 두 양을 찾아 대응 관계를 식으로 나타낼 수 있습니다.

서로 대응하는 두 양: 오리 수, 다리 수

오리 수를 △, 다리 수를 □로 나타내요.

대응 관계	→	식으로 나타내기	→	기호로 나타내기
다리 수는 오리 수의 2배입니다. 또는 오리 수는 다리 수의 반입니다.	→	(다리 수)=(오리 수)×2 또는 (오리 수)=(다리 수)÷2	→	□=△×2 또는 △=□÷2

◈ 그림을 보고 서로 대응하는 두 양을 찾아 쓰세요.

1

서로 대응하는 두 양	
책꽂이 칸의 수	

2

서로 대응하는 두 양	
연필꽂이 수	

3

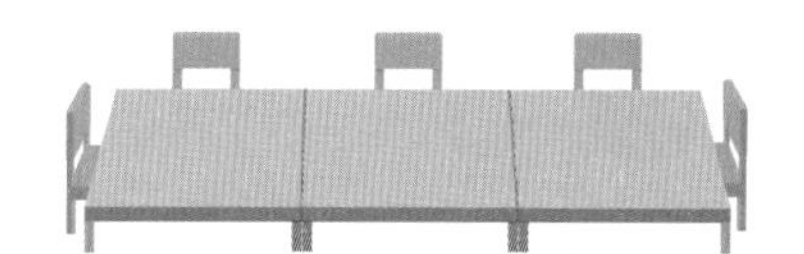

서로 대응하는 두 양	
책상 수	

◈ 그림을 보고 표를 완성하세요.

4

컵 수(개)	1	2	3	4	…
빨대 수(개)	2				…

5

의자 수(개)	1	2	3	4	…
팔걸이 수(개)	2				…

6

오징어 수(마리)	1	2	3	4	…
다리 수(개)	10				…

3 단원 정답 09쪽

◆ 그림을 보고 주어진 두 양 사이의 대응 관계를 식으로 나타내세요.

7
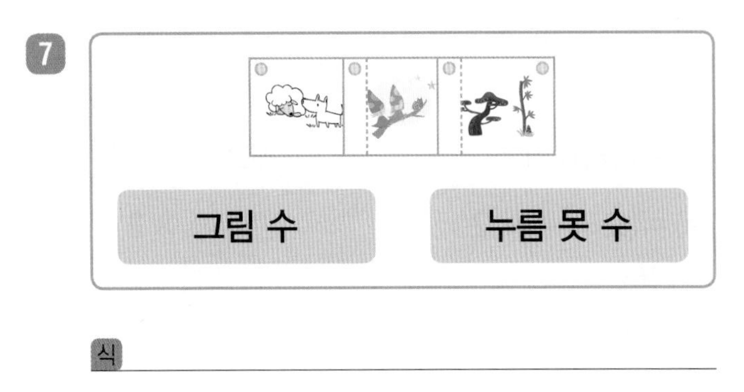

식

8
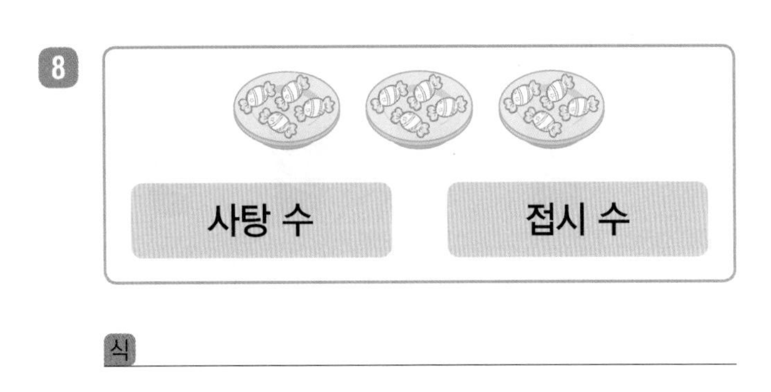

식

9
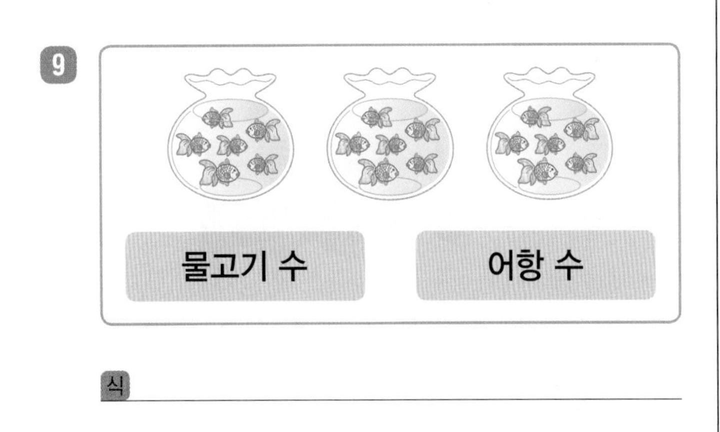

식

10
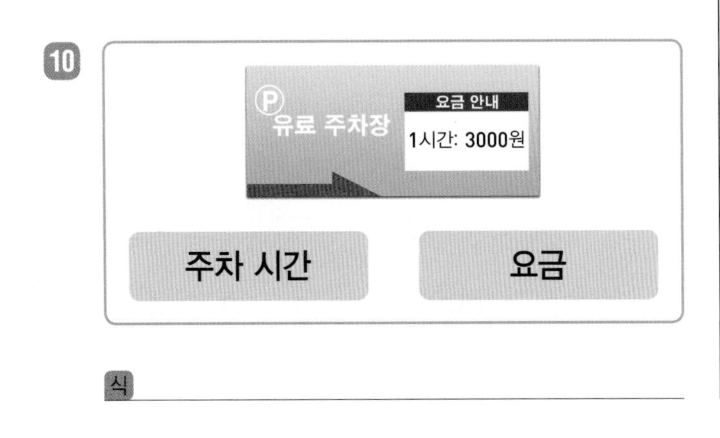

식

◆ 주어진 기호로 두 양 사이의 대응 관계를 식으로 나타내세요.

11

식

12

식

13
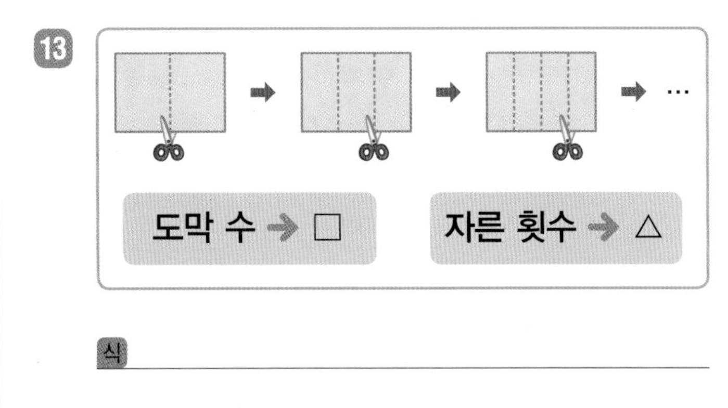

식

14
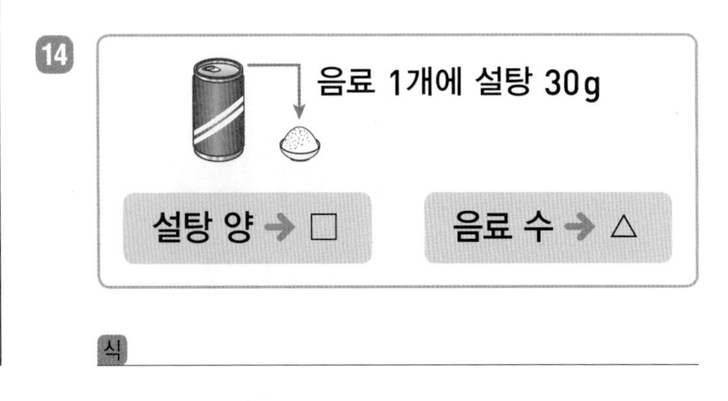

식

그림을 보고 두 양 사이의 대응 관계를 식으로 나타내세요.

15

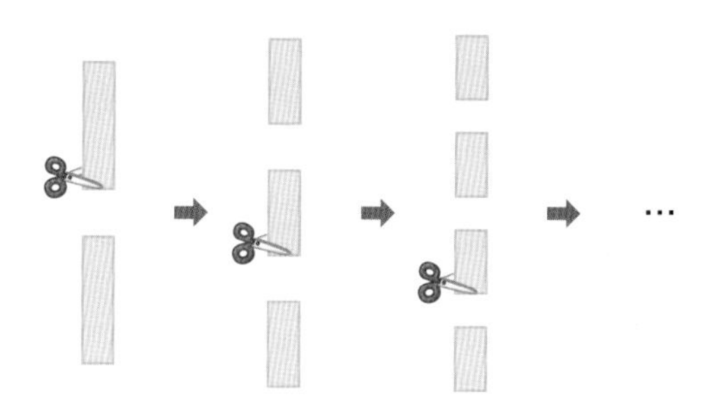

도막 수를 기호로 ○, [ ]을/를 기호로 [ ](이)라고 할 때, 두 양 사이의 대응 관계를 식으로 나타내면 ○=[ ]입니다.

16

입장객 수를 기호로 □, [ ]을/를 기호로 [ ](이)라고 할 때, 두 양 사이의 대응 관계를 식으로 나타내면 □=[ ]입니다.

17

꽃잎 수를 기호로 △, [ ]을/를 기호로 [ ](이)라고 할 때, 두 양 사이의 대응 관계를 식으로 나타내면 △=[ ]입니다.

대응 관계를 나타낸 식에 알맞은 상황이 아닌 것을 찾아 기호를 쓰세요.

18

□=△×4

㉠ 민준이는 8살, 동생은 4살입니다.
㉡ 강아지의 다리는 4개입니다.
㉢ 구슬 4개로 팔찌 1개를 만들 수 있습니다.

( )

19

☆=○−8

㉠ 마술 상자에 수를 넣으면 넣은 수보다 8만큼 더 작은 수가 나옵니다.
㉡ 팔각형의 꼭짓점은 8개입니다.
㉢ 6월의 런던의 시각은 서울의 시각보다 8시간 느립니다.

( )

문장제 + 연산

20 만화 영화를 1초 동안 상영하려면 그림이 30장 필요합니다. 이 만화 영화를 8초 동안 상영하려면 그림은 모두 몇 장 필요할까요?

1초 동안 필요한 그림 수

(그림 수)=(상영 시간)×[ ]

답 만화 영화를 8초 동안 상영하려면 그림은 모두 [ ]장 필요합니다.

3 단원
정답 09쪽

그림을 보고 아래에서 알맞은 카드를 골라 두 양 사이의 대응 관계를 식으로 나타내세요.

21

식

22

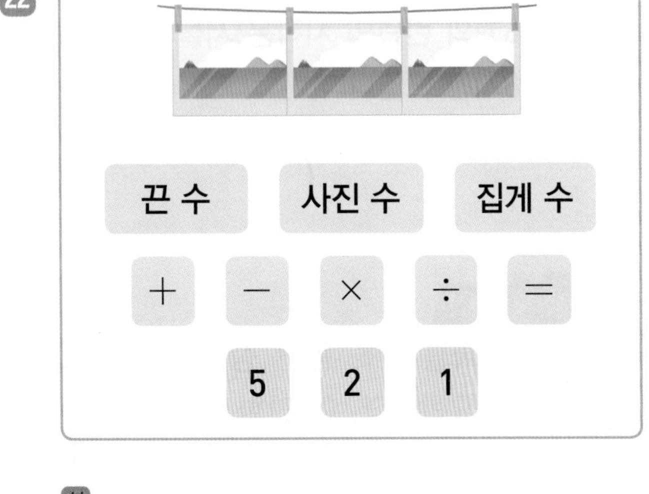

식

23

식

24

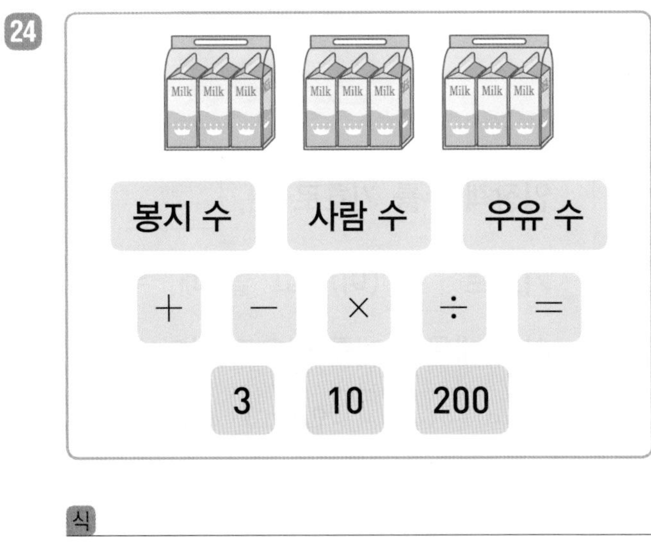

식

실수한 것이 없는지 검토했나요?

예 ☐, 아니요 ☐

16회 테스트 3. 규칙과 대응

◆ 보기 와 같이 그림을 보고 식을 쓰세요.

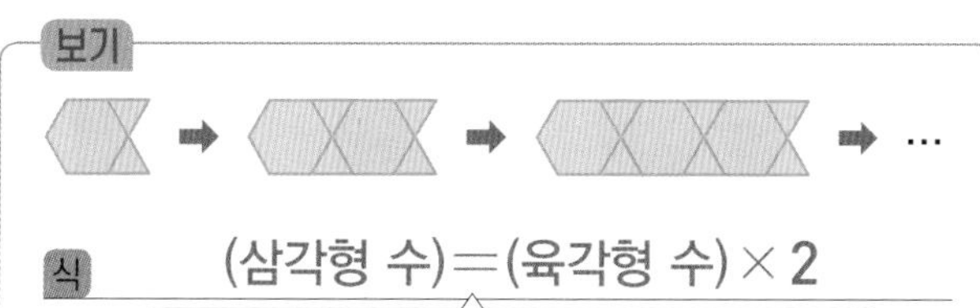

보기

식 (삼각형 수)=(육각형 수)×2

(육각형 수)=(삼각형 수)÷2로 식을 쓸 수도 있어요.

1

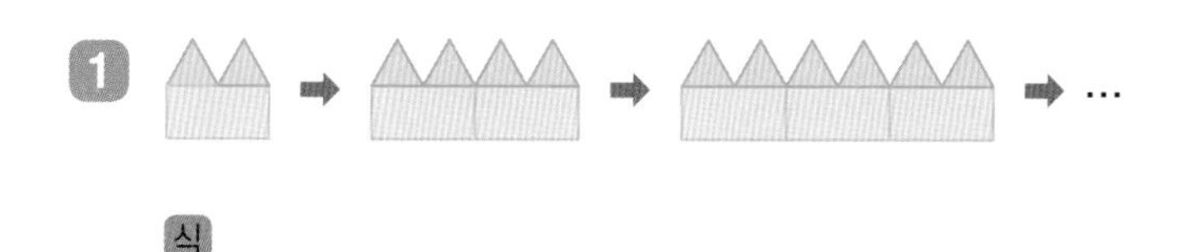

식 ____________________

2

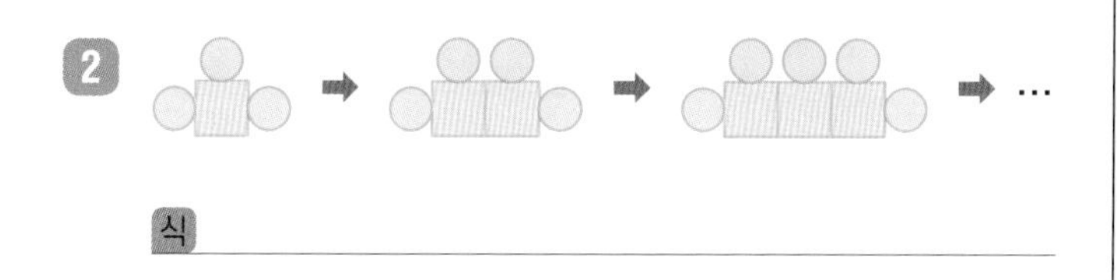

식 ____________________

3

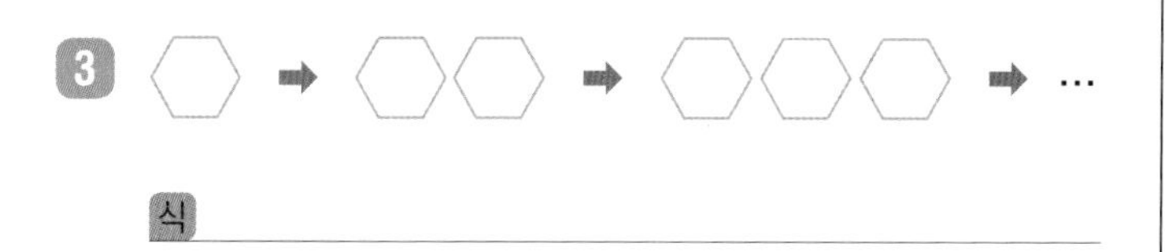

식 ____________________

4

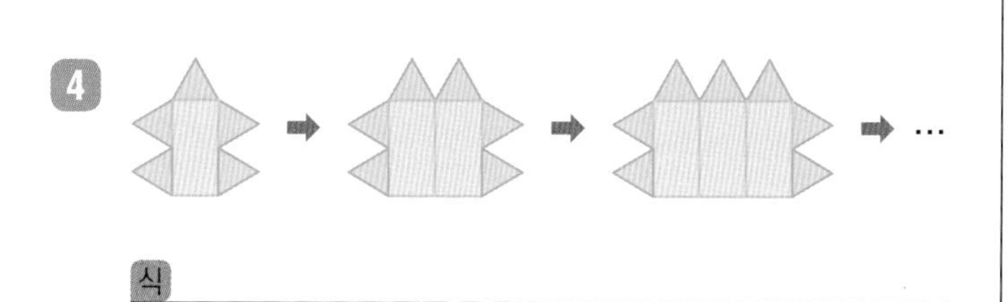

식 ____________________

5

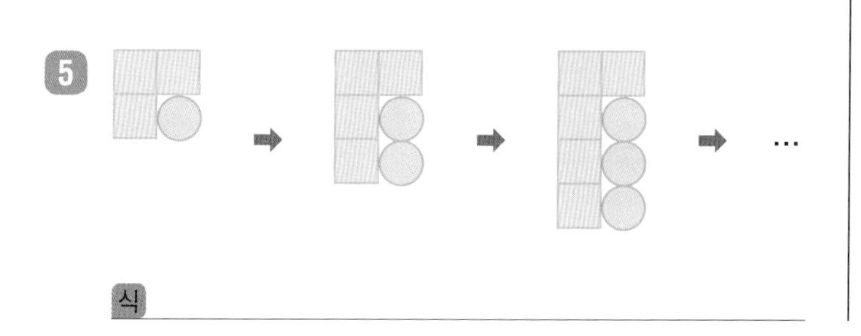

식 ____________________

◆ 두 양 사이의 대응 관계를 □와 △를 사용한 식으로 나타내세요.

6

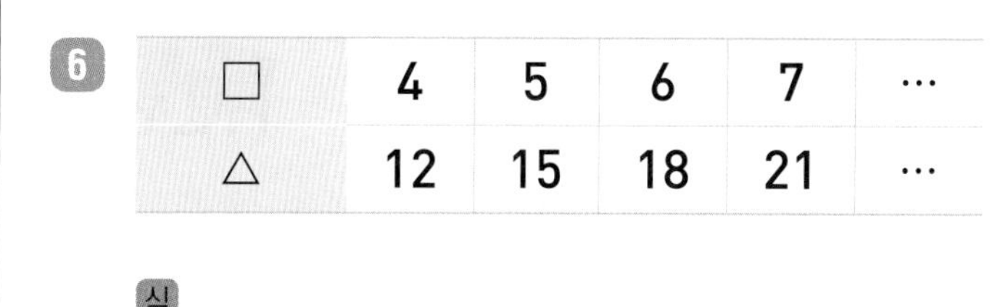

□	4	5	6	7	…
△	12	15	18	21	…

식 ____________________

7

□	1	2	3	4	…
△	12	13	14	15	…

식 ____________________

8

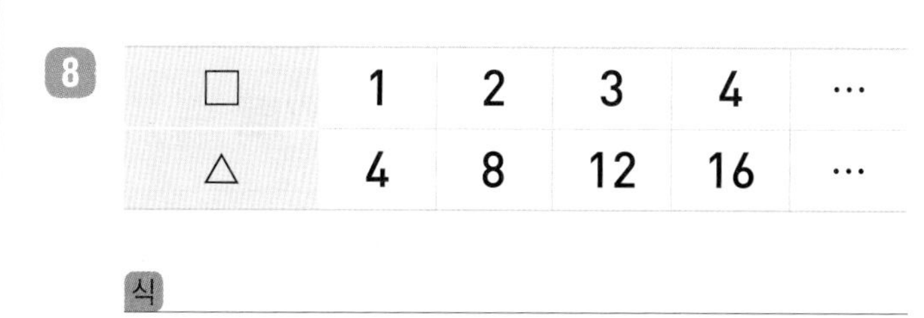

□	1	2	3	4	…
△	4	8	12	16	…

식 ____________________

9

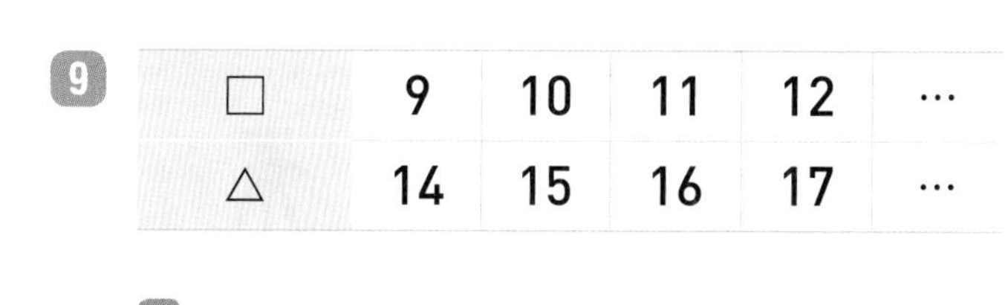

□	9	10	11	12	…
△	14	15	16	17	…

식 ____________________

10

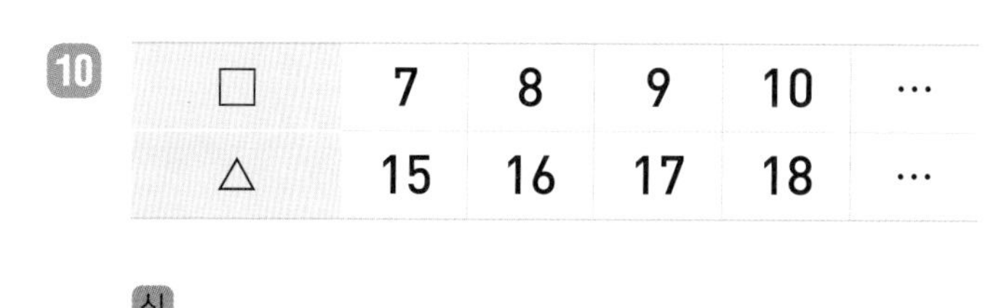

□	7	8	9	10	…
△	15	16	17	18	…

식 ____________________

11

□	1	2	3	4	…
△	7	14	21	28	…

식 ____________________

3 단원 정답 10쪽

◆ 그림을 보고 주어진 두 양 사이의 대응 관계를 식으로 나타내세요.

12

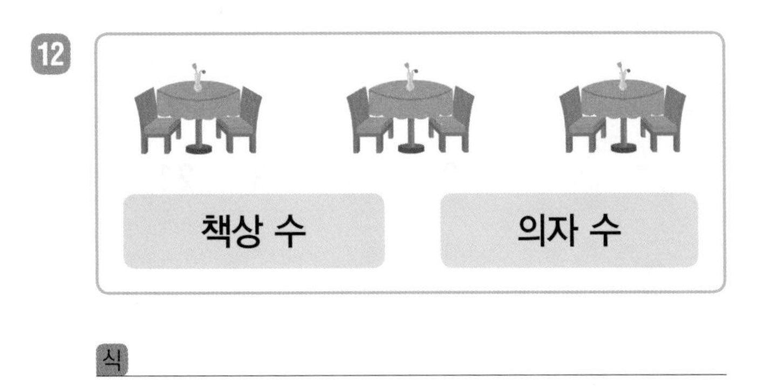

식 ______________________

13

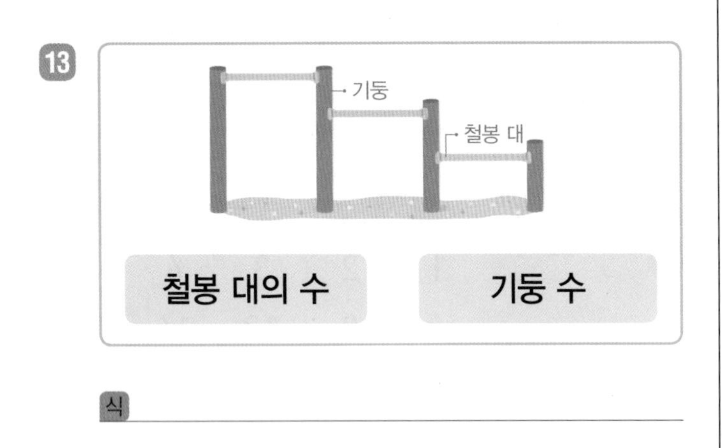

식 ______________________

14

식 ______________________

15

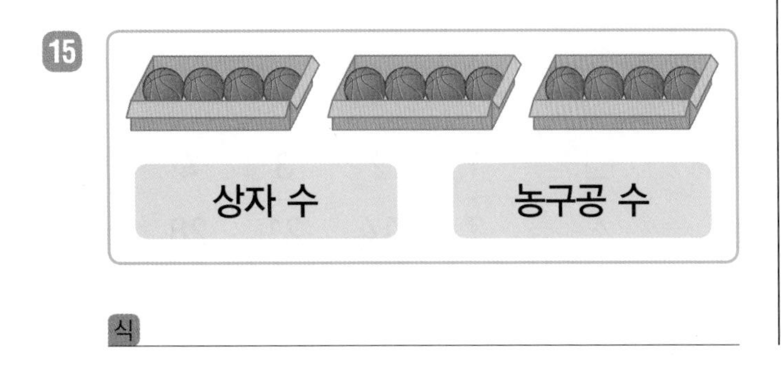

식 ______________________

◆ 주어진 기호로 두 양 사이의 대응 관계를 식으로 나타내세요.

16

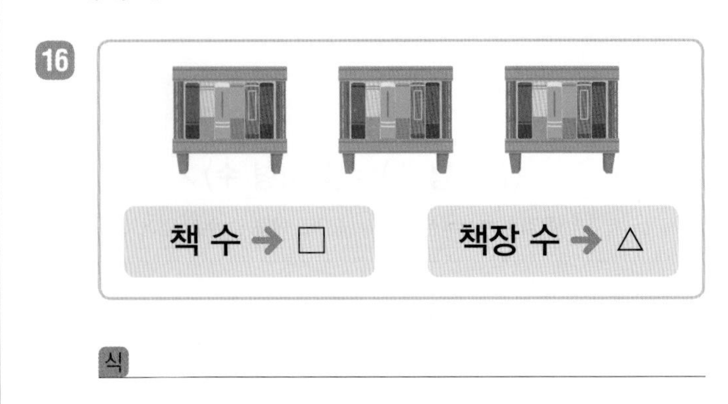

식 ______________________

17

식 ______________________

18

식 ______________________

19

식 ______________________

◆ 도형의 배열을 보고 다음에 이어질 모양을 알맞게 그리세요.

20

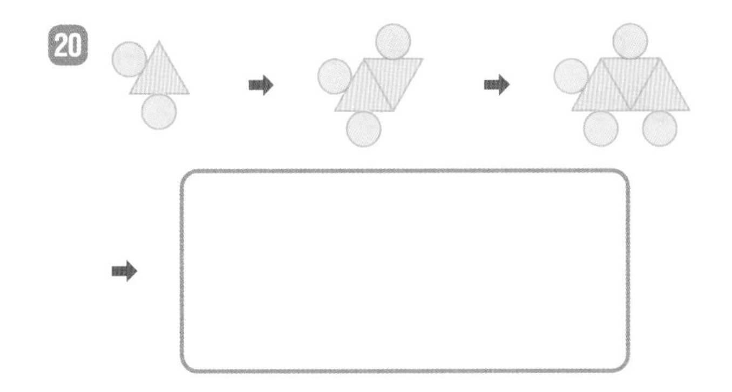

21

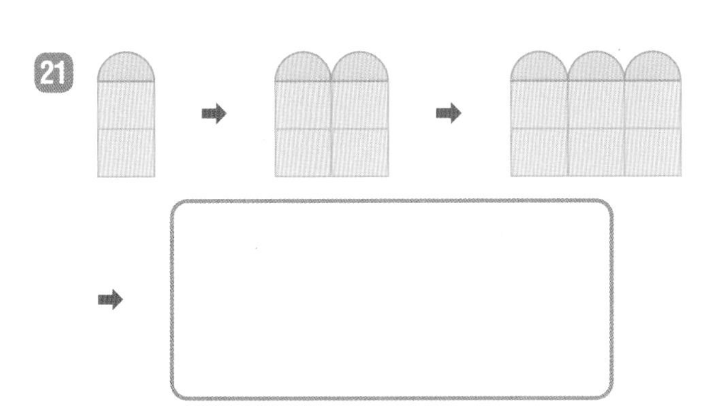

◆ 도형의 수와 배열 순서 사이의 대응 관계를 식으로 나타내세요.

22

식 (배열 순서)= ____________

23

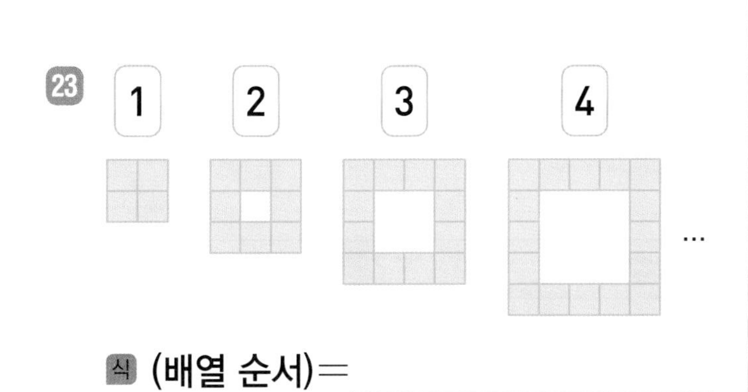

식 (배열 순서)= ____________

◆ 주어진 문장을 읽고 두 양 사이의 대응 관계를 찾아 식으로 나타내세요.

24 한 모둠에 학생이 6명씩 앉아 있습니다.

식 ____________

25 2022년에 이모의 나이는 35세입니다.

식 ____________

26 필통에 연필이 5자루씩 들어 있습니다.

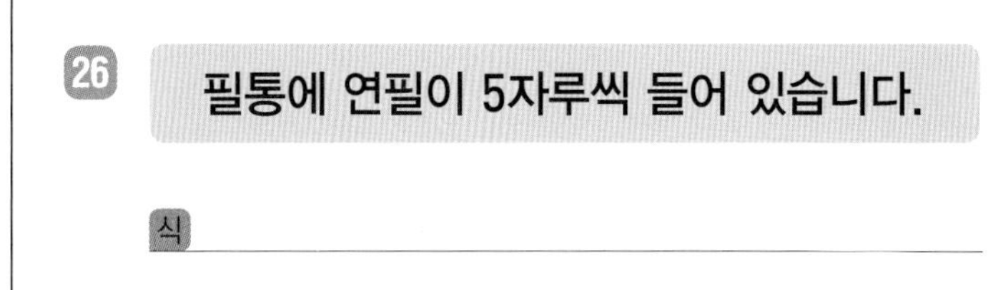

식 ____________

◆ 대응 관계를 나타낸 식에 알맞은 상황이 아닌 것을 찾아 기호를 쓰세요.

27 □=△×6

㉠ 한 접시에 귤이 6개씩 놓여 있습니다.
㉡ 서울의 시각은 이스탄불의 시각보다 6시간 빠릅니다.
㉢ 민주는 한 시간에 6 km씩 뜁니다.

(　　　　　　　)

28 ☆=○+3

㉠ 가위는 풀보다 3개 더 많이 있습니다.
㉡ 나는 11살이고 형은 14살입니다.
㉢ 승우는 매달 3천 원씩 저금합니다.

(　　　　　　　)

3 단원 정답 10쪽

◆ 문제를 읽고 답을 구하세요.

29 민준이가 이쑤시개로 정사각형을 만들고 있습니다. 정사각형 10개를 만드는 데 필요한 이쑤시개는 모두 몇 개일까요?

(이쑤시개 수)=(정사각형 수)× □

답 정사각형 10개를 만드는 데 필요한 이쑤시개는 모두 □개입니다.

30 다은이가 삼각형과 사각형 모양 조각으로 규칙적인 모양을 만들고 있습니다. 사각형 모양 조각이 20개일 때 삼각형 모양 조각은 몇 개일까요?

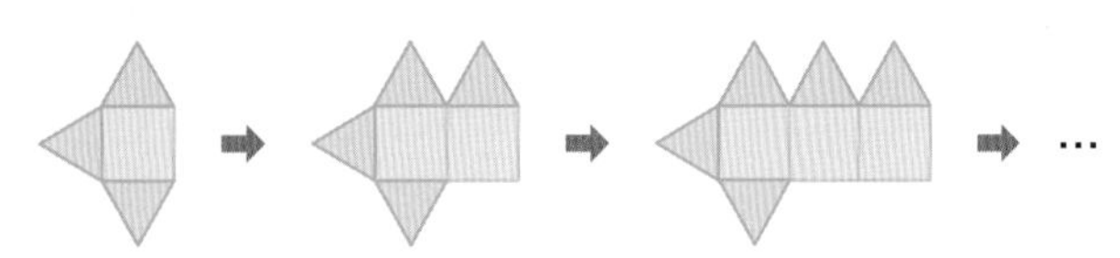

(삼각형 수)=(사각형 수)+ □

답 사각형 모양 조각이 20개일 때 삼각형 모양 조각은 □개입니다.

◆ 문제를 읽고 답을 구하세요.

31 물이 1분에 13 L씩 나오는 샤워기가 있습니다. 이 샤워기를 7분 동안 틀었을 때 나오는 물은 몇 L일까요?

(물의 양)=(샤워기를 틀어 놓은 시간)× □

답 샤워기를 7분 동안 틀었을 때 나오는 물은 □ L입니다.

32 서울과 방콕의 시각입니다. 서울이 오후 4시일 때 방콕의 시각을 구하세요.

서울의 시각

오전 9시

방콕의 시각

오전 7시

(방콕의 시각)=(서울의 시각)− □

답 서울이 오후 4시일 때 방콕은 오후 □시입니다.

• 3단원 테스트 후 맞힌 개수에 따라 아래와 같이 공부하세요.

맞힌 개수	0~22개	23~28개	29~32개
공부 방법	규칙과 대응에 대한 이해가 부족해요. 14~15회를 다시 공부해요.	규칙과 대응에 대해 이해는 하고 있으나 좀 더 연습이 필요해요.	실수하지 않도록 집중하여 틀린 문제를 확인해요.

4

약분과 통분

	공부할 내용	문제 개수	확인
17회	크기가 같은 분수	36개	
18회	약분	40개	
19회	통분	38개	
20회	분모가 다른 두 분수의 크기 비교	36개	
21회	분모가 다른 세 분수의 크기 비교	35개	
22회	분수와 소수의 크기 비교	38개	
23회	4단원 테스트	46개	

개념 미리보기

동영상 강의

4. 약분과 통분

17회

1 크기가 같은 분수

• 분모와 분자에 각각 0이 아닌 같은 수를 곱하면 크기가 같은 분수가 됩니다.

$$\frac{1}{3}=\frac{1\times2}{3\times2}=\frac{2}{6} \qquad \frac{1}{3}=\frac{1\times3}{3\times3}=\frac{3}{9}$$

• 분모와 분자를 각각 0이 아닌 같은 수로 나누면 크기가 같은 분수가 됩니다.

$$\frac{18}{24}=\frac{18\div2}{24\div2}=\frac{9}{12} \qquad \frac{18}{24}=\frac{18\div6}{24\div6}=\frac{3}{4}$$

18회

2 약분

약분할 때는 1 이외의 공약수로 나누어요.

• **약분한다**: 분모와 분자를 공약수로 나누어 간단한 분수로 나타내는 것
• **기약분수**: 분모와 분자의 공약수가 1뿐인 분수

20과 16의 공약수: 1, 2, 4

$$\frac{16}{20}=\frac{16\div2}{20\div2}=\frac{8}{10},\ \frac{16}{20}=\frac{16\div4}{20\div4}=\frac{4}{5}$$ → 기약분수

19회

3 통분

공통분모가 되는 수는 두 분모의 공배수예요.

• **통분한다**: 분수의 분모를 같게 하는 것
• **공통분모**: 통분한 분모

$$\left(\frac{3}{4}, \frac{5}{6}\right) \rightarrow \left[\frac{3}{4}=\frac{3\times6}{4\times6}=\frac{18}{24},\ \frac{5}{6}=\frac{5\times4}{6\times4}=\frac{20}{24}\right] \rightarrow \left(\frac{18}{24}, \frac{20}{24}\right)$$

공통분모: 24

20~22회

4 분수의 크기 비교

분모가 다른 두 분수의 크기 비교

두 분수를 먼저 ①통분한 다음 ②분자의 크기를 비교합니다.

$$\left(\frac{5}{12}, \frac{3}{8}\right) \overset{①}{\rightarrow} \left(\frac{10}{24}, \frac{9}{24}\right) \overset{②}{\rightarrow} \frac{10}{24} > \frac{9}{24}$$ 이므로 $\frac{5}{12} > \frac{3}{8}$

분수와 소수의 크기 비교

방법1 분수를 소수로 나타내어 크기 비교하기

$\frac{18}{25} > 0.6$

→ $\frac{18}{25}=\frac{72}{100}=0.72$ → $0.72 > 0.6$

방법2 소수를 분수로 나타내어 크기 비교하기

$\frac{18}{25} > 0.6$ → $0.6=\frac{6}{10}=\frac{3}{5}=\frac{15}{25}$

→ $\frac{18}{25} > \frac{15}{25}$

17회 개념 크기가 같은 분수

분모와 분자에 각각 0이 아닌 같은 수를 곱하면 크기가 같은 분수가 됩니다.

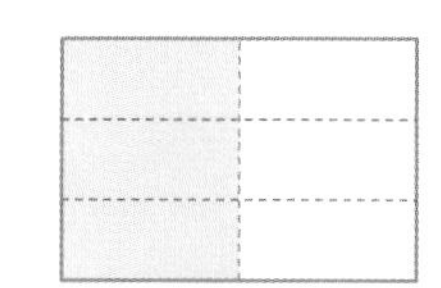

$\frac{1}{2}$ $\qquad \frac{1\times3}{2\times3}=\frac{3}{6}$

분모와 분자를 각각 0이 아닌 같은 수로 나누면 크기가 같은 분수가 됩니다.

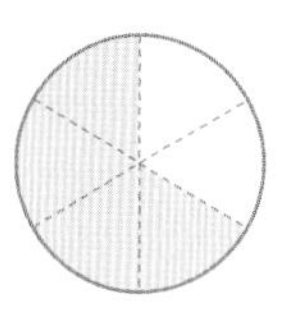
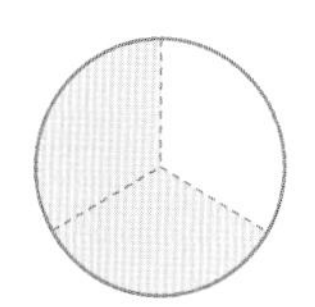

$\frac{4}{6}$ $\qquad \frac{4\div2}{6\div2}=\frac{2}{3}$

◆ 그림을 보고 □ 안에 알맞은 수를 써넣으세요.

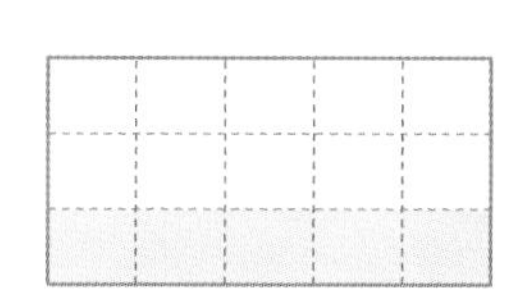

$\frac{1}{3}$ $\qquad \frac{1\times5}{3\times5}=\frac{\square}{\square}$

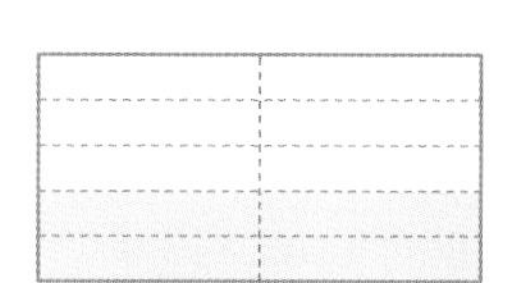

$\frac{2}{5}$ $\qquad \frac{2\times2}{5\times2}=\frac{\square}{\square}$

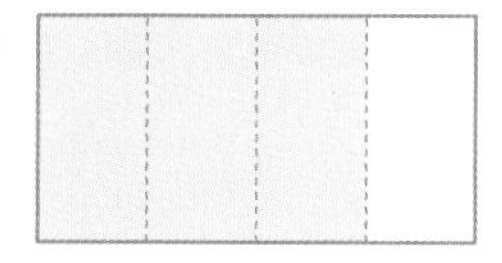
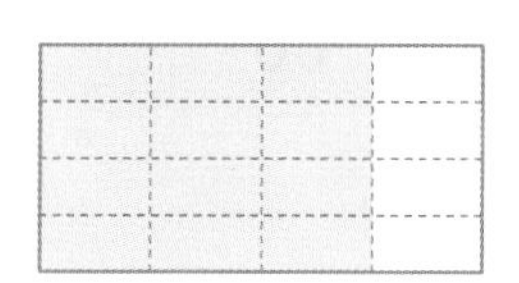

$\frac{3}{4}$ $\qquad \frac{3\times4}{4\times4}=\frac{\square}{\square}$

◆ 그림을 보고 □ 안에 알맞은 수를 써넣으세요.

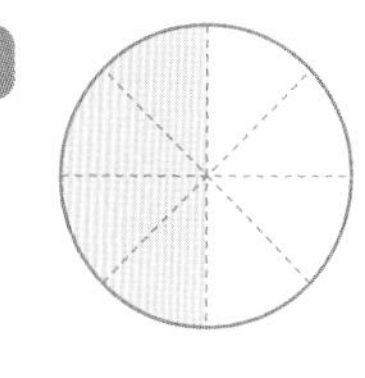
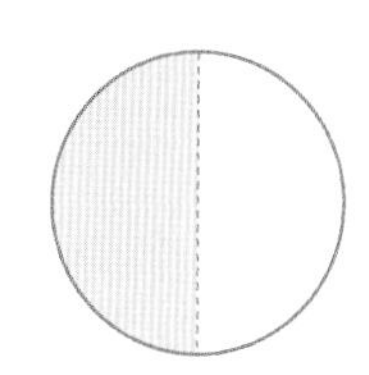

$\frac{4}{8}$ $\qquad \frac{4\div4}{8\div4}=\frac{\square}{\square}$

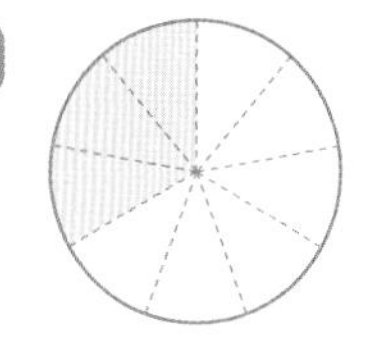
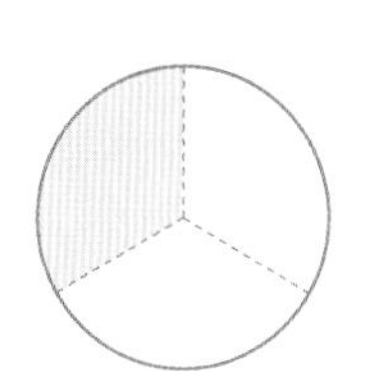

$\frac{3}{9}$ $\qquad \frac{3\div3}{9\div3}=\frac{\square}{\square}$

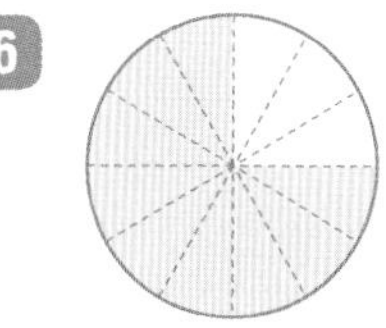
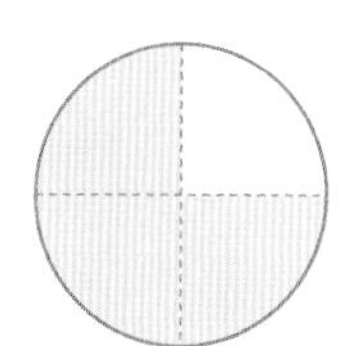

$\frac{9}{12}$ $\qquad \frac{9\div3}{12\div3}=\frac{\square}{\square}$

4 단원
정답 10쪽

◆ 분모와 분자에 각각 0이 아닌 같은 수를 곱하여 크기가 같은 분수를 분모가 가장 작은 것부터 차례대로 2개 쓰세요.

7 $\frac{1}{3}$ (　　　　　　)

8 $\frac{3}{4}$ (　　　　　　)

9 $\frac{3}{5}$ (　　　　　　)

10 $\frac{2}{7}$ (　　　　　　)

11 $\frac{5}{8}$ (　　　　　　)

12 $\frac{7}{9}$ (　　　　　　)

13 $\frac{3}{10}$ (　　　　　　)

◆ 분모와 분자를 각각 0이 아닌 같은 수로 나누어 크기가 같은 분수를 분모가 가장 큰 것부터 차례대로 2개 쓰세요.

14 $\frac{6}{12}$ (　　　　　　)

실수 방지 8과 20의 공약수는 1, 2, 4이므로 분모와 분자를 2와 4로 나눌 수 있어요.

15 $\frac{8}{20}$ (　　　　　　)

16 $\frac{9}{27}$ (　　　　　　)

17 $\frac{30}{36}$ (　　　　　　)

18 $\frac{15}{45}$ (　　　　　　)

19 $\frac{48}{60}$ (　　　　　　)

20 $\frac{60}{80}$ (　　　　　　)

안의 왼쪽 분수와 크기가 다른 하나를 찾아 ×표 하세요.

21 $\frac{3}{4}$ | $\frac{6}{8}$ $\frac{8}{12}$ $\frac{12}{16}$

22 $\frac{2}{5}$ | $\frac{4}{10}$ $\frac{6}{15}$ $\frac{8}{25}$

23 $\frac{5}{6}$ | $\frac{10}{16}$ $\frac{15}{18}$ $\frac{20}{24}$

크기가 같은 분수끼리 선으로 이으세요.

24 $\frac{8}{10}$ • • $\frac{4}{5}$

$\frac{15}{25}$ • • $\frac{3}{5}$

25 $\frac{1}{4}$ • • $\frac{12}{16}$

$\frac{3}{4}$ • • $\frac{6}{24}$

26 $\frac{15}{35}$ • • $\frac{3}{7}$

$\frac{15}{21}$ • • $\frac{5}{7}$

□ 안에 알맞은 수를 써넣으세요.

27 $\frac{3}{7}=\frac{6}{\square}=\frac{12}{\square}$

28 $\frac{7}{8}=\frac{21}{\square}=\frac{35}{\square}$

29 $\frac{2}{3}=\frac{\square}{9}=\frac{\square}{18}$

30 $\frac{8}{32}=\frac{\square}{16}=\frac{\square}{8}$

31 $\frac{20}{30}=\frac{\square}{6}=\frac{2}{\square}$

문장제 + 연산

32 준하와 지수는 각자 가지고 있는 색 띠의 $\frac{2}{3}$ 만큼을 사용하려고 합니다. 준하와 지수는 각각 색 띠를 몇 칸씩 사용하면 될까요?

준하

지수

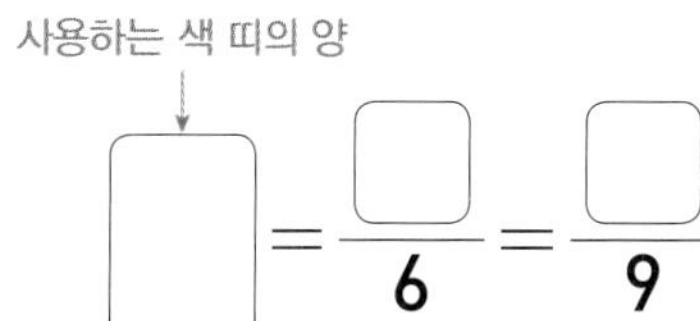

$\square=\frac{\square}{6}=\frac{\square}{9}$

답 색 띠를 준하는 □칸, 지수는 □칸 사용하면 됩니다.

4 단원

정답 11쪽

크기가 같은 분수끼리 묶여 있지 않은 곶감을 찾아 ×표 하세요.

33

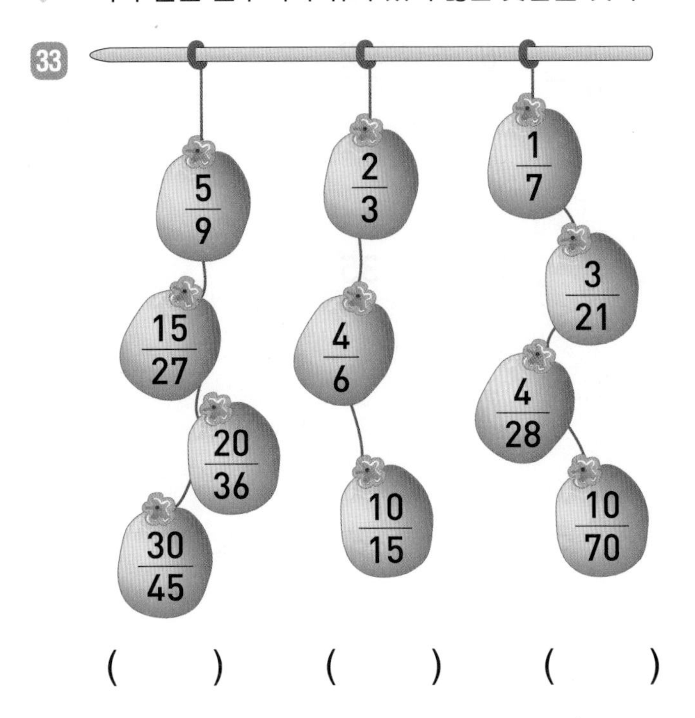

35

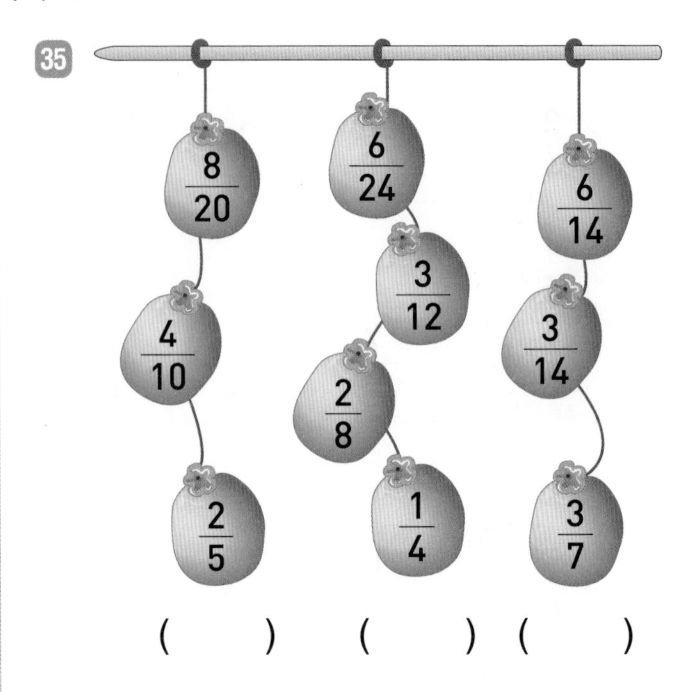

34

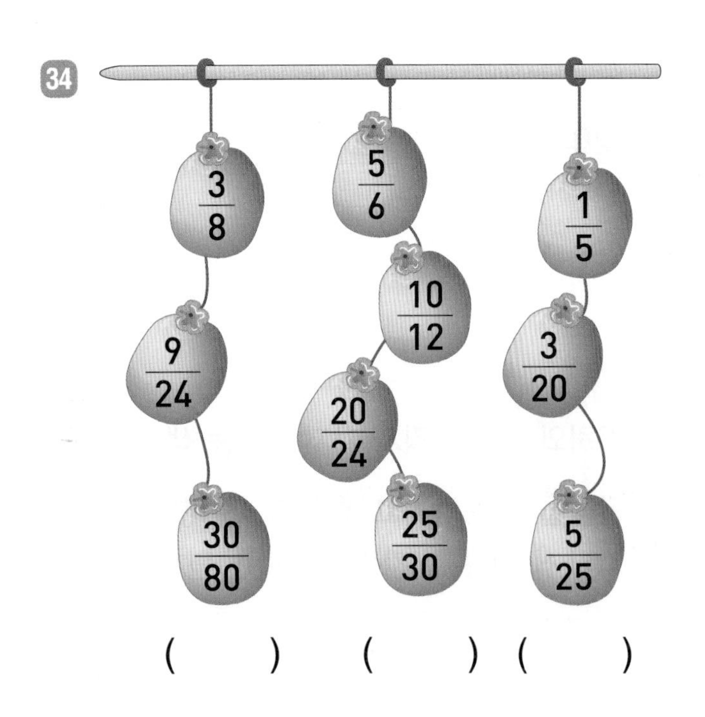

36

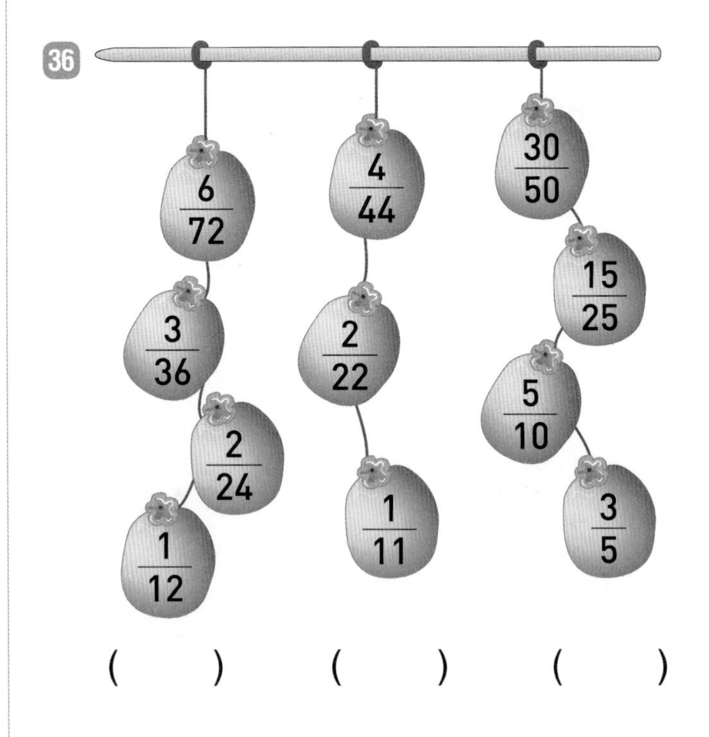

실수한 것이 없는지 검토했나요?

예 ☐, 아니요 ☐

18회 개념 약분

$\frac{12}{20}$의 약분은 20(분모)과 12(분자)의 공약수를 먼저 구하고, 분모와 분자를 그 공약수로 나눕니다.

20과 12의 공약수: 1, 2, 4

$\frac{12}{20}=\frac{12\div2}{20\div2}=\frac{6}{10}$ → $\frac{\overset{6}{\cancel{12}}}{\underset{10}{\cancel{20}}}=\frac{6}{10}$

$\frac{12}{20}=\frac{12\div4}{20\div4}=\frac{3}{5}$ → $\frac{\overset{3}{\cancel{12}}}{\underset{5}{\cancel{20}}}=\frac{3}{5}$

$\frac{18}{24}$을 기약분수로 나타내려면 24(분모)와 18(분자)을 그 최대공약수로 나눕니다.

24와 18의 최대공약수: 6

$\frac{18}{24}=\frac{18\div6}{24\div6}=\frac{3}{4}$

→ $\frac{\overset{3}{\cancel{18}}}{\underset{4}{\cancel{24}}}=\frac{3}{4}$

분모와 분자의 공약수가 1뿐인 분수예요.

◆ □ 안에 알맞은 수를 써넣고, 약분하세요.

1 15와 10의 공약수: 1, □

$\frac{10}{15}=\frac{10\div5}{15\div\square}=\square$

2 36과 12의 공약수: 1, 2, 3, □, 6, 12

$\frac{12}{36}=\frac{12\div\square}{36\div4}=\square$

3 40과 32의 공약수: 1, 2, 4, □

$\frac{32}{40}=\frac{32\div8}{40\div\square}=\square$

◆ □ 안에 알맞은 수를 써넣고, 기약분수를 구하세요.

4 30과 18의 최대공약수: □

$\frac{\overset{3}{\cancel{18}}}{\underset{\square}{\cancel{30}}}=\square$

5 24와 8의 최대공약수: □

$\frac{\overset{1}{\cancel{8}}}{\underset{\square}{\cancel{24}}}=\square$

6 32와 28의 최대공약수: □

$\frac{\overset{7}{\cancel{28}}}{\underset{\square}{\cancel{32}}}=\square$

4 단원

정답 11쪽

◆ 약분한 분수를 모두 쓰세요.

7 $\frac{36}{40}$ → (　　　　　　　　　)

실수 방지 분수를 약분할 때 분모와 분자를 1로 나누는 것은 생각하지 않아요.

8 $\frac{27}{45}$ → (　　　　　　　　　)

9 $\frac{24}{40}$ → (　　　　　　　　　)

10 $\frac{42}{48}$ → (　　　　　　　　　)

11 $\frac{54}{81}$ → (　　　　　　　　　)

12 $\frac{42}{56}$ → (　　　　　　　　　)

13 $\frac{40}{64}$ → (　　　　　　　　　)

14 $\frac{60}{75}$ → (　　　　　　　　　)

◆ 기약분수로 나타내세요.

15 $\frac{12}{24}$ → (　　　　　　　　　)

16 $\frac{12}{36}$ → (　　　　　　　　　)

17 $\frac{28}{49}$ → (　　　　　　　　　)

18 $\frac{20}{50}$ → (　　　　　　　　　)

19 $\frac{11}{66}$ → (　　　　　　　　　)

20 $\frac{21}{70}$ → (　　　　　　　　　)

21 $\frac{20}{75}$ → (　　　　　　　　　)

22 $\frac{32}{80}$ → (　　　　　　　　　)

분모와 분자를 주어진 수로 나누어 약분하세요.

23 $\frac{6}{8}$ — 분모와 분자를 2로 나누기 → □

24 $\frac{15}{18}$ — 분모와 분자를 3으로 나누기 → □

25 $\frac{10}{25}$ — 분모와 분자를 5로 나누기 → □

26 $\frac{27}{36}$ — 분모와 분자를 9로 나누기 → □

기약분수를 찾아 ○표 하세요.

27 $\frac{9}{12}$ $\frac{14}{16}$ $\frac{11}{20}$

28 $\frac{10}{25}$ $\frac{8}{15}$ $\frac{12}{20}$

29 $\frac{8}{30}$ $\frac{15}{24}$ $\frac{7}{18}$

30 $\frac{5}{12}$ $\frac{12}{18}$ $\frac{11}{22}$

주어진 분수를 약분하려고 합니다. 분모와 분자를 나눌 수 없는 수를 찾아 기호를 쓰세요.

31 $\frac{8}{32}$ ㉠ 4 ㉡ 6 ㉢ 8

( )

32 $\frac{45}{54}$ ㉠ 2 ㉡ 3 ㉢ 9

( )

33 $\frac{44}{66}$ ㉠ 11 ㉡ 22 ㉢ 33

( )

문장제 + 연산

34 서윤이는 수학 문제 45개 중에서 36개를 풀었습니다. 서윤이가 푼 수학 문제는 전체의 몇 분의 몇인지 기약분수로 나타내세요.

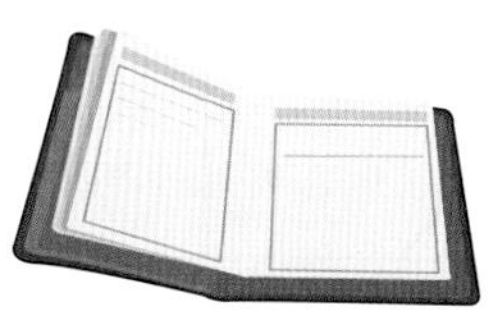

수학 문제 수 / 푼 문제 수

□와 □의 최대공약수: □

→ $\frac{36 \div \square}{45 \div \square} = \square$

답 서윤이가 푼 수학 문제는 전체의 □입니다.

화분에 적힌 분수를 잘못 약분한 꽃을 찾아 ×표 하세요.

35

38

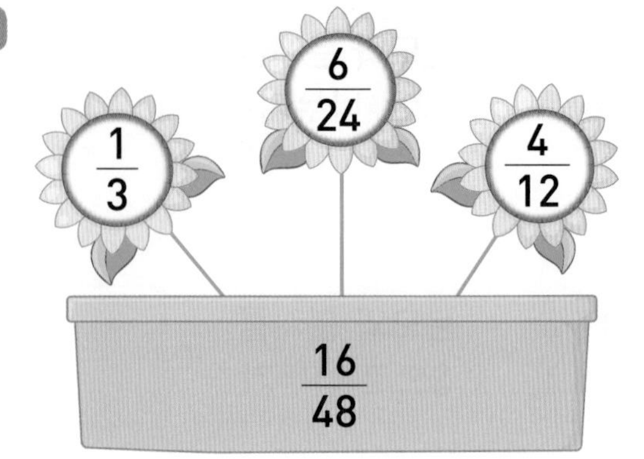

36

39

37

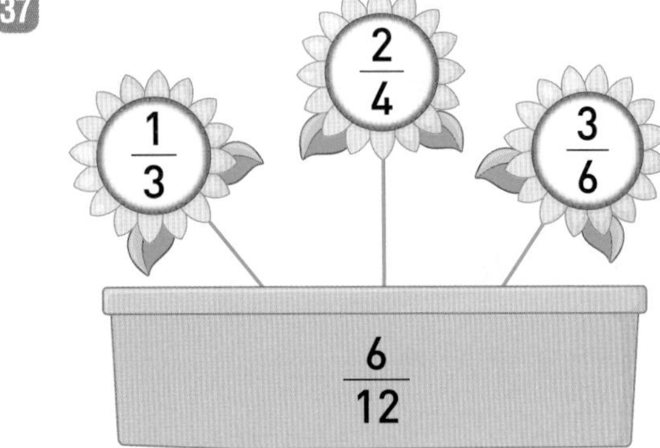

40

실수한 것이 없는지 검토했나요?

예 , 아니요

19회 개념 통분

$\frac{3}{4}$, $\frac{2}{3}$와 크기가 같은 분수를 각각 만들고, 분모가 같은 분수끼리 짝 지어 통분합니다.

$\frac{3}{4}$	$\frac{6}{8}$	$\frac{9}{12}$	$\frac{12}{16}$	$\frac{15}{20}$	$\frac{18}{24}$	$\frac{21}{28}$	$\frac{24}{32}$	…
$\frac{2}{3}$	$\frac{4}{6}$	$\frac{6}{9}$	$\frac{8}{12}$	$\frac{10}{15}$	$\frac{12}{18}$	$\frac{14}{21}$	$\frac{16}{24}$	…

$\left(\frac{3}{4}, \frac{2}{3}\right) \to \left(\frac{9}{12}, \frac{8}{12}\right), \left(\frac{18}{24}, \frac{16}{24}\right), \cdots$

공통분모

$\frac{5}{6}$와 $\frac{3}{8}$은 6과 8의 곱 또는 최소공배수를 공통분모로 하여 통분합니다.

두 분모

① 공통분모: 6과 8의 곱

$\left(\frac{5}{6}, \frac{3}{8}\right) \to \left(\frac{5\times8}{6\times8}, \frac{3\times6}{8\times6}\right) \to \left(\frac{40}{48}, \frac{18}{48}\right)$

② 공통분모: 6과 8의 최소공배수

$\left(\frac{5}{6}, \frac{3}{8}\right) \to \left(\frac{5\times4}{6\times4}, \frac{3\times3}{8\times3}\right) \to \left(\frac{20}{24}, \frac{9}{24}\right)$

크기가 같은 분수를 보고 통분하세요.

1

$\frac{2}{5}$	$\frac{4}{10}$	$\frac{6}{15}$	$\frac{8}{20}$	$\frac{10}{25}$	$\frac{12}{30}$	…
$\frac{3}{4}$	$\frac{6}{8}$	$\frac{9}{12}$	$\frac{12}{16}$	$\frac{15}{20}$	$\frac{18}{24}$	…

$\left(\frac{2}{5}, \frac{3}{4}\right) \to \left(\frac{\square}{\square}, \frac{\square}{\square}\right), \cdots$

2

$\frac{5}{12}$	$\frac{10}{24}$	$\frac{15}{36}$	$\frac{20}{48}$	$\frac{25}{60}$	$\frac{30}{72}$	…
$\frac{7}{9}$	$\frac{14}{18}$	$\frac{21}{27}$	$\frac{28}{36}$	$\frac{35}{45}$	$\frac{42}{54}$	…

$\left(\frac{5}{12}, \frac{7}{9}\right) \to \left(\frac{\square}{\square}, \frac{\square}{\square}\right), \cdots$

3

$\frac{2}{3}$	$\frac{4}{6}$	$\frac{6}{9}$	$\frac{8}{12}$	$\frac{10}{15}$	$\frac{12}{18}$	…
$\frac{1}{4}$	$\frac{2}{8}$	$\frac{3}{12}$	$\frac{4}{16}$	$\frac{5}{20}$	$\frac{6}{24}$	…

$\left(\frac{2}{3}, \frac{1}{4}\right) \to \left(\frac{\square}{\square}, \frac{\square}{\square}\right), \cdots$

주어진 수를 공통분모로 하여 통분하세요.

4 $\left(\frac{4}{5}, \frac{2}{7}\right) \to \left(\frac{\square}{35}, \frac{\square}{35}\right)$

5와 7의 곱

5 $\left(\frac{7}{8}, \frac{2}{3}\right) \to \left(\frac{\square}{24}, \frac{\square}{24}\right)$

8과 3의 곱

6 $\left(\frac{1}{4}, \frac{7}{10}\right) \to \left(\frac{\square}{20}, \frac{\square}{20}\right)$

4와 10의 최소공배수

7 $\left(\frac{5}{6}, \frac{4}{15}\right) \to \left(\frac{\square}{30}, \frac{\square}{30}\right)$

6과 15의 최소공배수

8 $\left(\frac{5}{9}, \frac{1}{6}\right) \to \left(\frac{\square}{18}, \frac{\square}{18}\right)$

9와 6의 최소공배수

4 단원
정답 12쪽

두 분모의 곱을 공통분모로 하여 통분하세요.

9 $\left(\frac{1}{2}, \frac{1}{3}\right) \rightarrow \left(\quad , \quad \right)$

10 $\left(\frac{1}{6}, \frac{2}{7}\right) \rightarrow \left(\quad , \quad \right)$

11 $\left(\frac{1}{4}, \frac{1}{6}\right) \rightarrow \left(\quad , \quad \right)$

12 $\left(\frac{3}{4}, \frac{1}{10}\right) \rightarrow \left(\quad , \quad \right)$

13 $\left(\frac{7}{10}, \frac{3}{8}\right) \rightarrow \left(\quad , \quad \right)$

14 $\left(\frac{1}{4}, \frac{5}{12}\right) \rightarrow \left(\quad , \quad \right)$

15 $\left(\frac{3}{10}, \frac{2}{5}\right) \rightarrow \left(\quad , \quad \right)$

16 $\left(\frac{4}{7}, \frac{1}{3}\right) \rightarrow \left(\quad , \quad \right)$

두 분모의 최소공배수를 공통분모로 하여 통분하세요.

17 $\left(\frac{4}{9}, \frac{5}{6}\right) \rightarrow \left(\quad , \quad \right)$

실수 방지 8과 4의 최소공배수는 8이므로 $\frac{3}{8}$은 그대로 씁니다.

18 $\left(\frac{3}{8}, \frac{1}{4}\right) \rightarrow \left(\quad , \quad \right)$

19 $\left(\frac{7}{12}, \frac{1}{8}\right) \rightarrow \left(\quad , \quad \right)$

20 $\left(\frac{7}{10}, \frac{2}{15}\right) \rightarrow \left(\quad , \quad \right)$

21 $\left(\frac{1}{21}, \frac{2}{9}\right) \rightarrow \left(\quad , \quad \right)$

22 $\left(\frac{5}{6}, \frac{5}{18}\right) \rightarrow \left(\quad , \quad \right)$

23 $\left(\frac{3}{20}, \frac{7}{30}\right) \rightarrow \left(\quad , \quad \right)$

24 $\left(\frac{5}{9}, \frac{11}{12}\right) \rightarrow \left(\quad , \quad \right)$

◆ 두 분수를 통분할 때 공통분모로 알맞은 수를 찾아 선으로 이으세요.

25

$\left(\frac{5}{9}, \frac{1}{5}\right)$ • • 18

$\left(\frac{2}{9}, \frac{5}{6}\right)$ • • 45

26

$\left(\frac{8}{15}, \frac{4}{9}\right)$ • • 24

$\left(\frac{1}{6}, \frac{7}{12}\right)$ • • 45

◆ □에는 두 분모의 곱을 공통분모로 하여 통분한 분수를, ⬡에는 두 분모의 최소공배수를 공통분모로 하여 통분한 분수를 써넣으세요.

27

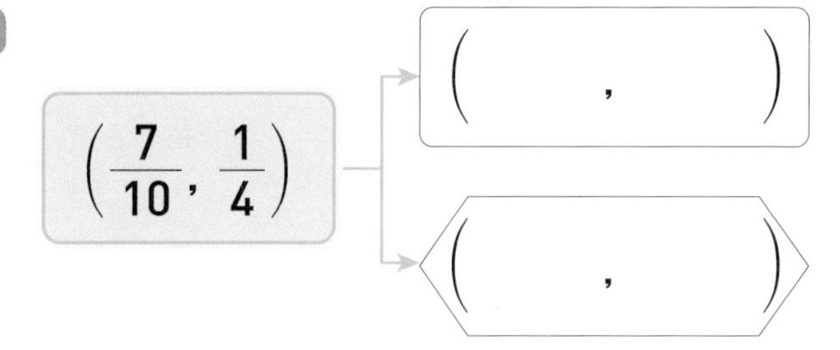

$\left(\frac{7}{10}, \frac{1}{4}\right)$ → □(,) / ⬡(,)

28

$\left(\frac{5}{8}, \frac{7}{12}\right)$ → □(,) / ⬡(,)

29

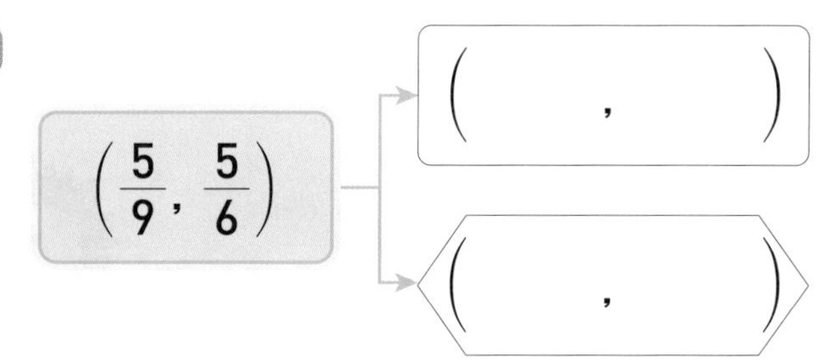

$\left(\frac{5}{9}, \frac{5}{6}\right)$ → □(,) / ⬡(,)

◆ 두 분수를 잘못 통분한 것의 기호를 쓰세요.

30

$\left(\frac{5}{8}, \frac{5}{6}\right)$

㉠ $\left(\frac{15}{24}, \frac{20}{24}\right)$ ㉡ $\left(\frac{20}{36}, \frac{30}{36}\right)$

( )

31

$\left(\frac{7}{9}, \frac{1}{12}\right)$

㉠ $\left(\frac{63}{108}, \frac{12}{108}\right)$ ㉡ $\left(\frac{28}{36}, \frac{3}{36}\right)$

( )

문장제 + 연산

32 은서와 승기가 똑같은 컵에 담긴 음료를 마시고 남은 양입니다. 두 사람이 마시고 남은 음료의 양을 두 분모의 최소공배수를 공통분모로 하여 통분하세요.

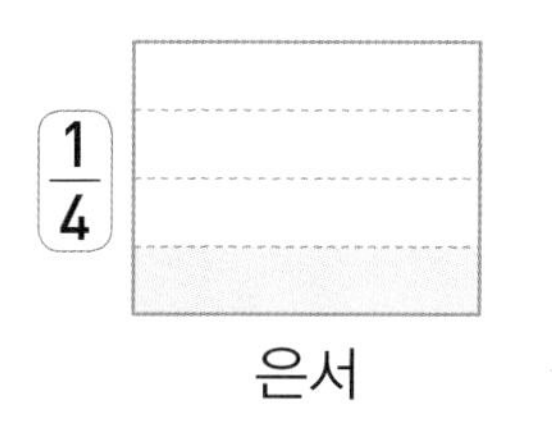

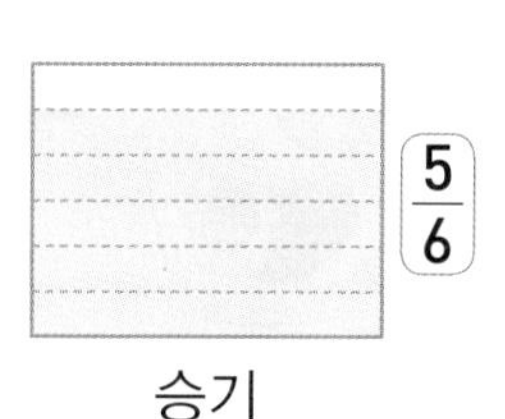

은서 승기
(□ , □) → (□ , □)

답 두 사람이 마시고 남은 음료의 양은

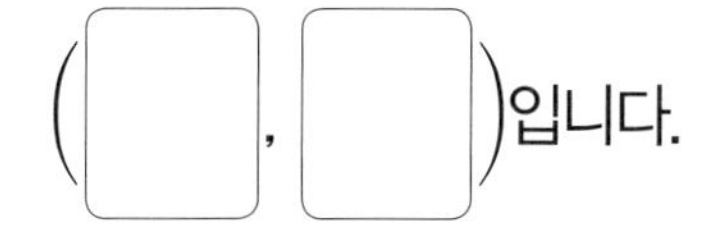

(□ , □)입니다.

4 단원
정답 12쪽

◆ 컵에 두 종류의 과일을 주어진 무게만큼씩 담았습니다. 컵에 담긴 과일의 무게를 분모의 최소공배수를 공통분모로 하여 통분하세요.

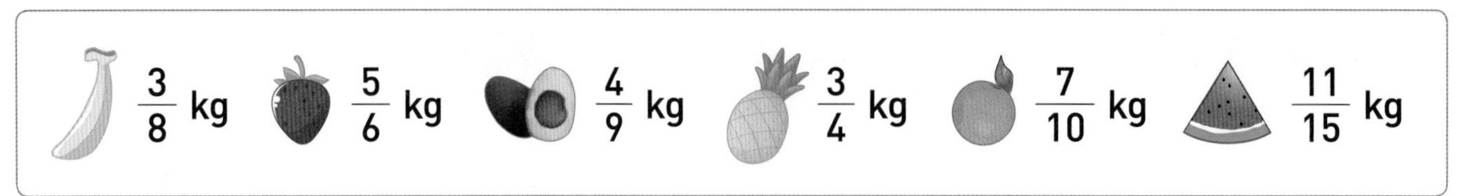

33

34
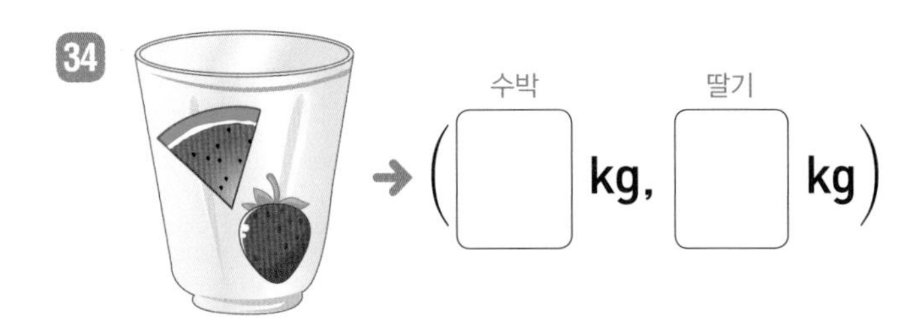

35
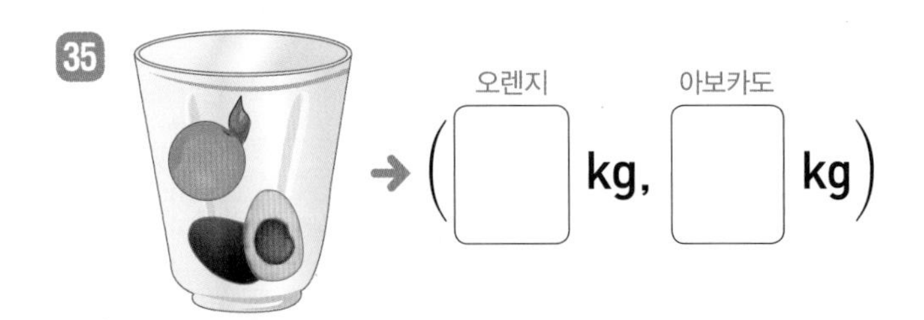

36
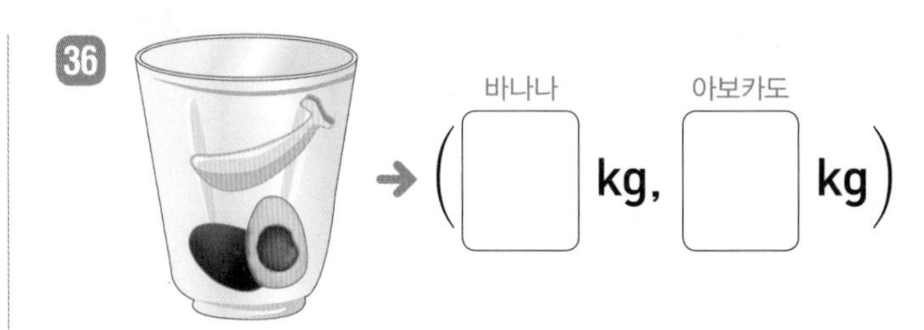

37

38
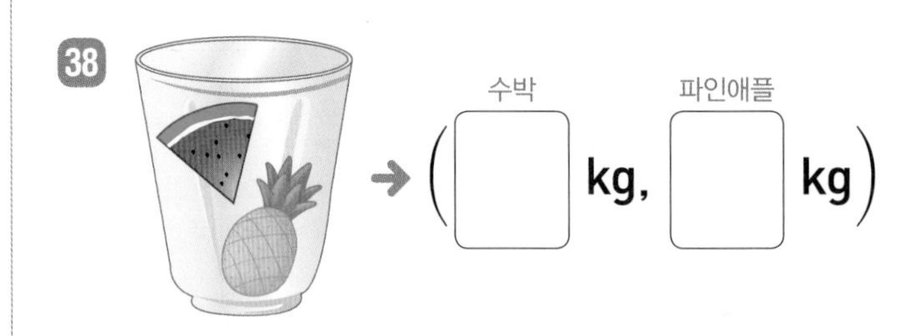

실수한 것이 없는지 검토했나요?

예 ☐, 아니요 ☐

20회 개념 분모가 다른 두 분수의 크기 비교

두 분수를 나타낸 그림에서 한 칸의 크기를 같게 한 다음 색칠된 칸 수로 분수의 크기를 비교합니다.

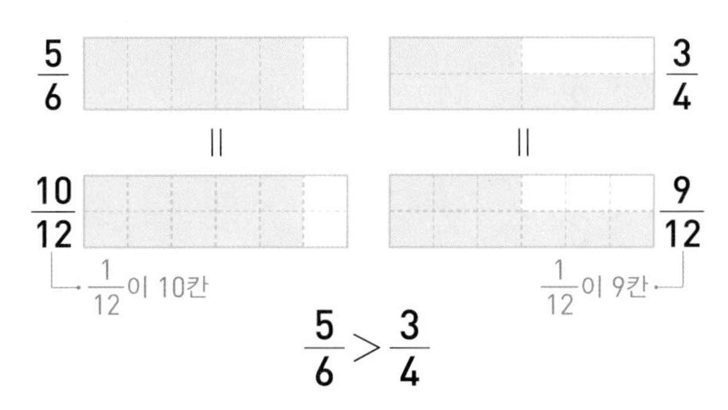

$\frac{5}{6} > \frac{3}{4}$

$\frac{7}{8}$과 $\frac{4}{5}$는 두 분수를 통분하여 분모를 같게 만들고 크기를 비교합니다.

① 통분

$\left(\frac{7}{8}, \frac{4}{5}\right) \rightarrow \left(\frac{35}{40}, \frac{32}{40}\right)$

② 크기 비교

$\frac{35}{40} > \frac{32}{40} \rightarrow \frac{7}{8} > \frac{4}{5}$

그림을 보고 분수의 크기를 비교하세요.

1

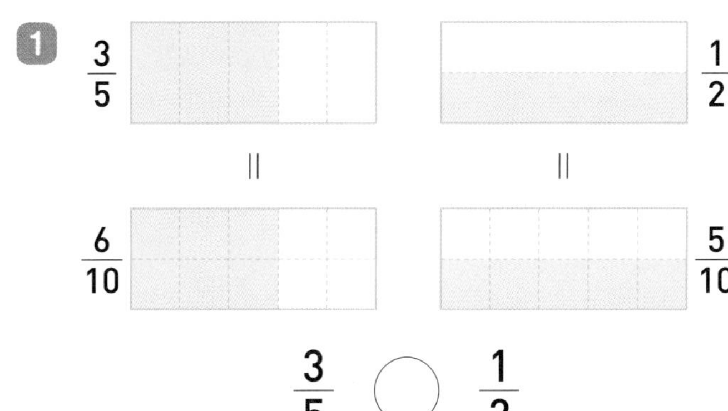

$\frac{3}{5}$ ○ $\frac{1}{2}$

2

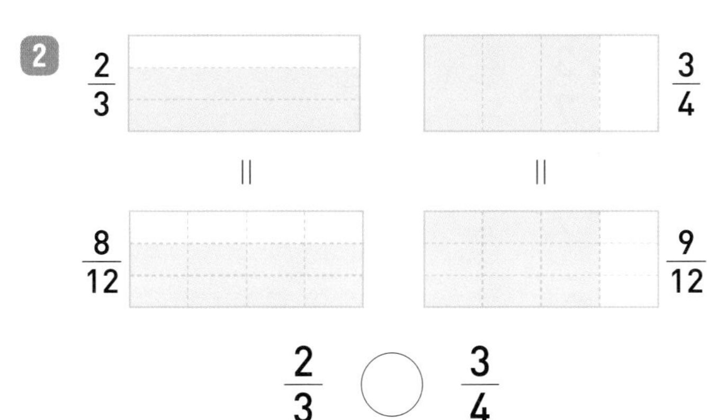

$\frac{2}{3}$ ○ $\frac{3}{4}$

3

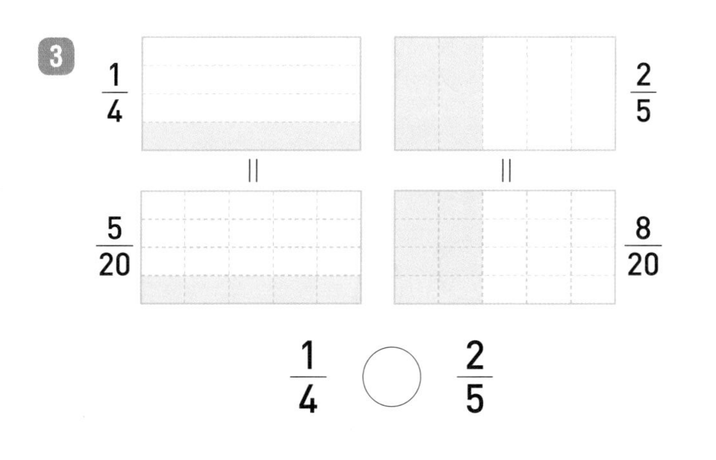

$\frac{1}{4}$ ○ $\frac{2}{5}$

두 분수의 크기를 비교하려고 합니다. □ 안에 알맞은 수를 써넣고, ○ 안에 >, =, <를 알맞게 써넣으세요.

4 $\left(\frac{5}{9}, \frac{1}{6}\right) \rightarrow \left(\frac{\square}{18}, \frac{\square}{18}\right)$

$\rightarrow \frac{5}{9}$ ○ $\frac{1}{6}$

5 $\left(\frac{3}{5}, \frac{4}{7}\right) \rightarrow \left(\frac{\square}{35}, \frac{\square}{35}\right)$

$\rightarrow \frac{3}{5}$ ○ $\frac{4}{7}$

6 $\left(\frac{3}{4}, \frac{11}{14}\right) \rightarrow \left(\frac{\square}{28}, \frac{\square}{28}\right)$

$\rightarrow \frac{3}{4}$ ○ $\frac{11}{14}$

7 $\left(\frac{1}{3}, \frac{7}{15}\right) \rightarrow \left(\frac{\square}{15}, \frac{\square}{15}\right)$

$\rightarrow \frac{1}{3}$ ○ $\frac{7}{15}$

4 단원 정답 12쪽

분모가 다른 두 분수의 크기 비교

분수의 크기를 비교하여 ○ 안에 >, =, <를 알맞게 써넣으세요.

8 ① $\frac{2}{5}$ ○ $\frac{3}{4}$

② $\frac{2}{5}$ ○ $\frac{5}{6}$

9 ① $\frac{2}{9}$ ○ $\frac{4}{11}$

② $\frac{2}{9}$ ○ $\frac{1}{5}$

10 ① $\frac{7}{8}$ ○ $\frac{9}{11}$

② $\frac{7}{8}$ ○ $\frac{13}{16}$

11 ① $\frac{7}{10}$ ○ $\frac{13}{15}$

② $\frac{7}{10}$ ○ $\frac{11}{24}$

12 ① $\frac{7}{12}$ ○ $\frac{9}{14}$

② $\frac{7}{12}$ ○ $\frac{4}{7}$

실수 방지 분자가 같을 땐 항상 분모가 큰 분수가 더 작아요.

13 ① $\frac{13}{15}$ ○ $\frac{13}{20}$

② $\frac{13}{15}$ ○ $\frac{13}{14}$

분수의 크기를 비교하여 ○ 안에 >, =, <를 알맞게 써넣으세요.

14 ① $1\frac{2}{3}$ ○ $1\frac{3}{7}$

② $1\frac{2}{3}$ ○ $1\frac{8}{15}$

15 ① $1\frac{9}{10}$ ○ $1\frac{5}{8}$

② $1\frac{9}{10}$ ○ $1\frac{12}{13}$

16 ① $2\frac{5}{6}$ ○ $2\frac{4}{7}$

② $2\frac{5}{6}$ ○ $2\frac{7}{8}$

17 ① $2\frac{3}{7}$ ○ $2\frac{2}{5}$

② $2\frac{3}{7}$ ○ $2\frac{5}{11}$

18 ① $3\frac{5}{8}$ ○ $3\frac{9}{10}$

② $3\frac{5}{8}$ ○ $3\frac{7}{12}$

19 ① $4\frac{8}{9}$ ○ $4\frac{3}{4}$

② $4\frac{8}{9}$ ○ $4\frac{6}{7}$

◆ 더 큰 수에 ○표 하세요.

20 $\frac{7}{9}$ ( ) $\frac{4}{5}$ ( )

21 $\frac{8}{11}$ ( ) $\frac{5}{7}$ ( )

22 $\frac{7}{12}$ ( ) $\frac{11}{20}$ ( )

23 $\frac{8}{15}$ ( ) $\frac{11}{21}$ ( )

◆ 크기를 비교하여 더 작은 수를 빈칸에 써넣으세요.

27

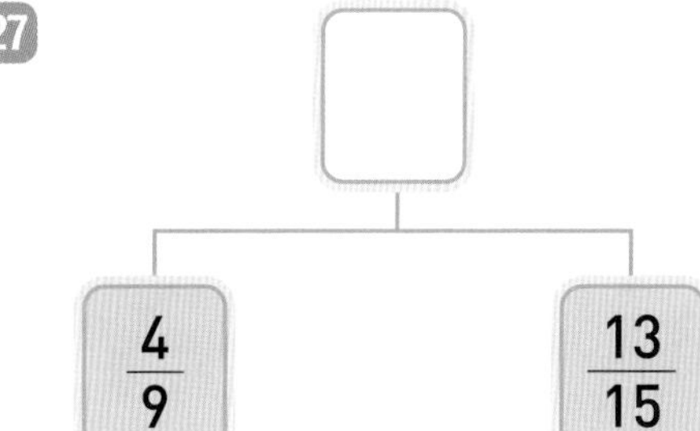

$\frac{4}{9}$, $\frac{13}{15}$

28

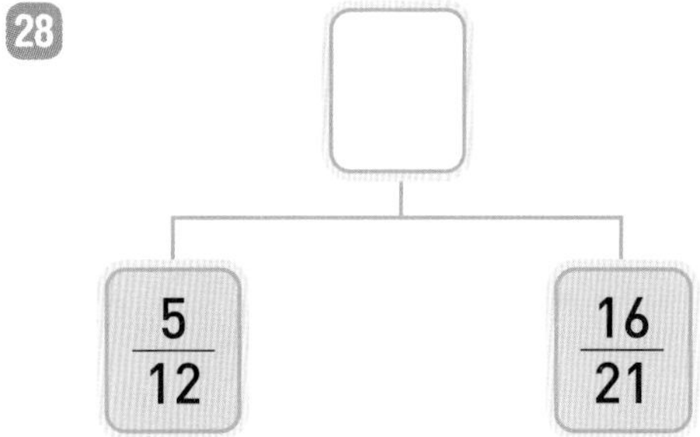

$\frac{5}{12}$, $\frac{16}{21}$

29

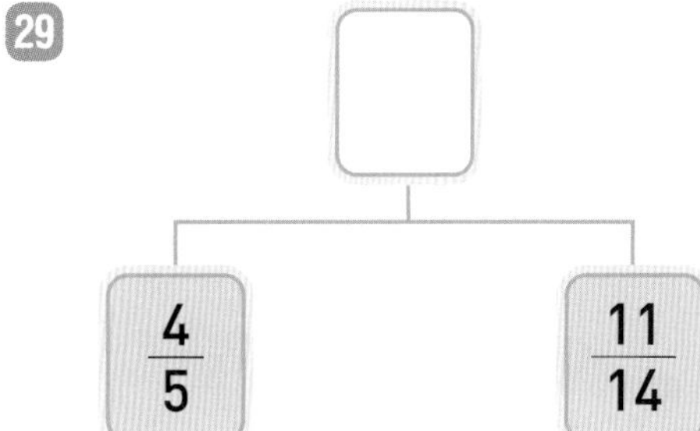

$\frac{4}{5}$, $\frac{11}{14}$

◆ 길이가 더 짧은 끈의 기호를 쓰세요.

24 ㉠ 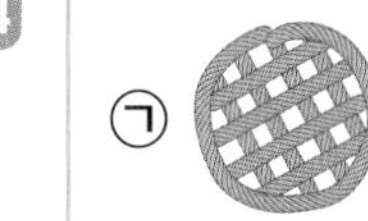 $\frac{7}{12}$ m ㉡  $\frac{3}{8}$ m

( )

25 ㉠ 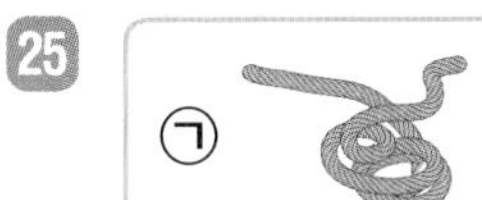 $\frac{5}{21}$ m ㉡  $\frac{11}{14}$ m

( )

26 ㉠  $\frac{3}{4}$ m ㉡  $\frac{9}{10}$ m

( )

문장제 + 연산

30 은서와 지후 중 누구의 가방이 더 무거울까요?

은서: 내 가방의 무게는 $\frac{7}{8}$ kg이야.

지후: 내 가방의 무게는 $\frac{13}{16}$ kg이야.

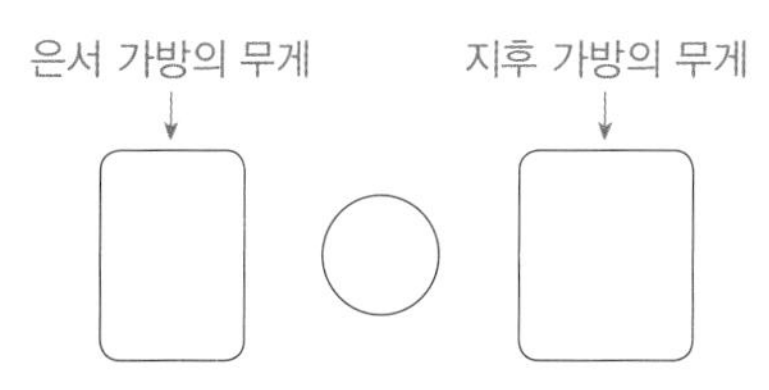

답 ☐의 가방이 더 무겁습니다.

4 단원 정답 12쪽

◆ 분수의 크기를 비교하여 더 큰 분수가 쓰여진 길을 따라가려고 합니다. 정상에 도착할 때까지 지민이는 다람쥐를 모두 몇 마리 만났을까요?

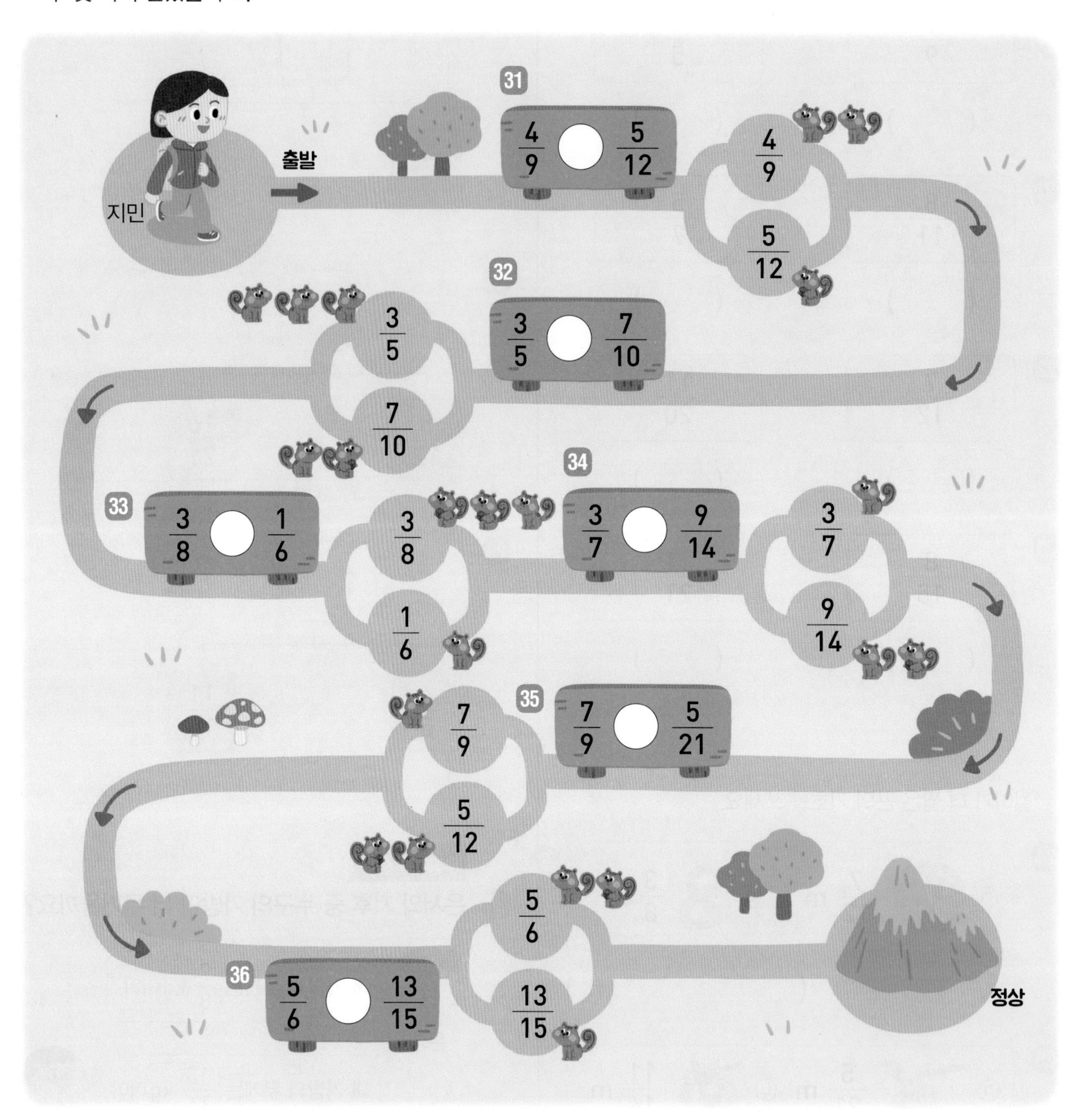

◆ 지민이는 다람쥐를 모두 ☐마리 만났습니다.

실수한 것이 없는지 검토했나요?

예 ☐, 아니요 ☐

21회 개념 분모가 다른 세 분수의 크기 비교

세 분수를 나타낸 그림에서 색칠한 길이로 분수의 크기를 비교합니다.

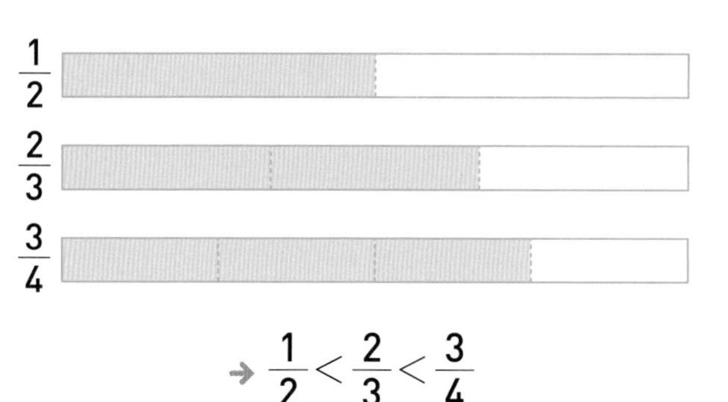

→ $\frac{1}{2} < \frac{2}{3} < \frac{3}{4}$

$\frac{1}{3}$, $\frac{1}{4}$, $\frac{3}{8}$은 두 분수씩 통분하여 차례대로 크기를 비교합니다.

$\left(\frac{1}{3}, \frac{1}{4}\right) \rightarrow \frac{1}{3} > \frac{1}{4}$

$\left(\frac{1}{4}, \frac{3}{8}\right) \rightarrow \frac{1}{4} < \frac{3}{8}$

$\left(\frac{1}{3}, \frac{3}{8}\right) \rightarrow \frac{1}{3} < \frac{3}{8}$

→ $\frac{1}{4} < \frac{1}{3} < \frac{3}{8}$

그림을 보고 세 분수의 크기를 비교하세요.

1

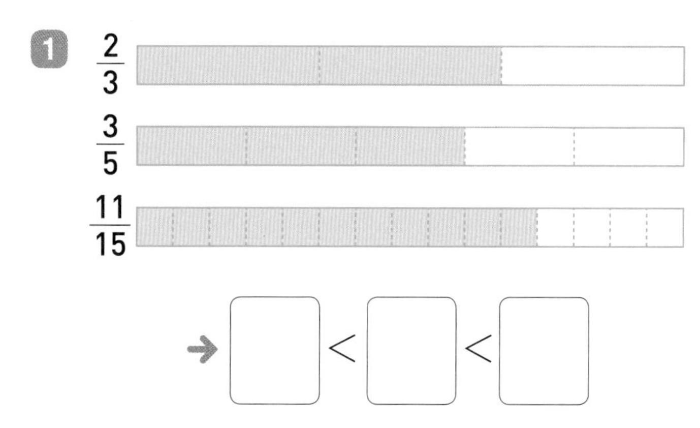

$\frac{2}{3}$, $\frac{3}{5}$, $\frac{11}{15}$

→ □ < □ < □

2

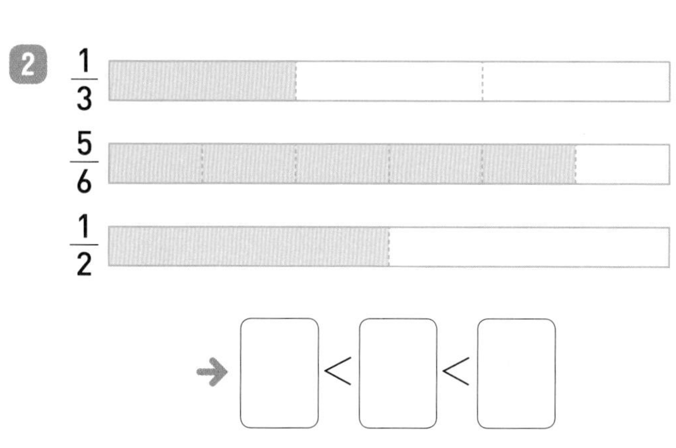

$\frac{1}{3}$, $\frac{5}{6}$, $\frac{1}{2}$

→ □ < □ < □

3

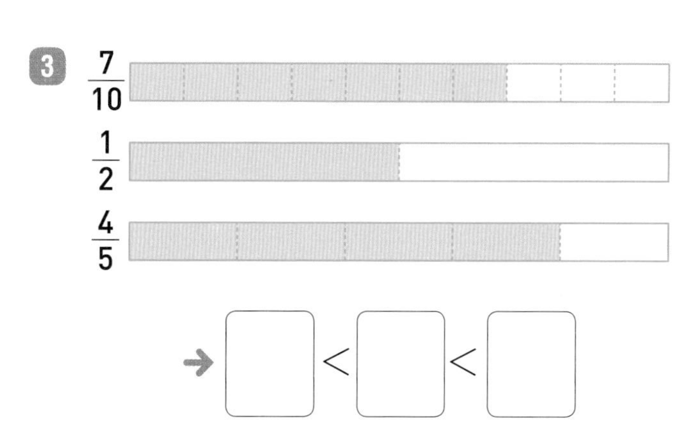

$\frac{7}{10}$, $\frac{1}{2}$, $\frac{4}{5}$

→ □ < □ < □

세 분수의 크기를 비교하여 ○ 안에 >, =, <를 알맞게 써넣고, □ 안에 알맞은 수를 써넣으세요.

4

$\frac{4}{5}$ $\frac{2}{3}$ $\frac{1}{6}$

$\frac{4}{5}$ ○ $\frac{2}{3}$, $\frac{2}{3}$ ○ $\frac{1}{6}$

→ □ < □ < □

5

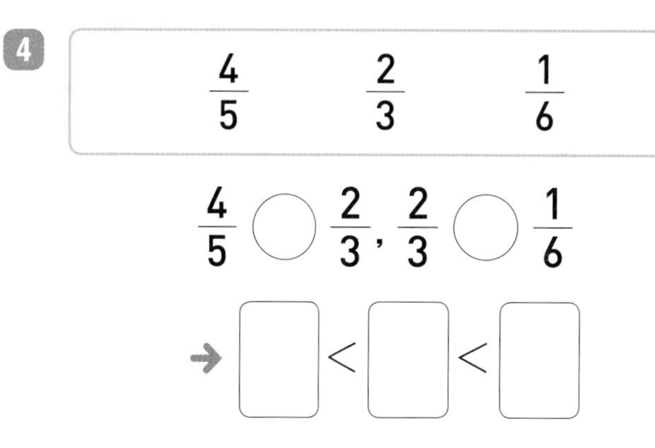

$\frac{5}{8}$ $\frac{1}{2}$ $\frac{7}{9}$

$\frac{5}{8}$ ○ $\frac{1}{2}$, $\frac{1}{2}$ ○ $\frac{7}{9}$, $\frac{5}{8}$ ○ $\frac{7}{9}$

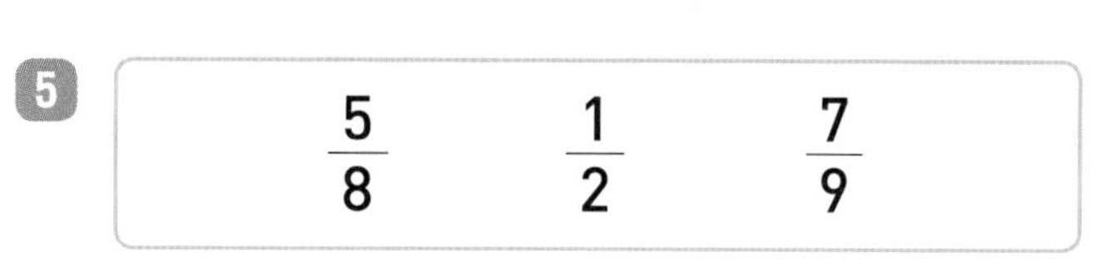

→ □ < □ < □

6

$\frac{5}{6}$ $\frac{3}{5}$ $\frac{7}{10}$

$\frac{5}{6}$ ○ $\frac{3}{5}$, $\frac{3}{5}$ ○ $\frac{7}{10}$, $\frac{5}{6}$ ○ $\frac{7}{10}$

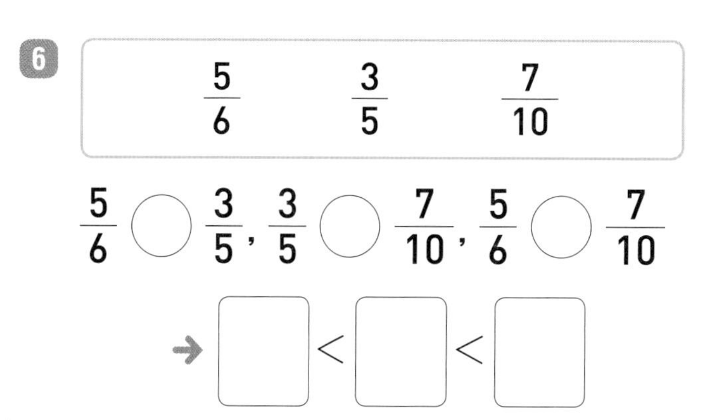

→ □ < □ < □

4 단원

정답 13쪽

◆ 가장 큰 수에 ○표 하세요.

7 $\frac{2}{5}$ $\frac{3}{10}$ $\frac{7}{15}$

8 $\frac{5}{12}$ $\frac{4}{9}$ $\frac{1}{6}$

9 $\frac{5}{8}$ $\frac{9}{16}$ $\frac{7}{12}$

실수 방지 8이 4의 배수이므로 8과 9의 공배수로 세 분수를 통분하여 비교할 수도 있어요.

10 $\frac{3}{4}$ $\frac{5}{8}$ $\frac{7}{9}$

11 $\frac{3}{5}$ $\frac{5}{6}$ $\frac{7}{10}$

12 $\frac{7}{15}$ $\frac{5}{9}$ $\frac{9}{10}$

13 $\frac{11}{12}$ $\frac{5}{8}$ $\frac{13}{24}$

◆ 가장 작은 수에 △표 하세요.

14 $\frac{2}{7}$ $\frac{3}{8}$ $\frac{5}{14}$

15 $\frac{3}{4}$ $\frac{7}{20}$ $\frac{19}{40}$

16 $\frac{5}{8}$ $\frac{7}{12}$ $\frac{7}{24}$

17 $\frac{2}{9}$ $\frac{7}{36}$ $\frac{5}{12}$

18 $\frac{2}{5}$ $\frac{2}{3}$ $\frac{7}{8}$

19 $\frac{9}{10}$ $\frac{7}{8}$ $\frac{5}{6}$

20 $\frac{5}{22}$ $\frac{3}{10}$ $\frac{6}{11}$

◆ 세 분수의 크기를 비교하여 가장 작은 수를 빈칸에 써넣으세요.

21 $\frac{1}{2}$ $\frac{5}{6}$ $\frac{7}{10}$ — □

22 $\frac{2}{3}$ $\frac{4}{5}$ $\frac{7}{9}$ — □

23 $\frac{3}{4}$ $\frac{1}{6}$ $\frac{5}{12}$ — □

24 $\frac{4}{7}$ $\frac{7}{10}$ $\frac{5}{9}$ — □

◆ 세 분수의 크기를 비교하여 크기가 큰 수부터 차례대로 쓰세요.

25 $\frac{4}{15}$ $\frac{3}{10}$ $\frac{2}{5}$

( )

26 $\frac{4}{9}$ $\frac{2}{3}$ $\frac{7}{18}$

( )

27 $\frac{3}{5}$ $\frac{5}{6}$ $\frac{11}{12}$

( )

◆ 설명하는 수를 구하세요.

28 세 분수 $\frac{1}{2}$, $\frac{3}{8}$, $\frac{5}{16}$ 중에서 가장 큰 수

( )

29 세 분수 $\frac{8}{15}$, $\frac{4}{9}$, $\frac{5}{6}$ 중에서 가장 큰 수

( )

30 세 분수 $\frac{11}{14}$, $\frac{4}{7}$, $\frac{13}{21}$ 중에서 가장 큰 수

( )

문장제 + 연산

31 어제 하루 동안 물을 경주는 $1\frac{3}{5}$ L, 기태는 $1\frac{3}{4}$ L, 지민이는 $1\frac{17}{25}$ L 마셨습니다. 어제 하루 동안 물을 가장 많이 마신 사람은 누구일까요?

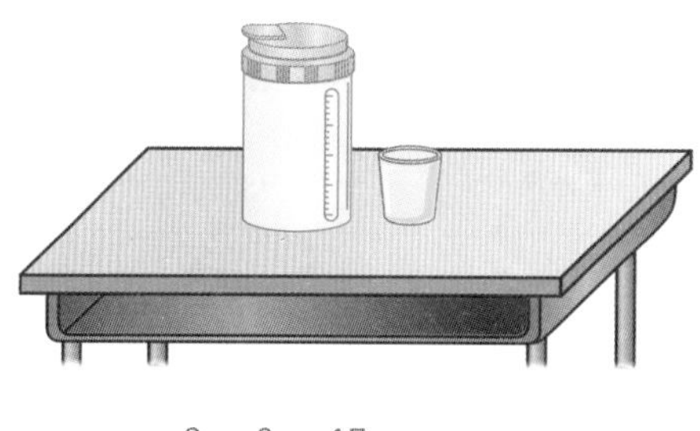

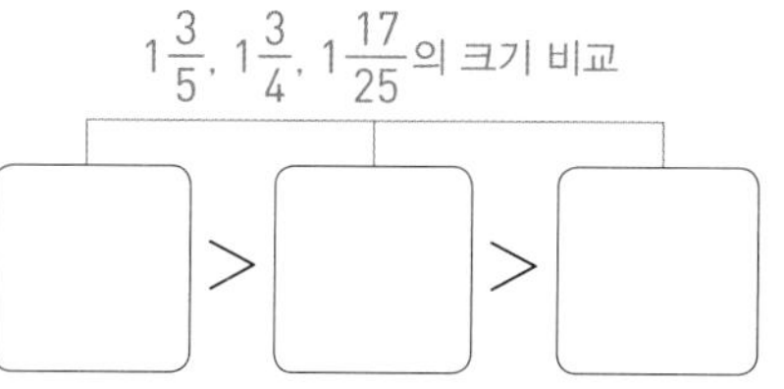

답 어제 하루 동안 물을 가장 많이 마신 사람은 □ 입니다.

4 단원
정답 13쪽

가장 큰 분수를 찾아 ○표 하고, 해당하는 분수의 숨은 물건을 그림에서 찾아 ○표 하세요.

32

$\frac{3}{4}$ $\frac{7}{12}$ $\frac{5}{18}$

33

$\frac{13}{21}$ $\frac{5}{6}$ $\frac{4}{7}$

34

$\frac{5}{8}$ $\frac{5}{16}$ $\frac{13}{24}$

35

$\frac{3}{5}$ $\frac{5}{8}$ $\frac{7}{10}$

실수한 것이 없는지 검토했나요?

예 ☐, 아니요 ☐

22회 개념 분수와 소수의 크기 비교

• 분수는 분모가 10, 100, 1000인 분수로 나타낸 다음 소수로 나타냅니다.
• 소수는 분모가 10, 100, 1000인 분수로 나타낸 다음 약분합니다.

$\frac{■}{10}=0.■$ $\frac{▲■}{100}=0.▲■$ $\frac{●▲■}{1000}=0.●▲■$

$\frac{13}{25}$과 0.44는 $\frac{13}{25}$을 소수로 나타내거나 0.44를 분수로 나타내어 크기를 비교합니다.

방법1 $\frac{13}{25}=\frac{52}{100}=0.52 \rightarrow \frac{13}{25}>0.44$

방법2 $0.44=\frac{44}{100}=\frac{11}{25} \rightarrow \frac{13}{25}>0.44$

◈ 분수를 소수로, 소수를 분수로 나타내세요.

1 $\frac{1}{2}=\frac{1\times\square}{2\times\square}=\frac{\square}{10}=\square$

2 $\frac{12}{25}=\frac{12\times\square}{25\times\square}=\frac{\square}{100}=\square$

3 $\frac{5}{8}=\frac{5\times\square}{8\times\square}=\frac{\square}{1000}=\square$

4 $0.6=\frac{\square}{10}=\frac{\square}{\square}$

5 $0.35=\frac{\square}{100}=\frac{\square}{\square}$

6 $0.176=\frac{\square}{1000}=\frac{\square}{\square}$

◈ 분수와 소수의 크기를 비교하세요.

7 $\frac{3}{5}$ 0.7

① $\frac{3}{5}=\frac{\square}{10}=\square$

→ $\frac{3}{5}$ ○ 0.7

② $\frac{3}{5}=\frac{\square}{10}$, $0.7=\frac{\square}{10}$

→ $\frac{3}{5}$ ○ 0.7

8 $\frac{21}{50}$ 0.48

① $\frac{21}{50}=\frac{\square}{100}=\square$

→ $\frac{21}{50}$ ○ 0.48

② $0.48=\frac{\square}{100}=\frac{\square}{50}$

→ $\frac{21}{50}$ ○ 0.48

4 단원

정답 13쪽

연습 분수와 소수의 크기 비교

◆ 분수를 소수로, 소수를 기약분수로 나타내세요.

9 $\frac{4}{5}$ (　　　　　　)

10 $\frac{11}{20}$ (　　　　　　)

11 $\frac{19}{25}$ (　　　　　　)

12 $\frac{29}{40}$ (　　　　　　)

13 0.5 (　　　　　　)

14 0.45 (　　　　　　)

15 0.8 (　　　　　　)

16 0.82 (　　　　　　)

◆ 크기를 비교하여 ○ 안에 >, =, <를 알맞게 써넣으세요.

17 ① $\frac{1}{4}$ ○ 0.22

② $\frac{1}{4}$ ○ 0.24

18 ① $\frac{3}{8}$ ○ 0.45

② $\frac{3}{8}$ ○ 0.35

19 ① $\frac{16}{25}$ ○ 0.72

② $\frac{16}{25}$ ○ 0.7

실수 방지 소수를 분수로 나타내어 비교하기 복잡할 땐 분수를 소수로 나타내어 비교해요.

20 ① 0.64 ○ $\frac{23}{40}$

② 0.64 ○ $\frac{5}{8}$

21 ① 0.87 ○ $\frac{19}{20}$

② 0.87 ○ $\frac{43}{50}$

22 ① 0.9 ○ $\frac{4}{5}$

② 0.9 ○ $\frac{37}{40}$

분수를 소수로, 소수를 분수로 바르게 나타낸 것을 찾아 ○표 하세요.

23 $\frac{1}{4}$ | 0.2 0.24 0.25

24 $\frac{3}{8}$ | 0.375 0.42 0.425

25 0.15 | $\frac{3}{40}$ $\frac{1}{50}$ $\frac{3}{20}$

26 0.256 | $\frac{1}{8}$ $\frac{32}{125}$ $\frac{17}{40}$

더 작은 수에 △표 하세요.

27 | $\frac{1}{8}$ | 0.12 |
|---|---|

28 | $\frac{1}{2}$ | 0.625 |
|---|---|

29 | $\frac{39}{50}$ | 0.75 |
|---|---|

30 | $\frac{1}{125}$ | 0.01 |
|---|---|

더 큰 수를 찾아 빈칸에 써넣으세요.

31

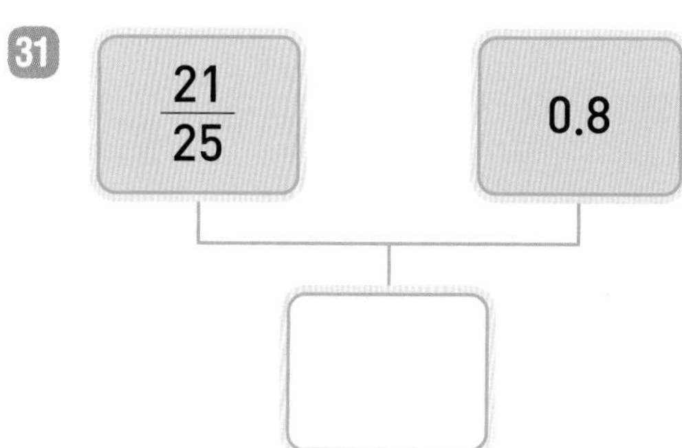

32

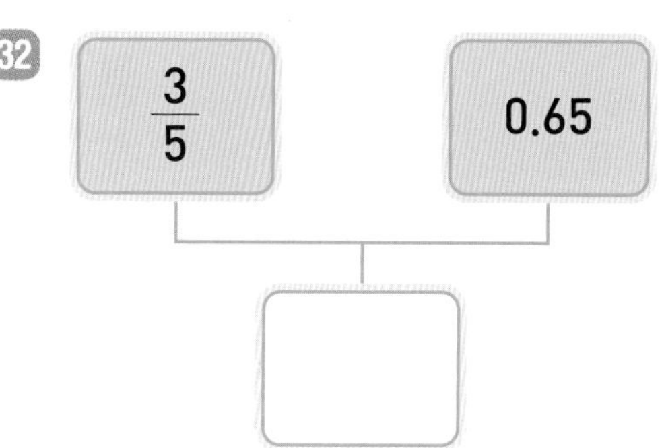

33

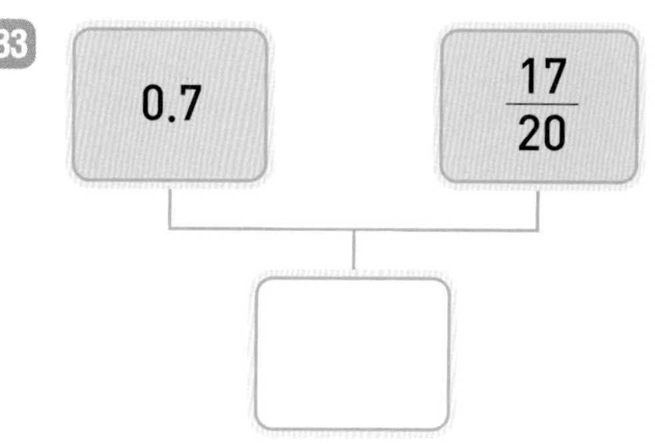

문장제 + 연산

34 사과와 복숭아의 무게를 비교하려고 합니다. 사과와 복숭아 중 더 무거운 것은 무엇일까요?

사과 $\frac{1}{5}$ kg　　복숭아 0.23 kg

사과의 무게 ☐ ○ ☐ 복숭아의 무게

답 더 무거운 것은 ☐입니다.

4 단원

정답 14쪽

◆ 분수와 소수의 크기를 바르게 비교한 것을 찾아 글자에 ○표 하고, ○표 한 글자를 번호 순서대로 □ 안에 써넣어 만들어지는 단어를 알아보세요.

35
청 $0.375<\frac{3}{10}$
회 $0.3>\frac{1}{4}$
대 $0.7<\frac{17}{25}$

36
관 $0.2>\frac{11}{40}$
룡 $0.25<\frac{1}{5}$
전 $0.1>\frac{3}{40}$

37
목 $0.2=\frac{1}{5}$
열 $0.45>\frac{13}{20}$
람 $0.12>\frac{1}{8}$

38
정 $0.27<\frac{1}{4}$
마 $0.9>\frac{7}{8}$
차 $0.32=\frac{3}{10}$

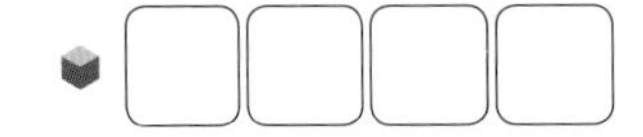

실수한 것이 없는지 검토했나요?
예 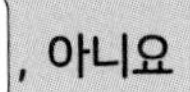, 아니요

23회 테스트 4. 약분과 통분

◆ 분모와 분자에 각각 0이 아닌 같은 수를 곱하여 크기가 같은 분수를 분모가 가장 작은 것부터 차례대로 2개 쓰세요.

1 $\frac{1}{5}$ ( )

2 $\frac{3}{7}$ ( )

3 $\frac{5}{6}$ ( )

◆ 분모와 분자를 각각 0이 아닌 같은 수로 나누어 크기가 같은 분수를 분모가 가장 큰 것부터 차례대로 2개 쓰세요.

4 $\frac{12}{18}$ ( )

5 $\frac{20}{50}$ ( )

6 $\frac{14}{28}$ ( )

◆ 약분한 분수를 모두 쓰세요.

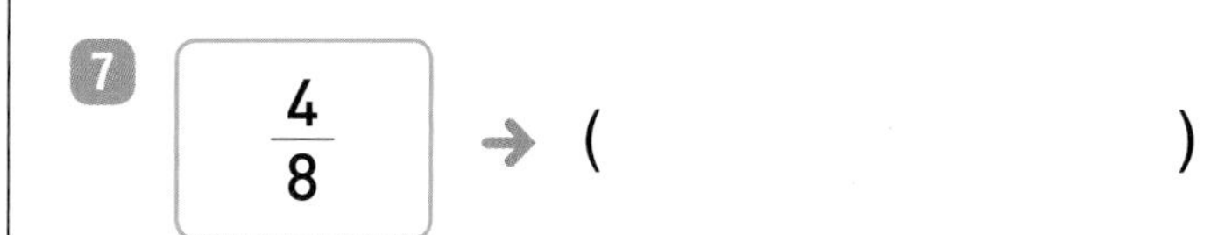

7 $\frac{4}{8}$ → ( )

8 $\frac{12}{18}$ → ( )

9 $\frac{12}{28}$ → ( )

10 $\frac{27}{36}$ → ( )

11 $\frac{8}{48}$ → ( )

12 $\frac{6}{54}$ → ( )

13 $\frac{16}{64}$ → ( )

14 $\frac{72}{81}$ → ( )

4 단원
정답 14쪽

◆ 두 분모의 곱을 공통분모로 하여 통분하세요.

15 $\left(\frac{4}{7}, \frac{7}{10}\right) \rightarrow ($ $\quad$, $\quad$ $)$

16 $\left(\frac{1}{5}, \frac{1}{7}\right) \rightarrow ($ $\quad$, $\quad$ $)$

17 $\left(\frac{5}{9}, \frac{2}{3}\right) \rightarrow ($ $\quad$, $\quad$ $)$

18 $\left(\frac{3}{4}, \frac{5}{14}\right) \rightarrow ($ $\quad$, $\quad$ $)$

◆ 두 분모의 최소공배수를 공통분모로 하여 통분하세요.

19 $\left(\frac{5}{9}, \frac{5}{6}\right) \rightarrow ($ $\quad$, $\quad$ $)$

20 $\left(\frac{3}{7}, \frac{9}{14}\right) \rightarrow ($ $\quad$, $\quad$ $)$

21 $\left(\frac{1}{6}, \frac{3}{10}\right) \rightarrow ($ $\quad$, $\quad$ $)$

22 $\left(\frac{7}{9}, \frac{5}{12}\right) \rightarrow ($ $\quad$, $\quad$ $)$

◆ 크기를 비교하여 ○ 안에 $>$, $=$, $<$를 알맞게 써넣으세요.

23 ① $\frac{3}{7}$ ○ $\frac{4}{9}$

② $\frac{3}{7}$ ○ $\frac{2}{5}$

24 ① $\frac{7}{8}$ ○ $\frac{11}{12}$

② $\frac{7}{8}$ ○ $\frac{9}{10}$

25 ① $2\frac{4}{15}$ ○ $2\frac{3}{14}$

② $2\frac{4}{15}$ ○ $2\frac{3}{10}$

26 ① $\frac{3}{20}$ ○ 0.12

② $\frac{3}{20}$ ○ 0.2

27 ① $\frac{18}{25}$ ○ 0.75

② $\frac{18}{25}$ ○ 0.71

28 ① $1\frac{17}{40}$ ○ 1.4

② $1\frac{17}{40}$ ○ 1.5

크기가 같은 분수끼리 선으로 이으세요.

29

$\frac{3}{8}$ •	• $\frac{9}{24}$
$\frac{5}{8}$ •	• $\frac{10}{16}$

30

$\frac{8}{18}$ •	• $\frac{2}{9}$
$\frac{6}{27}$ •	• $\frac{4}{9}$

31

$\frac{4}{7}$ •	• $\frac{12}{14}$
$\frac{6}{7}$ •	• $\frac{12}{21}$

기약분수를 찾아 ○표 하세요.

32 $\frac{28}{48}$ $\frac{45}{63}$ $\frac{7}{9}$

33 $\frac{9}{21}$ $\frac{2}{7}$ $\frac{10}{16}$

34 $\frac{5}{15}$ $\frac{11}{22}$ $\frac{3}{5}$

35 $\frac{9}{10}$ $\frac{6}{8}$ $\frac{3}{18}$

두 분수를 통분할 때 공통분모가 될 수 없는 수를 찾아 ×표 하세요.

36 $\left(\frac{7}{8}, \frac{5}{9}\right)$ 144 36 72

37 $\left(\frac{9}{11}, \frac{2}{3}\right)$ 22 33 66

38 $\left(\frac{1}{8}, \frac{3}{16}\right)$ 64 16 8

39 $\left(\frac{7}{9}, \frac{1}{6}\right)$ 18 36 45

세 분수의 크기를 비교하여 크기가 큰 수부터 차례대로 쓰세요.

40 $\frac{2}{5}$ $\frac{5}{9}$ $\frac{3}{10}$

( )

41 $\frac{7}{10}$ $\frac{8}{9}$ $\frac{7}{12}$

( )

42 $\frac{4}{9}$ $\frac{3}{5}$ $\frac{5}{8}$

( )

4 단원 정답 14쪽

◆ 문제를 읽고 답을 구하세요.

43 선영이와 재호는 각자 가지고 있는 색 띠의 $\frac{4}{8}$만큼을 사용하려고 합니다. 선영이와 재호는 각각 색 띠를 몇 칸씩 사용하면 될까요?

선영

재호

$\frac{\square}{4}=\frac{4}{8}=\frac{\square}{16}$

답 색 띠를 선영이는 ☐칸, 재호는 ☐칸 사용하면 됩니다.

44 서아는 수학 문제 20개 중에서 15개를 풀었습니다. 서아가 푼 수학 문제는 전체의 몇 분의 몇인지 기약분수로 나타내세요.

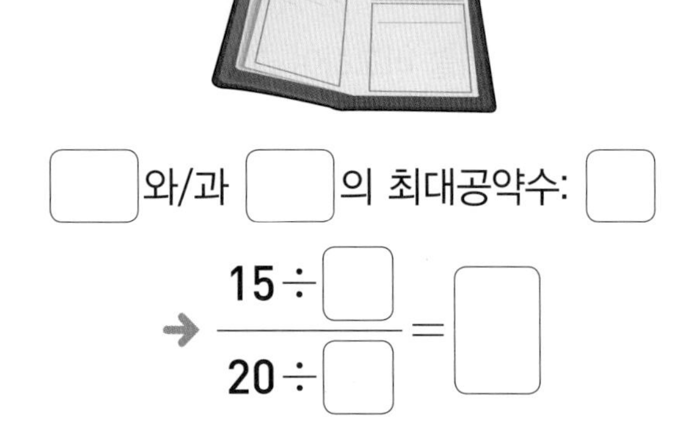

☐와/과 ☐의 최대공약수: ☐

→ $\frac{15\div\square}{20\div\square}=\square$

답 서아가 푼 수학 문제는 전체의 ☐입니다.

◆ 문제를 읽고 답을 구하세요.

45 은서와 지후 중 누가 우유를 더 많이 마셨을까요?

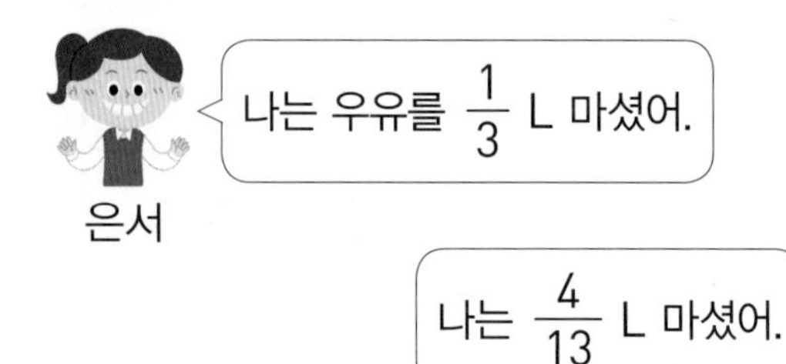

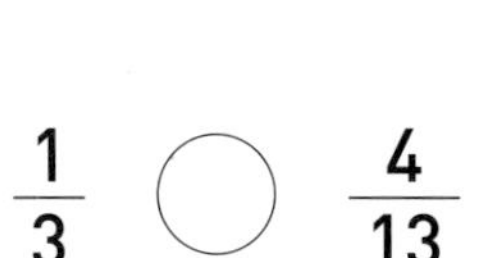

$\frac{1}{3}$ ◯ $\frac{4}{13}$

답 우유를 더 많이 마신 사람은 ☐입니다.

46 노란색 공과 빨간색 공의 무게를 비교하려고 합니다. 노란색 공과 빨간색 공 중 더 가벼운 것은 무엇일까요?

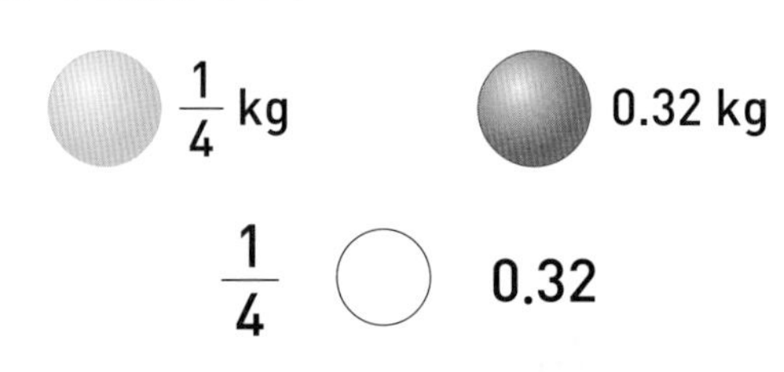

$\frac{1}{4}$ ◯ 0.32

답 더 가벼운 것은 ☐입니다.

• 4단원 테스트 후 맞힌 개수에 따라 아래와 같이 공부하세요.

맞힌 개수	0~32개	33~41개	42~46개
공부 방법	약분과 통분에 대한 이해가 부족해요. 17~22회를 다시 공부해요.	약분과 통분에 대해 이해는 하고 있으나 좀 더 연습이 필요해요.	실수하지 않도록 집중하여 틀린 문제를 확인해요.

5

분수의 덧셈과 뺄셈

	공부할 내용	문제 개수	확인
24회	분모가 다른 진분수의 덧셈(1) – 받아올림이 없는 경우	39개	
25회	분모가 다른 진분수의 덧셈(2) – 받아올림이 있는 경우	38개	
26회	분모가 다른 대분수의 덧셈(1) – 받아올림이 없는 경우	35개	
27회	분모가 다른 대분수의 덧셈(2) – 받아올림이 있는 경우	36개	
28회	분모가 다른 진분수의 뺄셈	39개	
29회	분모가 다른 대분수의 뺄셈(1) – 받아내림이 없는 경우	36개	
30회	분모가 다른 대분수의 뺄셈(2) – 받아내림이 있는 경우	35개	
31회	5단원 테스트	43개	

개념 미리보기

동영상 강의

5. 분수의 덧셈과 뺄셈

24~25회

1 분모가 다른 진분수의 덧셈

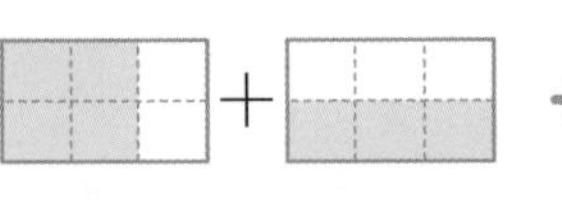

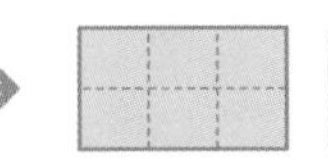

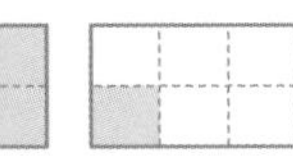

$\frac{2}{3}+\frac{1}{2} = \frac{4}{6}+\frac{3}{6} = \frac{7}{6}=1\frac{1}{6}$

26~27회

2 분모가 다른 대분수의 덧셈

방법1 자연수 부분끼리, 분수 부분끼리 계산하기

$2\frac{8}{9}+1\frac{7}{12}=2\frac{32}{36}+1\frac{21}{36}=(2+1)+\left(\frac{32}{36}+\frac{21}{36}\right)$

먼저 통분하기

$=3+\frac{53}{36}=3+1\frac{17}{36}=4\frac{17}{36}$

분자>분모이므로 대분수로 나타내야 해요.

방법2 대분수를 가분수로 나타내어 계산하기

$2\frac{8}{9}+1\frac{7}{12}=\frac{26}{9}+\frac{19}{12}=\frac{104}{36}+\frac{57}{36}=\frac{161}{36}=4\frac{17}{36}$

대분수로 바꾸기

28회

3 분모가 다른 진분수의 뺄셈

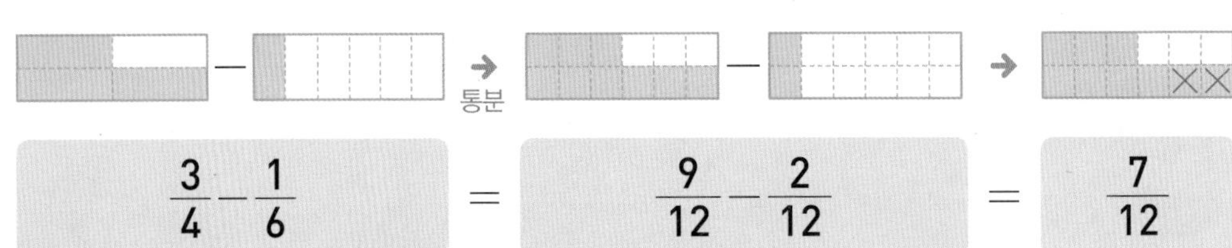

$\frac{3}{4}-\frac{1}{6} = \frac{9}{12}-\frac{2}{12} = \frac{7}{12}$

29~30회

4 분모가 다른 대분수의 뺄셈

방법1 자연수 부분끼리, 분수 부분끼리 계산하기

$7\frac{1}{7}-3\frac{2}{5}=7\frac{5}{35}-3\frac{14}{35}=6\frac{40}{35}-3\frac{14}{35}$

먼저 통분하기

분수 부분끼리 뺄 수 없을 때에는 자연수 부분에서 1을 받아내림합니다.

$=(6-3)+\left(\frac{40}{35}-\frac{14}{35}\right)=3+\frac{26}{35}=3\frac{26}{35}$

방법2 대분수를 가분수로 나타내어 계산하기

$7\frac{1}{7}-3\frac{2}{5}=\frac{50}{7}-\frac{17}{5}=\frac{250}{35}-\frac{119}{35}=\frac{131}{35}=3\frac{26}{35}$

대분수로 바꾸기

24회 개념 분모가 다른 진분수의 덧셈(1) - 받아올림이 없는 경우

두 분모의 곱을 공통분모로 하여 통분한 후 계산합니다.

곱하는 수를 분모와 분자에 각각 곱합니다.

$$\frac{1}{6}+\frac{3}{8}=\frac{1\times 8}{6\times 8}+\frac{3\times 6}{8\times 6}$$
$$=\frac{8}{48}+\frac{18}{48}$$
$$=\frac{26}{48}=\frac{13}{24}$$

약분

계산 결과를 항상 기약분수로 나타내요.

두 분모의 최소공배수를 공통분모로 하여 통분한 후 계산합니다.

$$\frac{1}{6}+\frac{3}{8}=\frac{1\times 4}{6\times 4}+\frac{3\times 3}{8\times 3}$$
$$=\frac{4}{24}+\frac{9}{24}$$
$$=\frac{13}{24}$$

2) 6 8
3 4
→ 최소공배수: 24

◆ 두 분모의 곱을 공통분모로 하여 계산하려고 합니다. ☐ 안에 알맞은 수를 써넣으세요.

1 $\frac{4}{9}+\frac{7}{15}=\frac{\square}{135}+\frac{\square}{135}$
$=\frac{\square}{135}=\square$

2 $\frac{1}{10}+\frac{3}{4}=\frac{\square}{40}+\frac{\square}{40}$
$=\frac{\square}{40}=\square$

3 $\frac{1}{12}+\frac{5}{8}=\frac{\square}{96}+\frac{\square}{96}$
$=\frac{\square}{96}=\square$

4 $\frac{3}{14}+\frac{2}{7}=\frac{\square}{98}+\frac{\square}{98}$
$=\frac{\square}{98}=\square$

◆ 두 분모의 최소공배수를 공통분모로 하여 계산하려고 합니다. ☐ 안에 알맞은 수를 써넣으세요.

5 $\frac{1}{4}+\frac{1}{6}=\frac{\square}{12}+\frac{\square}{12}=\square$

6 $\frac{5}{8}+\frac{3}{10}=\frac{\square}{40}+\frac{\square}{40}=\square$

7 $\frac{2}{9}+\frac{11}{21}=\frac{\square}{63}+\frac{\square}{63}=\square$

8 $\frac{3}{10}+\frac{4}{15}=\frac{\square}{30}+\frac{\square}{30}=\square$

9 $\frac{5}{12}+\frac{5}{9}=\frac{\square}{36}+\frac{\square}{36}=\square$

5 단원 정답 15쪽

◈ 계산을 하세요.

10 ① $\frac{1}{4}+\frac{2}{3}$

② $\frac{1}{4}+\frac{1}{5}$

실수 방지 두 분모 ●와 ▲의 최소공배수가 ▲이면 분모가 ●인 분수만 분모가 ▲인 분수로 만들면 돼요.

11 ① $\frac{3}{5}+\frac{4}{15}$

② $\frac{3}{5}+\frac{8}{25}$

12 ① $\frac{3}{8}+\frac{5}{9}$

② $\frac{3}{8}+\frac{7}{12}$

13 ① $\frac{4}{9}+\frac{1}{3}$

② $\frac{4}{9}+\frac{5}{12}$

14 ① $\frac{1}{10}+\frac{3}{4}$

② $\frac{1}{10}+\frac{2}{5}$

15 ① $\frac{9}{14}+\frac{2}{7}$

② $\frac{9}{14}+\frac{4}{21}$

◈ 계산을 하세요.

16 ① $\frac{3}{10}+\frac{2}{3}$

② $\frac{2}{9}+\frac{2}{3}$

17 ① $\frac{4}{11}+\frac{2}{5}$

② $\frac{3}{8}+\frac{2}{5}$

18 ① $\frac{1}{5}+\frac{2}{7}$

② $\frac{5}{21}+\frac{2}{7}$

19 ① $\frac{5}{12}+\frac{3}{8}$

② $\frac{7}{20}+\frac{3}{8}$

20 ① $\frac{1}{3}+\frac{7}{13}$

② $\frac{2}{5}+\frac{7}{13}$

21 ① $\frac{3}{10}+\frac{7}{15}$

② $\frac{11}{25}+\frac{7}{15}$

◆ 빈칸에 알맞은 수를 써넣으세요.

22

+	$\frac{1}{2}$	$\frac{1}{5}$
$\frac{1}{3}$		

23

+	$\frac{2}{9}$	$\frac{5}{12}$
$\frac{1}{4}$		

24

+	$\frac{2}{7}$	$\frac{3}{20}$
$\frac{2}{5}$		

◆ 두 수의 합을 구하세요.

25 $\frac{1}{6}$ $\frac{3}{8}$

( )

26 $\frac{5}{8}$ $\frac{2}{9}$

( )

27 $\frac{3}{7}$ $\frac{3}{10}$

( )

◆ 계산 결과를 비교하여 ○ 안에 >, =, <를 알맞게 써넣으세요.

28 $\frac{1}{6}+\frac{7}{12}$ ○ $\frac{1}{4}+\frac{3}{8}$

29 $\frac{1}{4}+\frac{2}{3}$ ○ $\frac{1}{8}+\frac{7}{12}$

30 $\frac{5}{8}+\frac{1}{6}$ ○ $\frac{2}{3}+\frac{3}{16}$

31 $\frac{1}{3}+\frac{2}{9}$ ○ $\frac{1}{9}+\frac{5}{18}$

32 $\frac{3}{10}+\frac{7}{15}$ 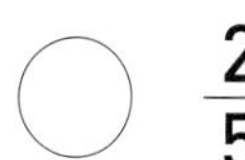 $\frac{2}{5}+\frac{13}{30}$

문장제 + 연산

33 $\frac{2}{5}$ L의 물이 들어 있는 통에 $\frac{4}{9}$ L의 물을 더 넣었습니다. 통에 들어 있는 물은 모두 몇 L일까요?

처음에 들어 있던 물의 양 더 넣은 물의 양

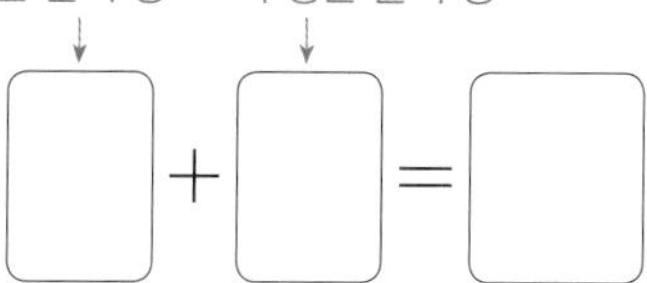

답 통에 들어 있는 물은 모두  L입니다.

저울이 수평일 때 오른쪽에 놓인 초록색 공의 무게를 기약분수로 나타내세요.

34
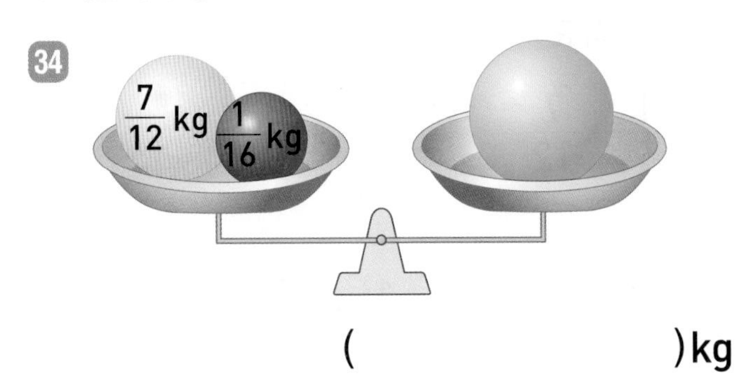

( )kg

37
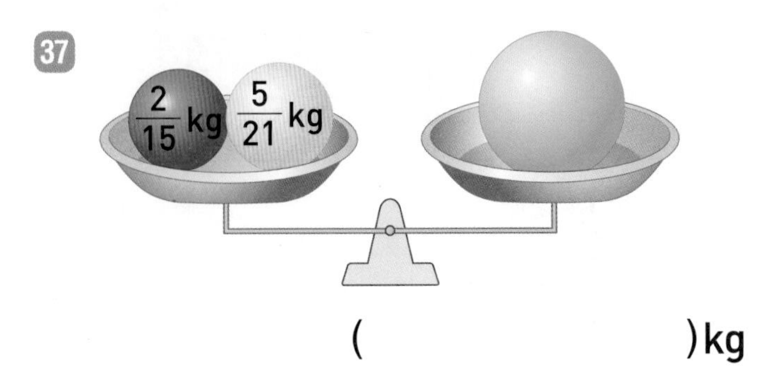

( )kg

35
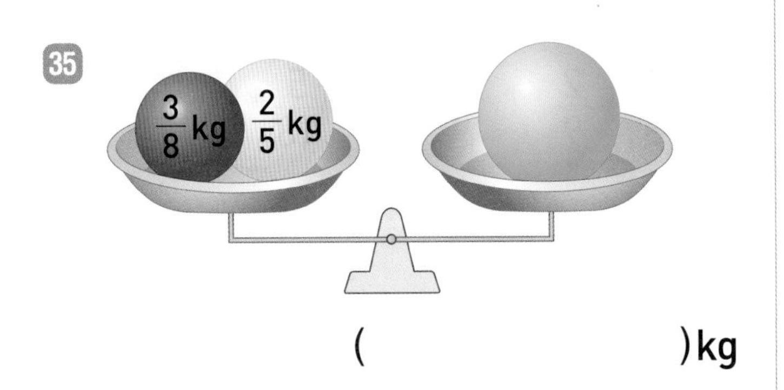

( )kg

38
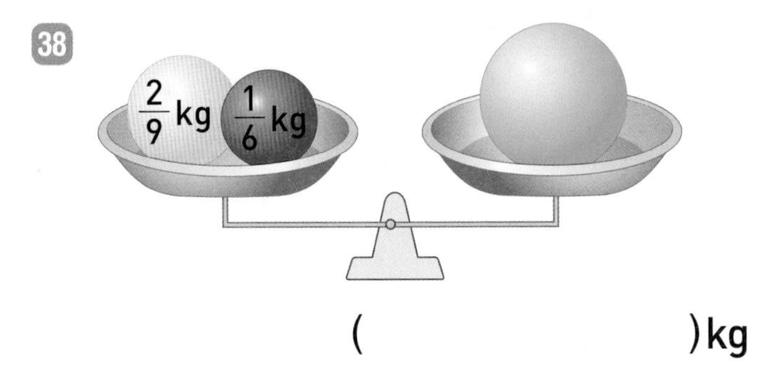

( )kg

36
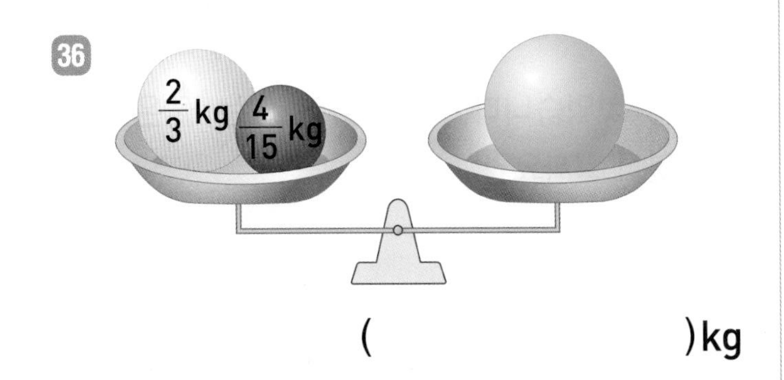

( )kg

39
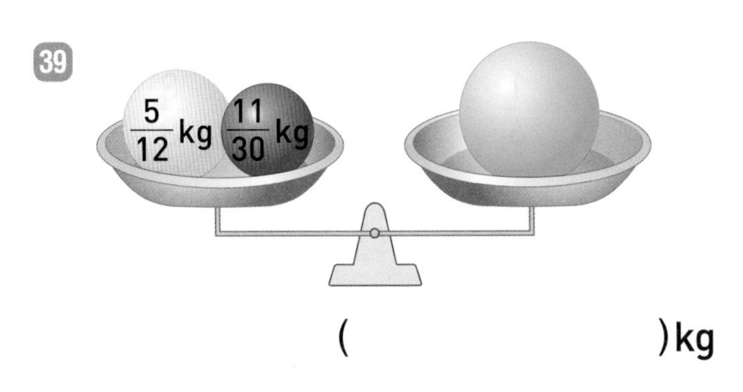

( )kg

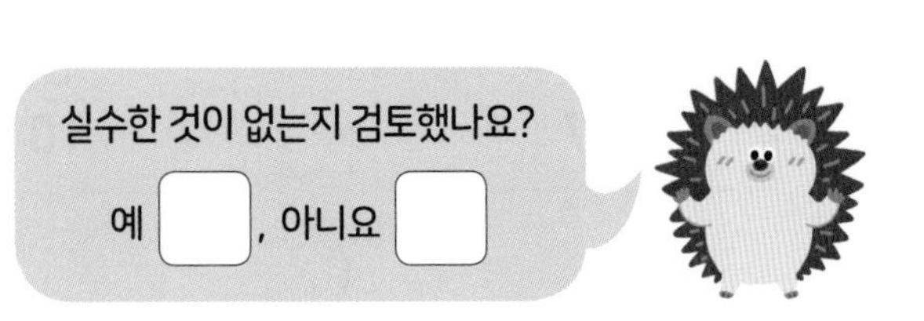

25회 개념 분모가 다른 진분수의 덧셈(2) - 받아올림이 있는 경우

두 분모의 곱을 공통분모로 하여 통분한 후 계산합니다.

$$\frac{1}{4}+\frac{5}{6}=\frac{1\times 6}{4\times 6}+\frac{5\times 4}{6\times 4}$$
$$=\frac{6}{24}+\frac{20}{24}=\frac{26}{24}$$
$$=1\frac{2}{24}=1\frac{1}{12}$$

가분수는 대분수로 나타내기

약분

계산 결과를 항상 기약분수로 나타내요.

두 분모의 최소공배수를 공통분모로 하여 통분한 후 계산합니다.

$$\frac{1}{4}+\frac{5}{6}=\frac{1\times 3}{4\times 3}+\frac{5\times 2}{6\times 2}$$
$$=\frac{3}{12}+\frac{10}{12}$$
$$=\frac{13}{12}=1\frac{1}{12}$$

2) 4 6
2 3

→ 최소공배수: 12

◆ 두 분모의 곱을 공통분모로 하여 계산하려고 합니다. □ 안에 알맞은 수를 써넣으세요.

1. $\frac{2}{3}+\frac{8}{9}=\frac{\square}{27}+\frac{\square}{27}=\frac{\square}{27}$
$=\square\frac{\square}{27}=\square$

2. $\frac{3}{4}+\frac{7}{10}=\frac{\square}{40}+\frac{\square}{40}=\frac{\square}{40}$
$=\square\frac{\square}{40}=\square$

3. $\frac{3}{8}+\frac{5}{6}=\frac{\square}{48}+\frac{\square}{48}=\frac{\square}{48}$
$=\square\frac{\square}{48}=\square$

4. $\frac{5}{12}+\frac{7}{8}=\frac{\square}{96}+\frac{\square}{96}=\frac{\square}{96}$
$=\square\frac{\square}{96}=\square$

◆ 두 분모의 최소공배수를 공통분모로 하여 계산하려고 합니다. □ 안에 알맞은 수를 써넣으세요.

5. $\frac{1}{2}+\frac{4}{5}=\frac{\square}{10}+\frac{\square}{10}$
$=\frac{\square}{10}=\square$

6. $\frac{5}{6}+\frac{2}{9}=\frac{\square}{18}+\frac{\square}{18}$
$=\frac{\square}{18}=\square$

7. $\frac{2}{9}+\frac{11}{12}=\frac{\square}{36}+\frac{\square}{36}$
$=\frac{\square}{36}=\square$

8. $\frac{9}{10}+\frac{8}{15}=\frac{\square}{30}+\frac{\square}{30}$
$=\frac{\square}{30}=\square$

정답 15쪽

◈ 계산을 하세요.

9 ① $\frac{2}{3}+\frac{3}{4}$

② $\frac{2}{3}+\frac{5}{6}$

10 ① $\frac{4}{5}+\frac{3}{8}$

② $\frac{4}{5}+\frac{7}{12}$

11 ① $\frac{5}{8}+\frac{11}{12}$

② $\frac{5}{8}+\frac{7}{10}$

12 ① $\frac{7}{9}+\frac{5}{12}$

② $\frac{7}{9}+\frac{7}{15}$

13 ① $\frac{5}{12}+\frac{13}{18}$

② $\frac{5}{12}+\frac{7}{8}$

14 ① $\frac{11}{15}+\frac{5}{9}$

② $\frac{11}{15}+\frac{7}{10}$

◈ 계산을 하세요.

15 ① $\frac{2}{5}+\frac{3}{4}$

② $\frac{4}{9}+\frac{3}{4}$

16 ① $\frac{1}{3}+\frac{5}{6}$

② $\frac{3}{8}+\frac{5}{6}$

실수 방지 두 분모 14와 7, 28과 7의 최소공배수가 각각 14, 28이므로 $\frac{3}{7}$만 바꾸어 계산해요.

17 ① $\frac{9}{14}+\frac{3}{7}$

② $\frac{17}{28}+\frac{3}{7}$

18 ① $\frac{5}{6}+\frac{4}{9}$

② $\frac{7}{12}+\frac{4}{9}$

19 ① $\frac{5}{7}+\frac{9}{10}$

② $\frac{7}{12}+\frac{9}{10}$

20 ① $\frac{7}{10}+\frac{13}{14}$

② $\frac{5}{8}+\frac{13}{14}$

◆ 빈칸에 알맞은 수를 써넣으세요.

21 $\frac{1}{2}$ → $+\frac{4}{5}$ → □

22 $\frac{3}{5}$ → $+\frac{6}{7}$ → □

23 $\frac{5}{6}$ → $+\frac{2}{3}$ → □

24 $\frac{4}{9}$ → $+\frac{7}{8}$ → □

◆ 두 끈의 길이의 합을 구하세요.

25 $\frac{1}{3}$ m, $\frac{5}{6}$ m

( ) m

26 $\frac{3}{4}$ m, $\frac{2}{3}$ m

( ) m

27 $\frac{13}{20}$ m, $\frac{5}{12}$ m

( ) m

◆ 계산 결과가 1보다 큰 것의 기호를 쓰세요.

28 ㉠ $\frac{3}{8}+\frac{7}{12}$ ㉡ $\frac{8}{15}+\frac{3}{4}$

( )

29 ㉠ $\frac{1}{2}+\frac{5}{6}$ ㉡ $\frac{1}{3}+\frac{4}{9}$

( )

30 ㉠ $\frac{5}{6}+\frac{7}{10}$ ㉡ $\frac{5}{9}+\frac{5}{12}$

( )

31 ㉠ $\frac{4}{7}+\frac{1}{4}$ ㉡ $\frac{4}{5}+\frac{13}{16}$

( )

문장제 + 연산

32 지후가 어제 달린 거리는 모두 몇 km일까요?

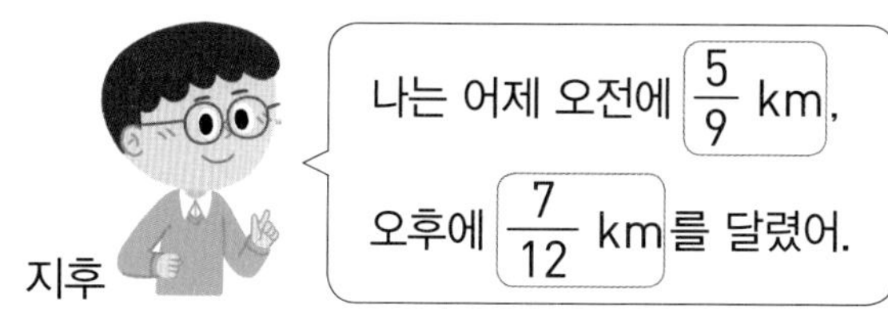

오전에 달린 거리 오후에 달린 거리

□ + □ = □

답 지후가 어제 달린 거리는 모두 □ km 입니다.

5 단원 정답 16쪽

지도를 보고 거리를 구하여 기약분수로 나타내세요.

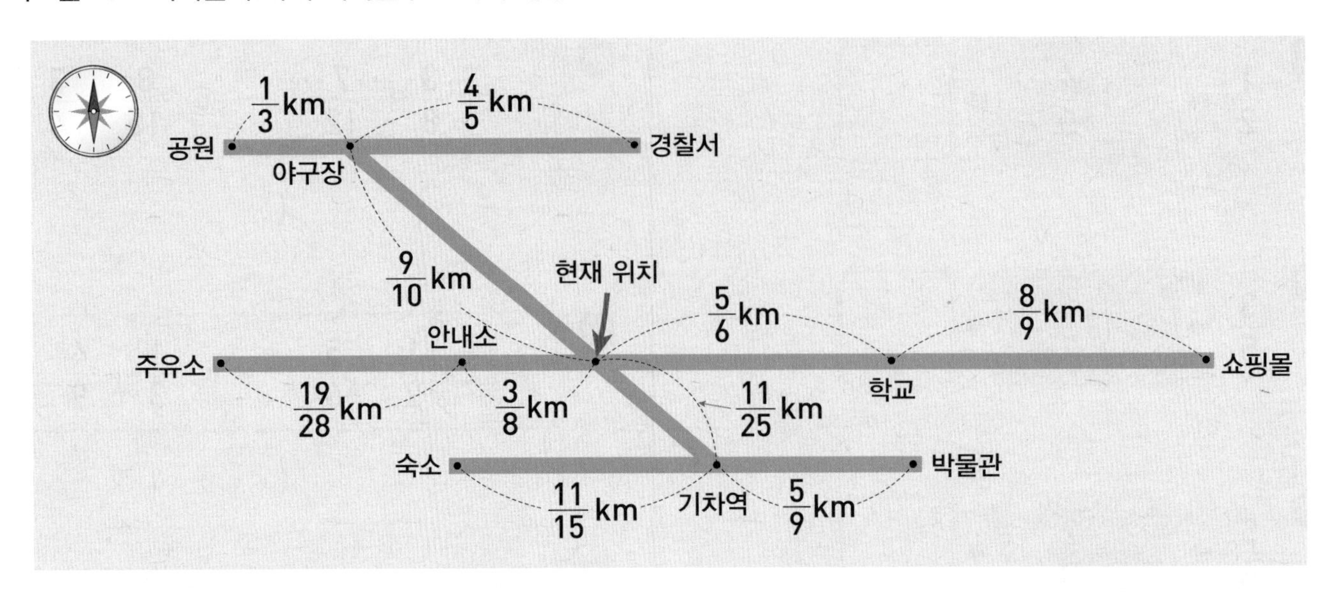

33 주유소부터 현재 위치까지의 거리

→ ______ km

34 안내소부터 학교까지의 거리

→ ______ km

35 야구장부터 기차역까지의 거리

→ ______ km

36 현재 위치부터 쇼핑몰까지의 거리

→ ______ km

37 공원부터 경찰서까지의 거리

→ ______ km

38 숙소부터 박물관까지의 거리

→ ______ km

실수한 것이 없는지 검토했나요?

예 ☐, 아니요 ☐

26회 개념 분모가 다른 대분수의 덧셈(1) - 받아올림이 없는 경우

자연수 부분끼리, 분수 부분끼리 계산합니다.

$$1\frac{2}{5}+2\frac{1}{3}=1\frac{6}{15}+2\frac{5}{15}$$
$$=(1+2)+\left(\frac{6}{15}+\frac{5}{15}\right)$$
$$=3+\frac{11}{15}=3\frac{11}{15}$$

대분수를 가분수로 나타내어 계산합니다.

$$1\frac{2}{5}+2\frac{1}{3}=\frac{7}{5}+\frac{7}{3}$$
통분
$$=\frac{21}{15}+\frac{35}{15}$$
$$=\frac{56}{15}=3\frac{11}{15}$$

자연수 부분끼리, 분수 부분끼리 계산하려고 합니다. ☐ 안에 알맞은 수를 써넣으세요.

1 $1\frac{2}{5}+2\frac{1}{4}$

$=1\frac{\square}{20}+2\frac{\square}{20}$

$=\square+\frac{\square}{20}=\square$

2 $2\frac{1}{3}+3\frac{2}{7}$

$=2\frac{\square}{21}+3\frac{\square}{21}$

$=\square+\frac{\square}{21}=\square$

3 $5\frac{4}{15}+4\frac{2}{9}$

$=5\frac{\square}{45}+4\frac{\square}{45}$

$=\square+\frac{\square}{45}=\square$

대분수를 가분수로 나타내어 계산하려고 합니다. ☐ 안에 알맞은 수를 써넣으세요.

4 $3\frac{1}{6}+2\frac{5}{9}$

$=\frac{\square}{6}+\frac{\square}{9}=\frac{\square}{18}+\frac{\square}{18}$

$=\frac{\square}{18}=\square$

5 $4\frac{1}{10}+1\frac{17}{25}$

$=\frac{\square}{10}+\frac{\square}{25}=\frac{\square}{50}+\frac{\square}{50}$

$=\frac{\square}{50}=\square$

6 $6\frac{2}{3}+3\frac{3}{16}$

$=\frac{\square}{3}+\frac{\square}{16}=\frac{\square}{48}+\frac{\square}{48}$

$=\frac{\square}{48}=\square$

5 단원

정답 16쪽

◈ 계산을 하세요.

7 ① $1\frac{1}{2}+4\frac{2}{9}$

② $1\frac{1}{2}+5\frac{1}{5}$

8 ① $1\frac{5}{9}+2\frac{1}{5}$

② $1\frac{5}{9}+1\frac{5}{12}$

9 ① $2\frac{1}{4}+3\frac{2}{9}$

② $2\frac{1}{4}+4\frac{2}{3}$

10 ① $2\frac{3}{7}+3\frac{2}{9}$

② $2\frac{3}{7}+1\frac{3}{14}$

11 ① $3\frac{1}{6}+5\frac{3}{4}$

② $3\frac{1}{6}+6\frac{2}{3}$

12 ① $3\frac{7}{12}+3\frac{5}{16}$

② $3\frac{7}{12}+1\frac{2}{15}$

◈ 계산을 하세요.

13 ① $1\frac{1}{5}+1\frac{2}{3}$

② $2\frac{2}{7}+1\frac{2}{3}$

실수 방지 분모의 최소공배수를 공통분모로 하여 통분해도 계산 결과가 약분될 수 있으므로 반드시 기약분수인지 확인해야 해요.

14 ① $2\frac{1}{2}+1\frac{3}{10}$

② $3\frac{1}{4}+1\frac{3}{10}$

15 ① $1\frac{1}{5}+2\frac{3}{8}$

② $2\frac{1}{6}+2\frac{3}{8}$

16 ① $3\frac{1}{6}+2\frac{8}{15}$

② $1\frac{3}{10}+2\frac{8}{15}$

17 ① $3\frac{4}{7}+3\frac{2}{5}$

② $2\frac{1}{4}+3\frac{2}{5}$

18 ① $2\frac{5}{12}+3\frac{4}{9}$

② $1\frac{7}{15}+3\frac{4}{9}$

◆ 값이 같은 것끼리 선으로 이으세요.

19

$1\frac{3}{5}+2\frac{2}{9}$ •　　• $3\frac{37}{45}$

$1\frac{4}{9}+2\frac{7}{15}$ •　　• $3\frac{41}{45}$

20

$2\frac{2}{3}+2\frac{1}{9}$ •　　• $4\frac{8}{9}$

$3\frac{5}{6}+1\frac{1}{18}$ •　　• $4\frac{7}{9}$

21

$1\frac{1}{6}+4\frac{3}{8}$ •　　• $5\frac{17}{24}$

$3\frac{5}{8}+2\frac{1}{12}$ •　　• $5\frac{13}{24}$

◆ 빈칸에 두 수의 합을 써넣으세요.

22 ① $3\frac{3}{4}$, $2\frac{2}{9}$　② $1\frac{7}{10}$, $1\frac{5}{18}$

23 ① $2\frac{4}{7}$, $1\frac{3}{14}$　② $1\frac{5}{16}$, $3\frac{2}{5}$

◆ 다음이 나타내는 수를 구하세요.

24 $2\frac{1}{8}$보다 $2\frac{5}{12}$만큼 더 큰 수

■보다 ▲만큼 더 큰 수는 ■+▲로 계산해요.

(　　　　　)

25 $4\frac{2}{5}$보다 $2\frac{7}{16}$만큼 더 큰 수

(　　　　　)

26 $3\frac{2}{21}$보다 $4\frac{9}{28}$만큼 더 큰 수

(　　　　　)

문장제 + 연산

27 은주네 집에서 은행까지의 거리는 $3\frac{3}{8}$ km이고, 은행에서 학교까지의 거리는 $4\frac{5}{12}$ km입니다. 은주네 집에서 은행을 거쳐 학교까지 가는 거리는 모두 몇 km일까요?

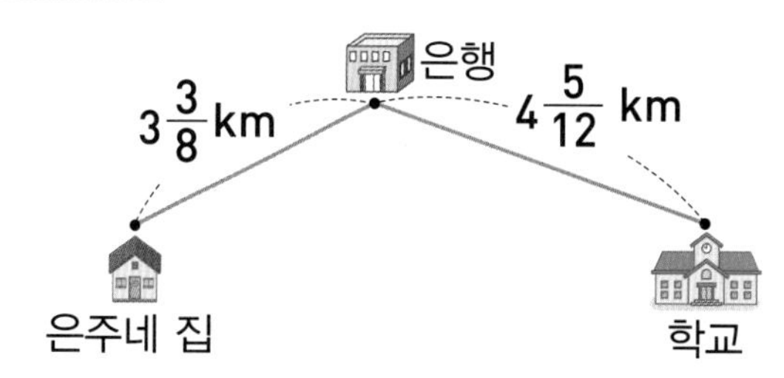

은주네 집에서 은행까지의 거리　은행에서 학교까지의 거리

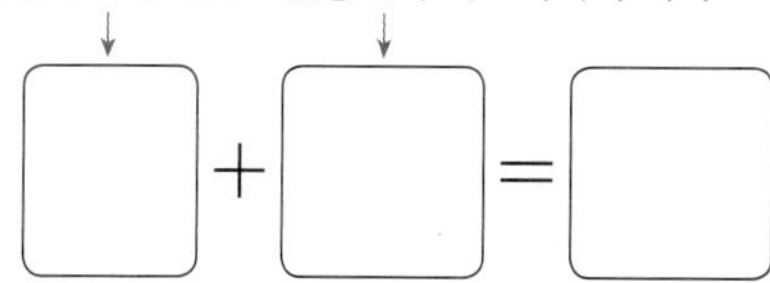

□ + □ = □

답 은주네 집에서 은행을 거쳐 학교까지 가는 거리는 모두 □ km입니다.

5 단원
정답 16쪽

◈ 같은 도형에 적힌 수의 합을 구하세요.

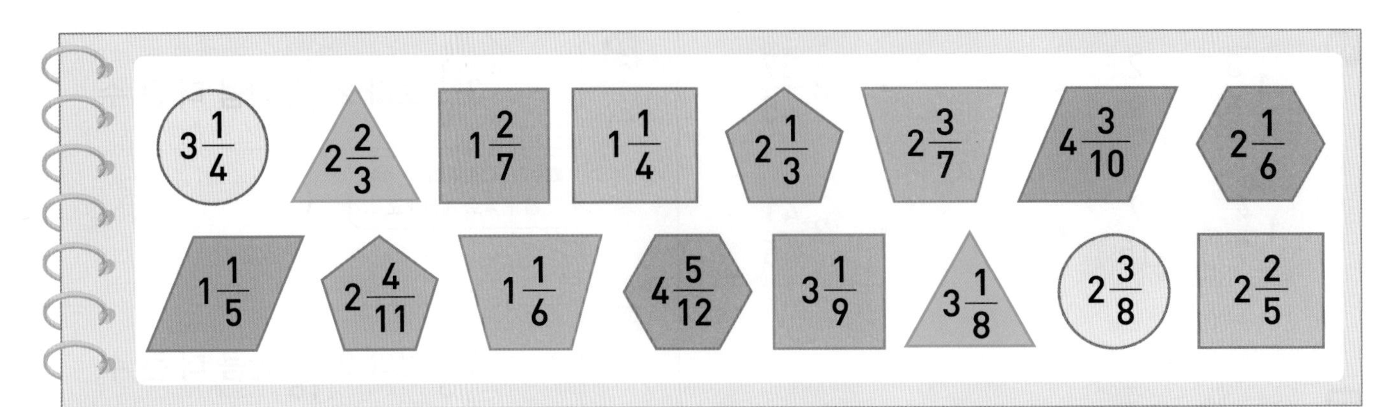

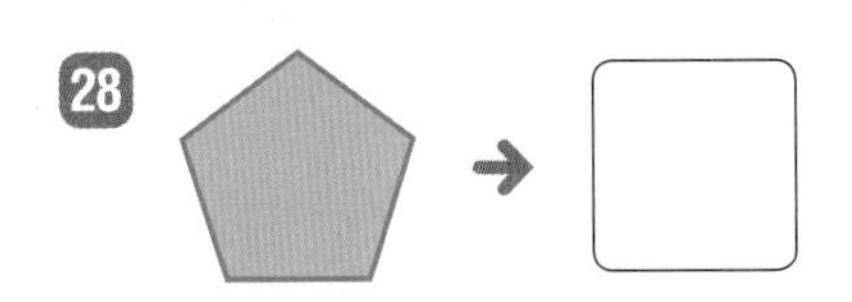

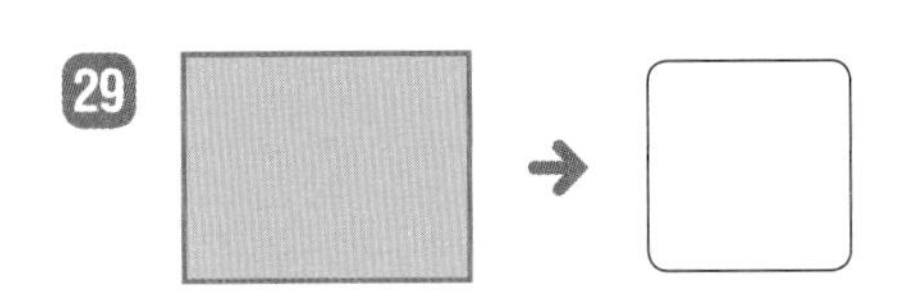

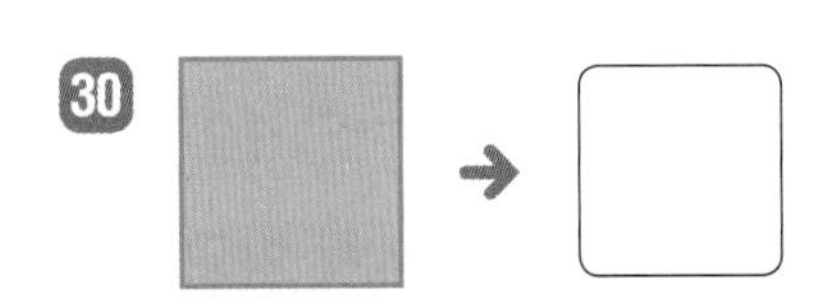

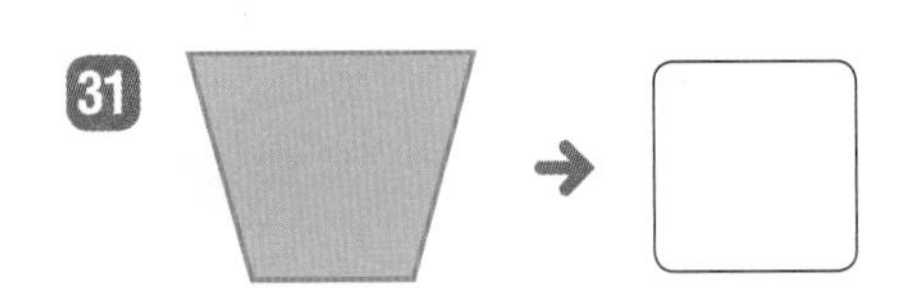

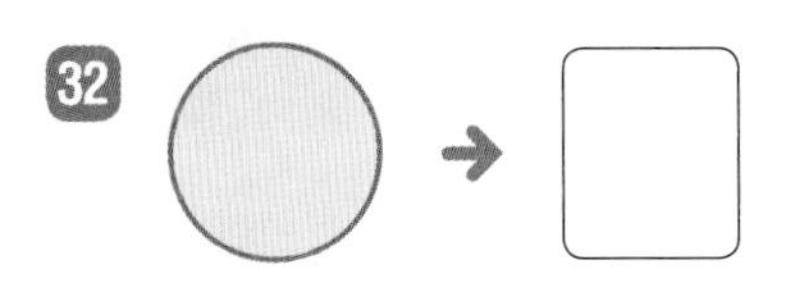

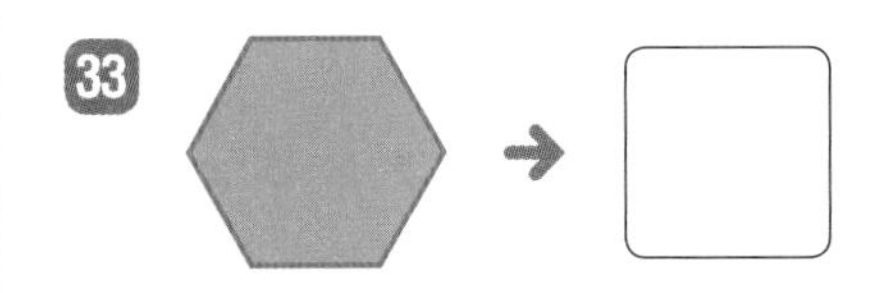

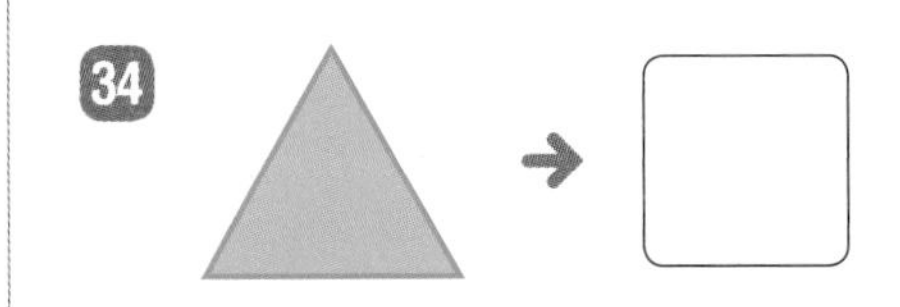

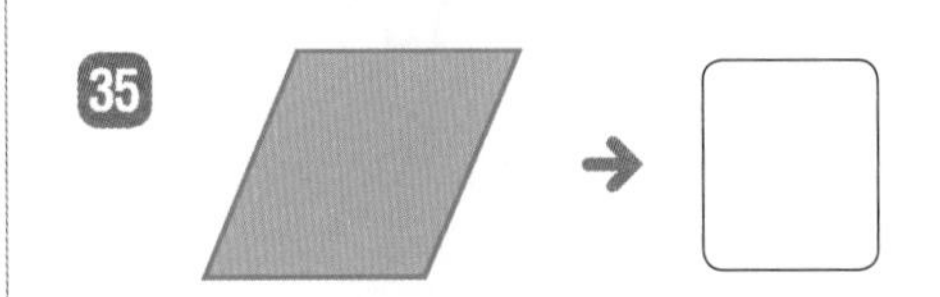

실수한 것이 없는지 검토했나요?

예 ☐, 아니요 ☐

27회 개념 분모가 다른 대분수의 덧셈(2) - 받아올림이 있는 경우

자연수 부분끼리, 분수 부분끼리 계산합니다.

$$3\frac{4}{7}+1\frac{1}{2}=3\frac{8}{14}+1\frac{7}{14}$$
$$=(3+1)+\left(\frac{8}{14}+\frac{7}{14}\right)$$
$$=4+\frac{15}{14}=4+1\frac{1}{14}=5\frac{1}{14}$$

가분수는 대분수로 나타내기

대분수를 가분수로 나타내어 계산합니다.

$$3\frac{4}{7}+1\frac{1}{2}=\frac{25}{7}+\frac{3}{2}$$
$$=\frac{50}{14}+\frac{21}{14}$$
$$=\frac{71}{14}=5\frac{1}{14}$$

통분

◆ 자연수 부분끼리, 분수 부분끼리 계산하려고 합니다. □ 안에 알맞은 수를 써넣으세요.

1 $2\frac{2}{3}+1\frac{3}{8}$

$=2\frac{\square}{24}+1\frac{\square}{24}=3+\frac{\square}{24}$

$=3+1\frac{\square}{24}=\square$

2 $4\frac{7}{10}+2\frac{3}{4}$

$=4\frac{\square}{20}+2\frac{\square}{20}=6+\frac{\square}{20}$

$=6+1\frac{\square}{20}=\square$

3 $3\frac{5}{9}+5\frac{19}{24}$

$=3\frac{\square}{72}+5\frac{\square}{72}=8+\frac{\square}{72}$

$=8+1\frac{\square}{72}=\square$

◆ 대분수를 가분수로 나타내어 계산하려고 합니다. □ 안에 알맞은 수를 써넣으세요.

4 $1\frac{4}{7}+1\frac{1}{2}$

$=\frac{\square}{7}+\frac{\square}{2}=\frac{\square}{14}+\frac{\square}{14}$

$=\frac{\square}{14}=\square$

5 $5\frac{5}{6}+2\frac{3}{5}$

$=\frac{\square}{6}+\frac{\square}{5}=\frac{\square}{30}+\frac{\square}{30}$

$=\frac{\square}{30}=\square$

6 $2\frac{11}{18}+2\frac{7}{12}$

$=\frac{\square}{18}+\frac{\square}{12}=\frac{\square}{36}+\frac{\square}{36}$

$=\frac{\square}{36}=\square$

연습 분모가 다른 대분수의 덧셈(2) - 받아올림이 있는 경우

◆ 계산을 하세요.

7 ① $1\frac{2}{3}+3\frac{4}{9}$

② $1\frac{2}{3}+4\frac{2}{5}$

실수 방지 분모가 모두 짝수일 때 공통분모를 최소공배수로 하여 통분하면 편리해요.

8 ① $1\frac{7}{10}+3\frac{5}{8}$

② $1\frac{7}{10}+1\frac{7}{12}$

9 ① $2\frac{3}{4}+4\frac{5}{8}$

② $2\frac{3}{4}+5\frac{3}{5}$

10 ① $2\frac{4}{9}+1\frac{11}{12}$

② $2\frac{4}{9}+2\frac{13}{15}$

11 ① $3\frac{5}{6}+5\frac{3}{8}$

② $3\frac{5}{6}+6\frac{7}{9}$

12 ① $3\frac{11}{15}+1\frac{7}{9}$

② $3\frac{11}{15}+1\frac{9}{10}$

◆ 계산을 하세요.

13 ① $1\frac{5}{12}+1\frac{5}{8}$

② $3\frac{13}{20}+1\frac{5}{8}$

14 ① $1\frac{1}{2}+1\frac{7}{12}$

② $2\frac{3}{4}+1\frac{7}{12}$

15 ① $1\frac{2}{3}+2\frac{1}{2}$

② $3\frac{3}{5}+2\frac{1}{2}$

16 ① $2\frac{3}{4}+2\frac{5}{9}$

② $3\frac{9}{10}+2\frac{5}{9}$

17 ① $2\frac{7}{10}+3\frac{4}{5}$

② $1\frac{5}{7}+3\frac{4}{5}$

18 ① $1\frac{3}{4}+3\frac{3}{7}$

② $2\frac{2}{3}+3\frac{3}{7}$

◆ 빈칸에 알맞은 수를 써넣으세요.

19

$+1\frac{3}{7}$	$1\frac{2}{3}$	$2\frac{5}{8}$

20

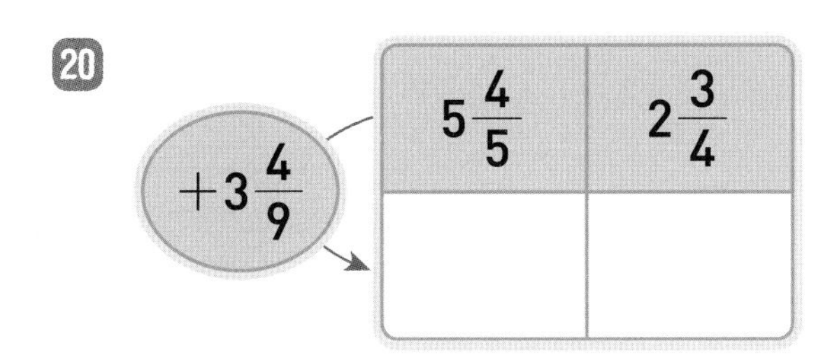

21

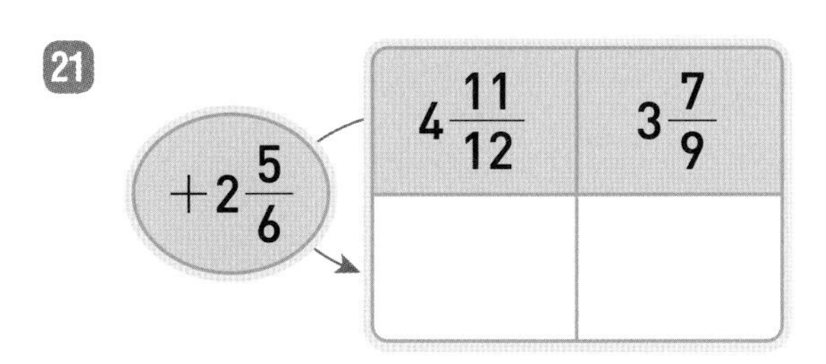

◆ □ 안에 알맞은 수를 써넣으세요.

22

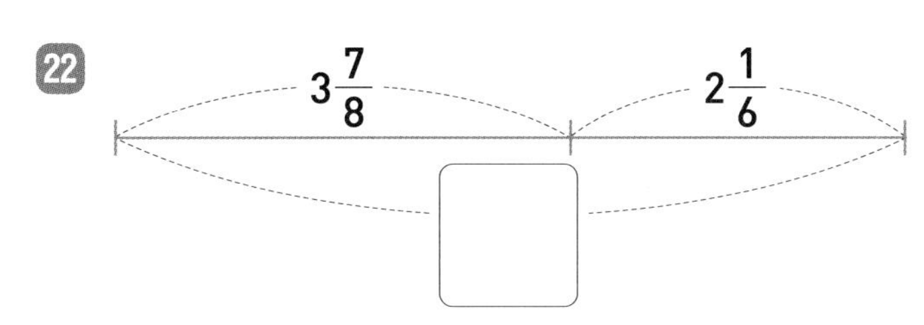

23

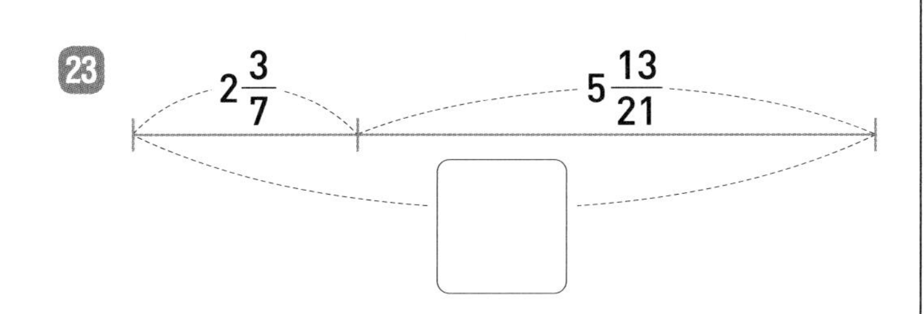

24

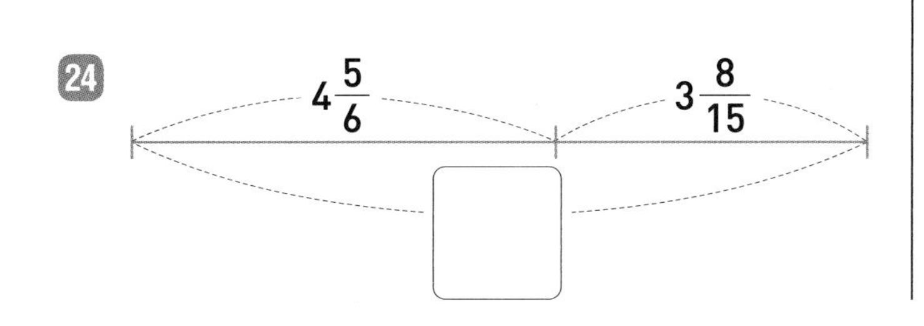

◆ 가장 큰 수와 가장 작은 수의 합을 구하세요.

25

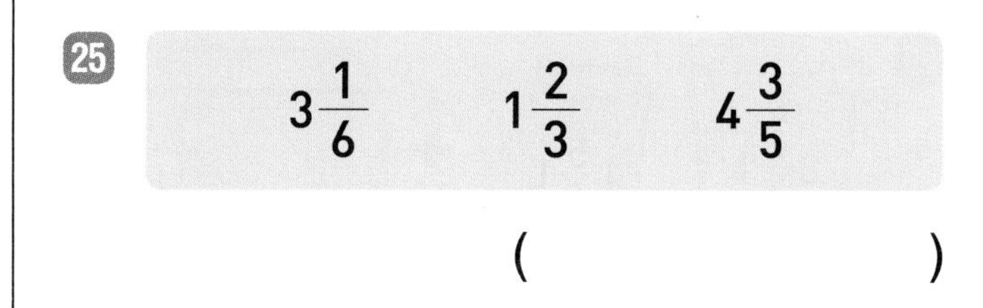

(　　　　　　)

26

$1\frac{2}{9}$　　$2\frac{13}{15}$　　$5\frac{11}{12}$

(　　　　　　)

27

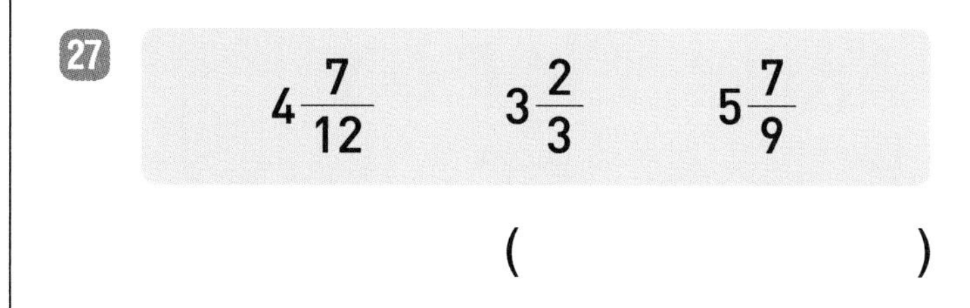

(　　　　　　)

문장제 + 연산

28 민주와 선호는 주말에 감자 캐기 체험을 하러 갔습니다. 감자를 민주는 $3\frac{4}{9}$ kg, 선호는 $4\frac{13}{18}$ kg 캤다면 두 사람이 캔 감자는 모두 몇 kg일까요?

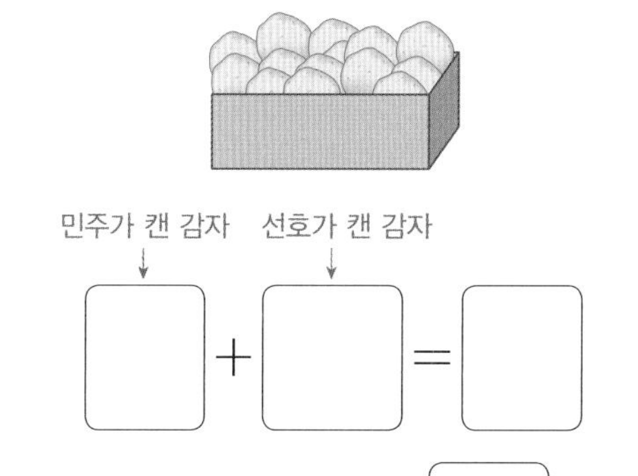

□ + □ = □

답 두 사람이 캔 감자는 모두 □ kg입니다.

5 단원
정답 17쪽

◆ 들이가 주어진 두 컵에 물을 가득 채워 빈 통에 부었을 때의 물의 양을 기약분수로 나타내세요.

29

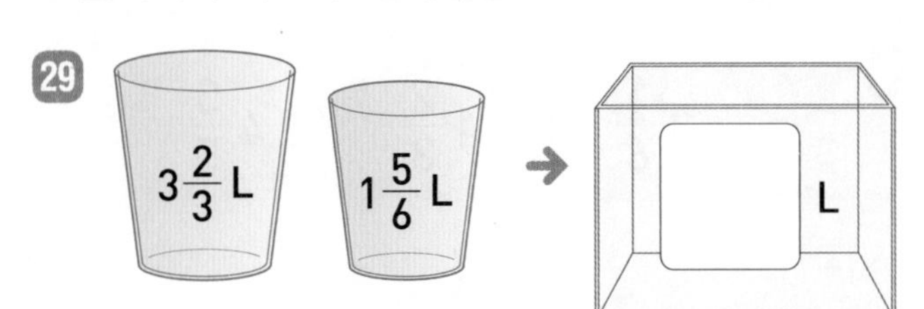

30

31

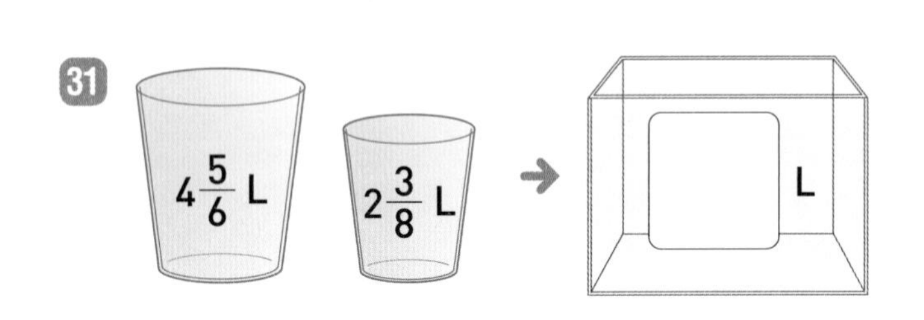

32

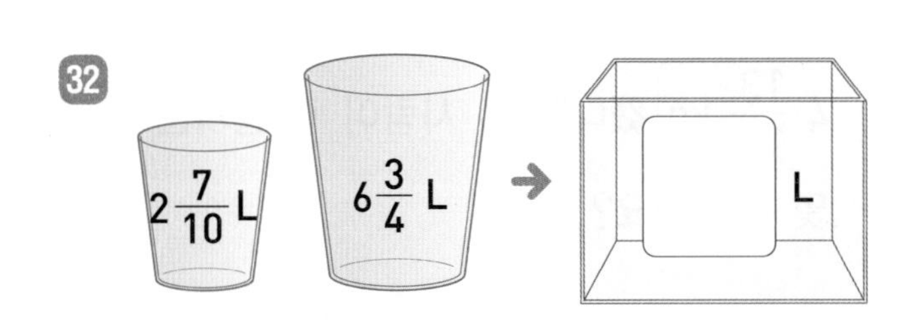

33

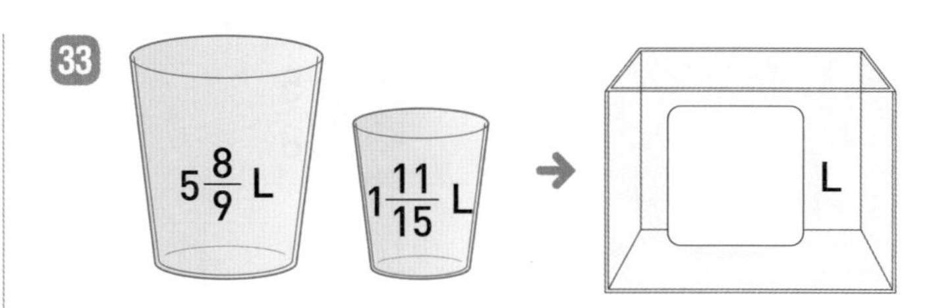

34

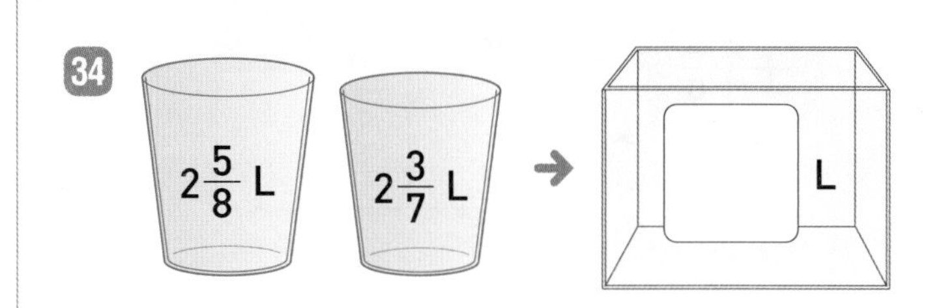

35

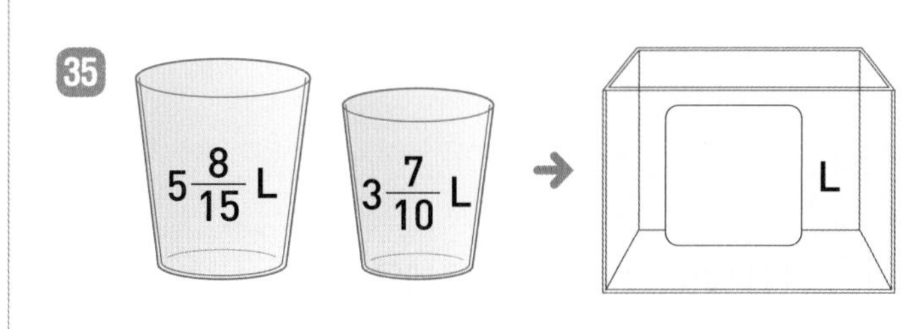

36

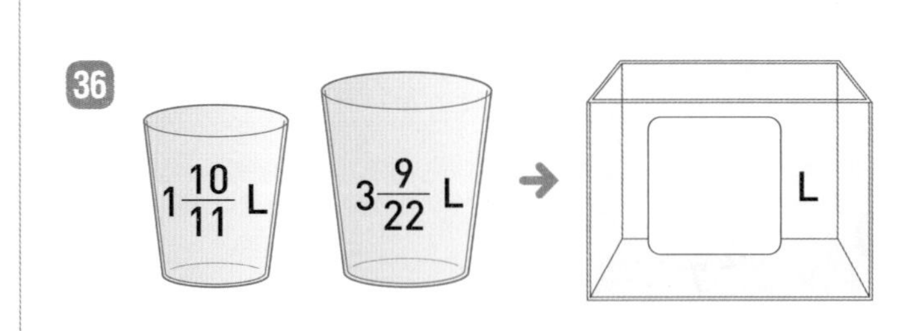

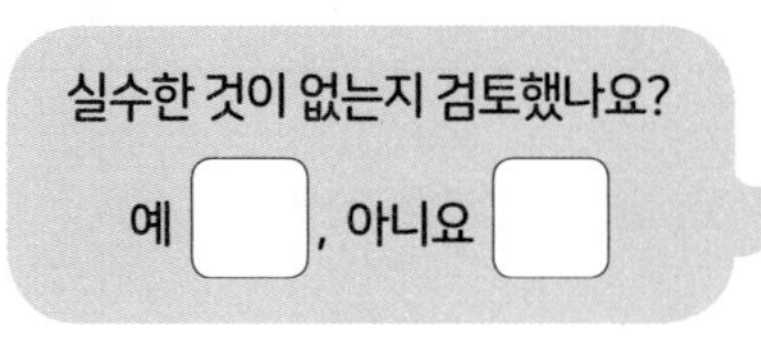

28회 개념 분모가 다른 진분수의 뺄셈

두 분모의 곱을 공통분모로 하여 통분한 후 계산합니다.

$$\frac{5}{8}-\frac{3}{10}=\frac{5\times10}{8\times10}-\frac{3\times8}{10\times8}=\frac{50}{80}-\frac{24}{80}=\frac{26}{80}=\frac{13}{40}$$

계산 결과는 항상 기약분수로 나타내요.

두 분모의 최소공배수를 공통분모로 하여 통분한 후 계산합니다.

$$\frac{5}{8}-\frac{3}{10}=\frac{5\times5}{8\times5}-\frac{3\times4}{10\times4}=\frac{25}{40}-\frac{12}{40}=\frac{13}{40}$$

2) 8 10
4 5
→ 최소공배수: 40

◆ 두 분모의 곱을 공통분모로 하여 계산하려고 합니다. □ 안에 알맞은 수를 써넣으세요.

1. $\frac{4}{5}-\frac{3}{20}=\frac{\square}{100}-\frac{\square}{100}=\frac{\square}{100}=\square$

2. $\frac{5}{6}-\frac{5}{8}=\frac{\square}{48}-\frac{\square}{48}=\frac{\square}{48}=\square$

3. $\frac{7}{9}-\frac{5}{12}=\frac{\square}{108}-\frac{\square}{108}=\frac{\square}{108}=\square$

4. $\frac{11}{12}-\frac{1}{6}=\frac{\square}{72}-\frac{\square}{72}=\frac{\square}{72}=\square$

◆ 두 분모의 최소공배수를 공통분모로 하여 계산하려고 합니다. □ 안에 알맞은 수를 써넣으세요.

5. $\frac{2}{3}-\frac{2}{5}=\frac{\square}{15}-\frac{\square}{15}=\square$

6. $\frac{3}{4}-\frac{1}{6}=\frac{\square}{12}-\frac{\square}{12}=\square$

7. $\frac{9}{10}-\frac{3}{8}=\frac{\square}{40}-\frac{\square}{40}=\square$

8. $\frac{5}{14}-\frac{1}{4}=\frac{\square}{28}-\frac{\square}{28}=\square$

9. $\frac{8}{15}-\frac{7}{25}=\frac{\square}{75}-\frac{\square}{75}=\square$

5 단원
정답 17쪽

◈ 계산을 하세요.

10 ① $\frac{2}{3}-\frac{4}{9}$

② $\frac{2}{3}-\frac{4}{21}$

11 ① $\frac{4}{5}-\frac{2}{7}$

② $\frac{4}{5}-\frac{5}{9}$

실수 방지 두 분모의 최소공배수를 공통분모로 하여 계산해도 계산 결과가 더 약분될 수도 있어요.

12 ① $\frac{5}{6}-\frac{5}{14}$

② $\frac{5}{6}-\frac{7}{10}$

13 ① $\frac{7}{8}-\frac{1}{3}$

② $\frac{7}{8}-\frac{3}{5}$

14 ① $\frac{7}{9}-\frac{1}{6}$

② $\frac{7}{9}-\frac{5}{12}$

15 ① $\frac{7}{12}-\frac{3}{8}$

② $\frac{7}{12}-\frac{9}{20}$

◈ 계산을 하세요.

16 ① $\frac{1}{2}-\frac{1}{3}$

② $\frac{5}{8}-\frac{1}{3}$

17 ① $\frac{7}{9}-\frac{2}{5}$

② $\frac{9}{11}-\frac{2}{5}$

18 ① $\frac{3}{4}-\frac{4}{7}$

② $\frac{11}{14}-\frac{4}{7}$

19 ① $\frac{5}{6}-\frac{3}{8}$

② $\frac{7}{12}-\frac{3}{8}$

20 ① $\frac{7}{8}-\frac{1}{10}$

② $\frac{8}{15}-\frac{1}{10}$

21 ① $\frac{9}{20}-\frac{4}{15}$

② $\frac{17}{25}-\frac{4}{15}$

◆ 빈칸에 알맞은 수를 써넣으세요.

22 (−) →

$\frac{11}{12}$	$\frac{7}{10}$	
$\frac{8}{15}$	$\frac{4}{9}$	

23 (−) →

$\frac{13}{16}$	$\frac{5}{12}$	
$\frac{11}{14}$	$\frac{2}{7}$	

24 (−) →

$\frac{7}{9}$	$\frac{2}{5}$	
$\frac{5}{8}$	$\frac{4}{9}$	

◆ 왼쪽 식의 계산 결과를 찾아 ○표 하세요.

25 $\frac{7}{8}-\frac{1}{5}$ $\frac{23}{40}$ $\frac{27}{40}$ $\frac{29}{40}$

26 $\frac{11}{12}-\frac{2}{9}$ $\frac{19}{36}$ $\frac{23}{36}$ $\frac{25}{36}$

27 $\frac{8}{9}-\frac{2}{7}$ $\frac{38}{63}$ $\frac{41}{63}$ $\frac{43}{63}$

◆ 계산 결과를 비교하여 ○ 안에 >, =, <를 알맞게 써넣으세요.

28 $\frac{5}{6}-\frac{1}{2}$ ○ $\frac{2}{3}-\frac{1}{4}$

29 $\frac{11}{16}-\frac{3}{10}$ ○ $\frac{3}{4}-\frac{3}{8}$

30 $\frac{8}{9}-\frac{2}{3}$ ○ $\frac{13}{15}-\frac{1}{5}$

31 $\frac{7}{12}-\frac{3}{8}$ ○ $\frac{5}{8}-\frac{1}{3}$

32 $\frac{9}{10}-\frac{7}{20}$ ○ $\frac{17}{20}-\frac{11}{30}$

문장제 + 연산

33 진영이는 가지고 있던 밀가루 $\frac{4}{9}$ kg 중에서 반죽을 만드는 데 $\frac{3}{8}$ kg을 사용하였습니다. 남은 밀가루는 몇 kg일까요?

가지고 있던 밀가루 ↓   사용한 밀가루 ↓

□ − □ = □

답 남은 밀가루는  kg입니다.

5 단원

정답 17쪽

◆ 계산을 하여 ☐ 안에 알맞은 기약분수를 써넣고, 주어진 방법에 따라 이동하여 영준이의 생일 선물을 찾으세요.

1. 계산 결과의 분자가 4보다 작으면 → 방향으로 이동합니다.
2. 계산 결과의 분자가 4이거나 4보다 크면 ↓ 방향으로 이동합니다.

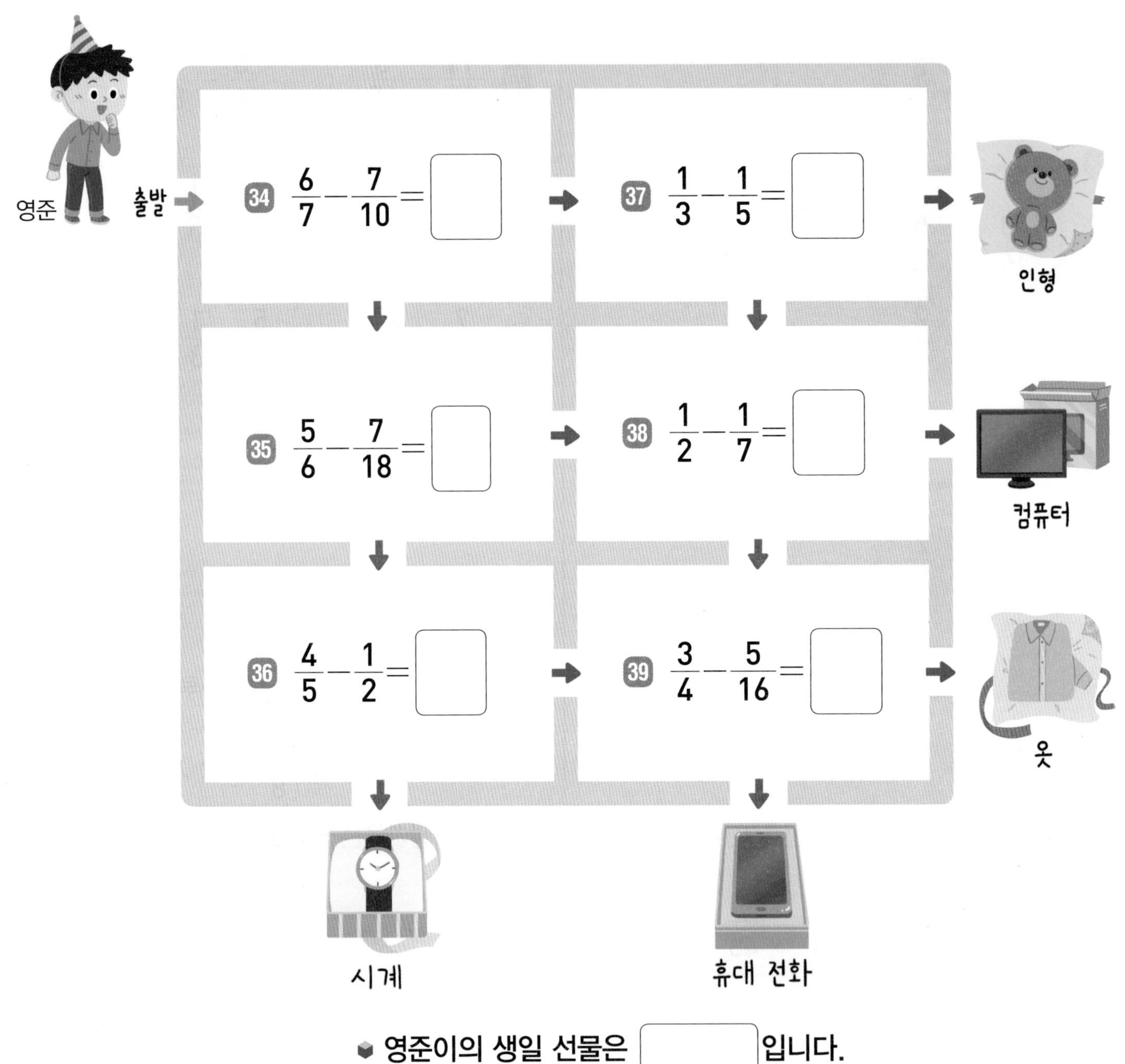

◆ 영준이의 생일 선물은 ☐ 입니다.

실수한 것이 없는지 검토했나요?

예 , 아니요 ☐

29회 개념 분모가 다른 대분수의 뺄셈 (1) - 받아내림이 없는 경우

자연수 부분끼리, 분수 부분끼리 계산합니다.

$5\frac{5}{7}-2\frac{1}{4}=5\frac{20}{28}-2\frac{7}{28}$

$=(5-2)+\left(\frac{20}{28}-\frac{7}{28}\right)$

자연수 부분과 분수 부분을 합해요.

$=3+\frac{13}{28}=3\frac{13}{28}$

대분수를 가분수로 나타내어 계산합니다.

$5\frac{5}{7}-2\frac{1}{4}=\frac{40}{7}-\frac{9}{4}$

$=\frac{160}{28}-\frac{63}{28}$

$=\frac{97}{28}=3\frac{13}{28}$

◆ 자연수 부분끼리, 분수 부분끼리 계산하려고 합니다. ☐ 안에 알맞은 수를 써넣으세요.

1 $4\frac{1}{5}-1\frac{1}{6}$

$=4\frac{\square}{30}-1\frac{\square}{30}$

$=\square+\frac{\square}{30}=\square$

2 $6\frac{9}{14}-4\frac{4}{21}$

$=6\frac{\square}{42}-4\frac{\square}{42}$

$=\square+\frac{\square}{42}=\square$

3 $8\frac{1}{2}-3\frac{1}{5}$

$=8\frac{\square}{10}-3\frac{\square}{10}$

$=\square+\frac{\square}{10}=\square$

◆ 대분수를 가분수로 나타내어 계산하려고 합니다. ☐ 안에 알맞은 수를 써넣으세요.

4 $3\frac{1}{2}-1\frac{1}{5}$

$=\frac{\square}{2}-\frac{\square}{5}=\frac{\square}{10}-\frac{\square}{10}$

$=\frac{\square}{10}=\square$

5 $5\frac{11}{15}-2\frac{3}{5}$

$=\frac{\square}{15}-\frac{\square}{5}=\frac{\square}{15}-\frac{\square}{15}$

$=\frac{\square}{15}=\square$

6 $9\frac{5}{6}-5\frac{5}{8}$

$=\frac{\square}{6}-\frac{\square}{8}=\frac{\square}{24}-\frac{\square}{24}$

$=\frac{\square}{24}=\square$

5 단원

정답 18쪽

연습 분모가 다른 대분수의 뺄셈(1) - 받아내림이 없는 경우

◈ 계산을 하세요.

7 ① $7\frac{2}{3}-4\frac{4}{9}$

② $7\frac{2}{3}-5\frac{1}{5}$

8 ① $4\frac{6}{7}-1\frac{3}{4}$

② $4\frac{6}{7}-2\frac{2}{3}$

9 ① $3\frac{7}{8}-1\frac{2}{3}$

② $3\frac{7}{8}-2\frac{3}{4}$

10 ① $5\frac{7}{9}-2\frac{1}{2}$

② $5\frac{7}{9}-3\frac{1}{4}$

11 ① $3\frac{4}{11}-2\frac{1}{4}$

② $3\frac{4}{11}-1\frac{1}{3}$

실수 방지 자연수 부분끼리의 차가 0이면 계산 결과는 진분수로 적어요.

12 ① $5\frac{7}{12}-5\frac{7}{20}$

② $5\frac{7}{12}-5\frac{3}{8}$

◈ 계산을 하세요.

13 ① $3\frac{5}{6}-1\frac{1}{2}$

② $4\frac{7}{9}-1\frac{1}{2}$

14 ① $5\frac{7}{10}-2\frac{3}{5}$

② $4\frac{3}{4}-2\frac{3}{5}$

15 ① $4\frac{7}{8}-3\frac{1}{6}$

② $6\frac{9}{14}-3\frac{1}{6}$

16 ① $3\frac{5}{9}-1\frac{3}{8}$

② $7\frac{11}{18}-1\frac{3}{8}$

17 ① $5\frac{8}{15}-2\frac{1}{10}$

② $3\frac{7}{8}-2\frac{1}{10}$

18 ① $1\frac{13}{25}-1\frac{4}{15}$

② $3\frac{7}{9}-1\frac{4}{15}$

◆ 빈칸에 알맞은 수를 써넣으세요.

19 $4\frac{1}{2}$, $5\frac{7}{8}$ → $-2\frac{1}{4}$ → [ ], [ ]

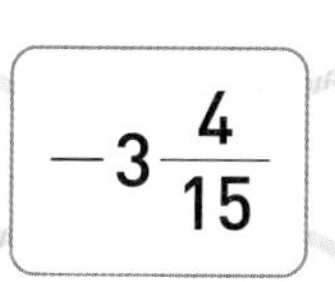

20 $6\frac{5}{6}$, $5\frac{7}{10}$ → $-3\frac{4}{15}$ → [ ], [ ]

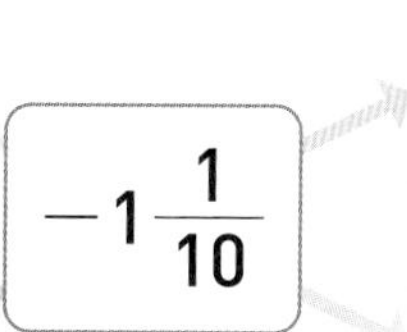

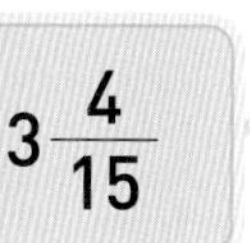

21 $2\frac{3}{4}$, $3\frac{4}{15}$ → $-1\frac{1}{10}$ → [ ], [ ]

◆ 두 수의 차를 구하세요.

22 $8\frac{11}{15}$ $2\frac{1}{12}$

( )

23 $2\frac{3}{20}$ $7\frac{13}{16}$

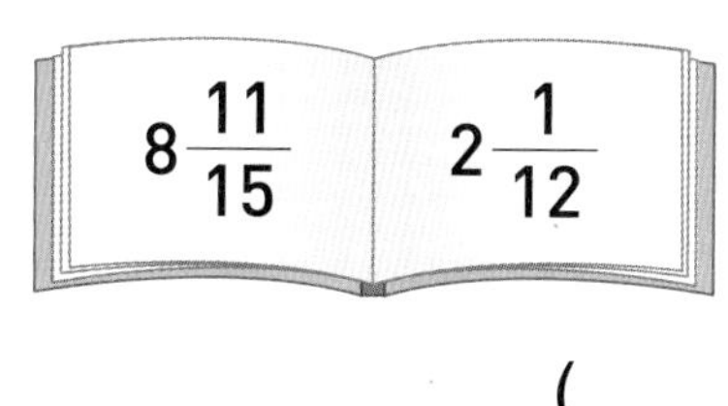

( )

24 $5\frac{3}{14}$ $1\frac{2}{21}$

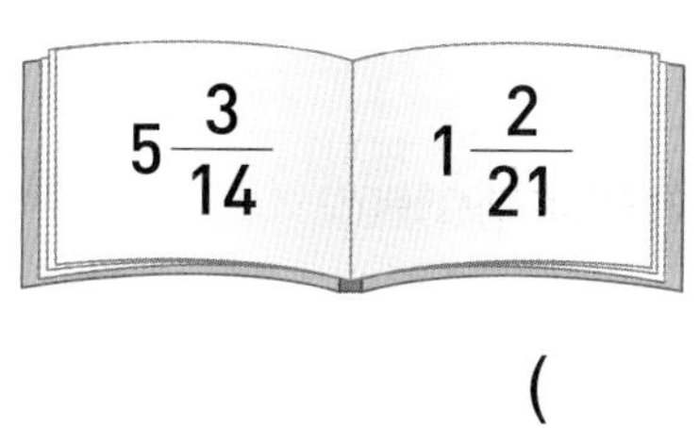

( )

◆ 다음이 나타내는 수를 구하세요.

25 $4\frac{9}{16}$보다 $2\frac{5}{24}$만큼 더 작은 수

■보다 ▲만큼 더 작은 수는 ■－▲로 계산해요.

( )

26 $5\frac{5}{6}$보다 $2\frac{7}{15}$만큼 더 작은 수

( )

27 $6\frac{7}{8}$보다 $5\frac{1}{6}$만큼 더 작은 수

( )

문장제 + 연산

28 직사각형의 짧은 변의 길이는 긴 변의 길이보다 $1\frac{2}{5}$ cm만큼 더 짧습니다. 직사각형의 짧은 변의 길이는 몇 cm일까요?

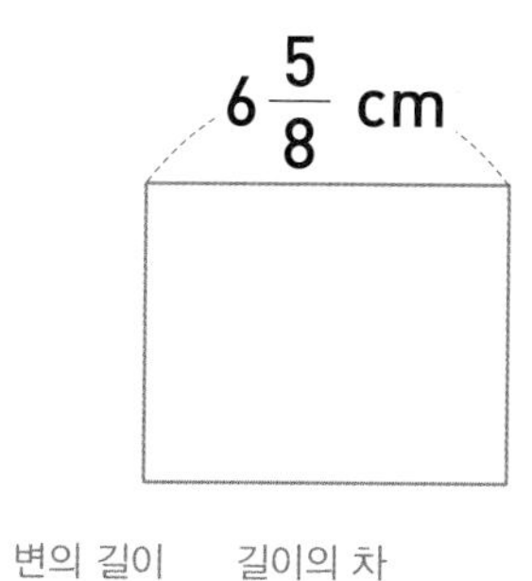

긴 변의 길이 － 길이의 차 ＝ [ ]

답 직사각형의 짧은 변의 길이는 [ ] cm입니다.

5 단원

정답 18쪽

계산을 하고, 계산 결과에 해당하는 글자를 찾아 쓰면 어떤 문장이 나오는지 알아보세요.

29

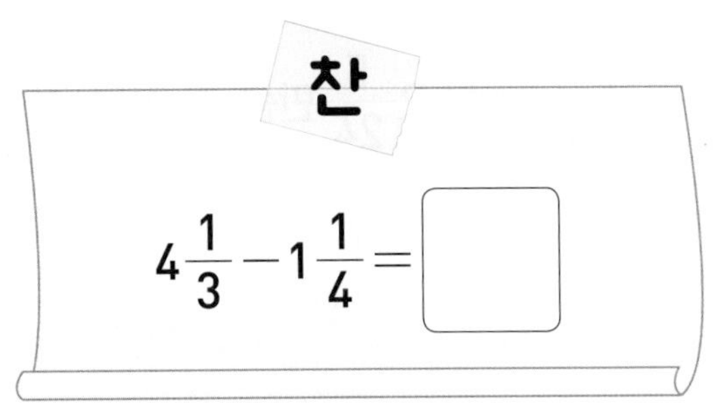

30

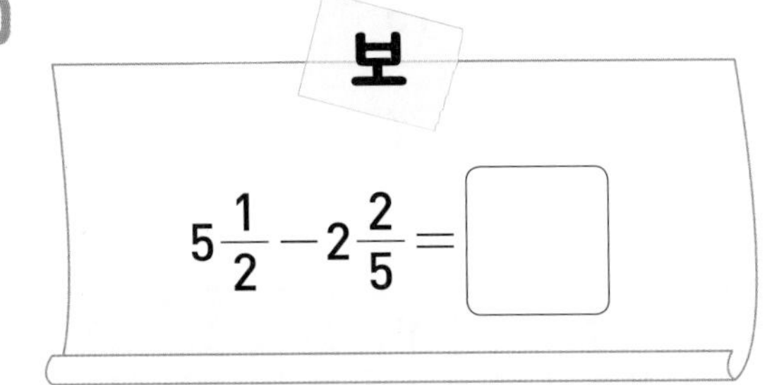

31

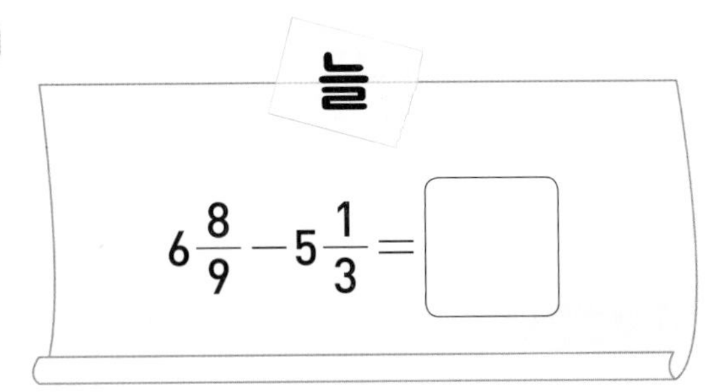

32

하

$6\frac{3}{4}-1\frac{3}{7}=$ □

33

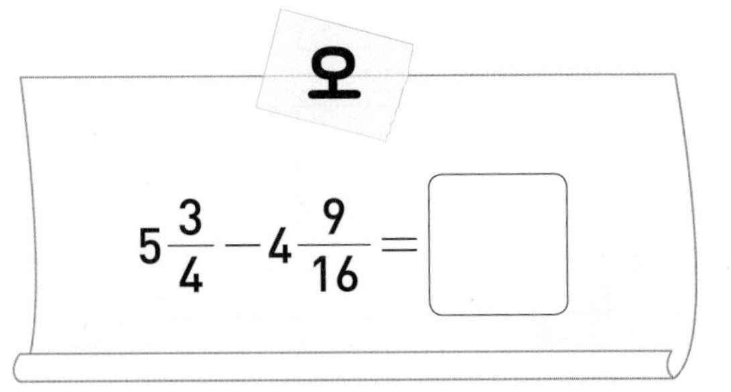

34

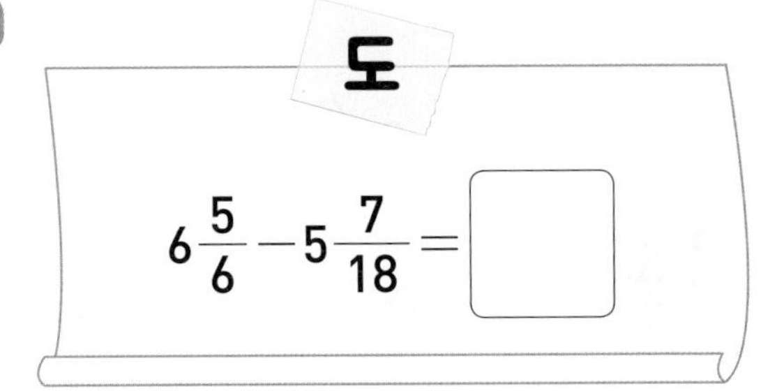

35

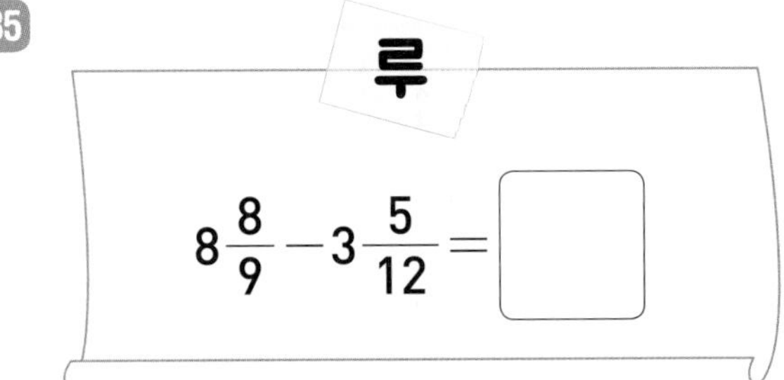

36

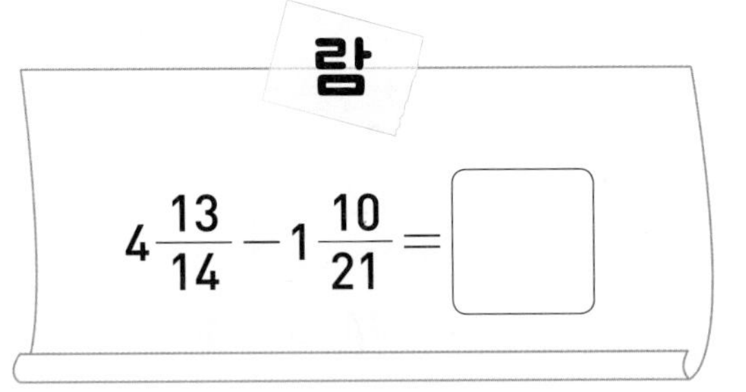

$1\frac{3}{16}$	$1\frac{5}{9}$	$1\frac{4}{9}$		$3\frac{1}{10}$	$3\frac{19}{42}$	$3\frac{1}{12}$		$5\frac{9}{28}$	$5\frac{17}{36}$

실수한 것이 없는지 검토했나요?

예 □, 아니요 □

월 일

30회 개념 분모가 다른 대분수의 뺄셈(2) - 받아내림이 있는 경우

자연수 부분끼리, 분수 부분끼리 계산합니다.

$7\frac{2}{3}-1\frac{3}{4}=7\frac{8}{12}-1\frac{9}{12}$

분수 부분끼리 뺄 수 없으므로 자연수 부분에서 1을 받아내림해요.

$=6\frac{20}{12}-1\frac{9}{12}$

$=5+\frac{11}{12}=5\frac{11}{12}$

대분수를 가분수로 나타내어 계산합니다.

$7\frac{2}{3}-1\frac{3}{4}=\frac{23}{3}-\frac{7}{4}$

$=\frac{92}{12}-\frac{21}{12}$

$=\frac{71}{12}=5\frac{11}{12}$ → 대분수로 나타내요.

◆ 자연수 부분끼리, 분수 부분끼리 계산하려고 합니다. ☐ 안에 알맞은 수를 써넣으세요.

1 $3\frac{1}{9}-1\frac{1}{6}$

$=3\frac{☐}{18}-1\frac{3}{18}=2\frac{☐}{18}-1\frac{3}{18}$

$=☐+\frac{☐}{18}=☐$

2 $6\frac{1}{8}-2\frac{3}{5}$

$=6\frac{☐}{40}-2\frac{24}{40}=5\frac{☐}{40}-2\frac{24}{40}$

$=☐+\frac{☐}{40}=☐$

3 $7\frac{5}{6}-3\frac{8}{9}$

$=7\frac{☐}{18}-3\frac{16}{18}=6\frac{☐}{18}-3\frac{16}{18}$

$=☐+\frac{☐}{18}=☐$

◆ 대분수를 가분수로 나타내어 계산하려고 합니다. ☐ 안에 알맞은 수를 써넣으세요.

4 $4\frac{1}{5}-2\frac{2}{3}$

$=\frac{☐}{5}-\frac{☐}{3}=\frac{☐}{15}-\frac{☐}{15}$

$=\frac{☐}{15}=☐$

5 $5\frac{3}{8}-3\frac{5}{12}$

$=\frac{☐}{8}-\frac{☐}{12}=\frac{☐}{24}-\frac{☐}{24}$

$=\frac{☐}{24}=☐$

6 $8\frac{2}{9}-4\frac{1}{3}$

$=\frac{☐}{9}-\frac{☐}{3}=\frac{☐}{9}-\frac{☐}{9}$

$=\frac{☐}{9}=☐$

5 단원

정답 18쪽

연습 분모가 다른 대분수의 뺄셈(2) - 받아내림이 있는 경우

계산을 하세요.

7 ① $4\frac{1}{2}-1\frac{7}{9}$

② $4\frac{1}{2}-2\frac{4}{5}$

8 ① $5\frac{1}{3}-2\frac{4}{9}$

② $5\frac{1}{3}-3\frac{2}{5}$

실수 방지 받아내림이 있다고 예상하고 가분수로 나타내어 계산하면 더 편해요.

9 ① $6\frac{1}{5}-3\frac{5}{8}$

② $6\frac{1}{5}-4\frac{8}{9}$

10 ① $5\frac{1}{8}-2\frac{1}{2}$

② $5\frac{1}{8}-3\frac{1}{4}$

11 ① $6\frac{3}{7}-3\frac{3}{5}$

② $6\frac{3}{7}-4\frac{2}{3}$

12 ① $4\frac{2}{9}-1\frac{1}{3}$

② $4\frac{2}{9}-2\frac{5}{6}$

계산을 하세요.

13 ① $3\frac{3}{8}-1\frac{2}{3}$

② $4\frac{2}{5}-1\frac{2}{3}$

14 ① $4\frac{5}{8}-2\frac{3}{4}$

② $3\frac{2}{3}-2\frac{3}{4}$

15 ① $6\frac{1}{4}-1\frac{3}{5}$

② $5\frac{3}{10}-1\frac{3}{5}$

16 ① $4\frac{1}{5}-2\frac{5}{7}$

② $7\frac{2}{9}-2\frac{5}{7}$

17 ① $5\frac{5}{8}-4\frac{7}{9}$

② $8\frac{1}{6}-4\frac{7}{9}$

18 ① $6\frac{1}{6}-3\frac{9}{10}$

② $7\frac{3}{25}-3\frac{9}{10}$

분모가 다른 대분수의 뺄셈(2) - 받아내림이 있는 경우

◆ □ 안에 알맞은 수를 써넣으세요.

19

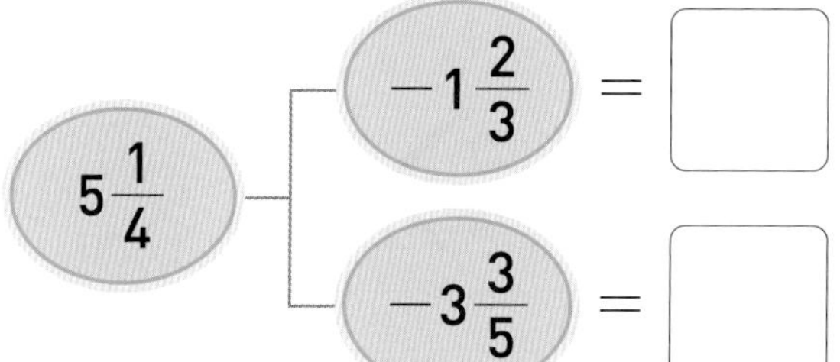

20

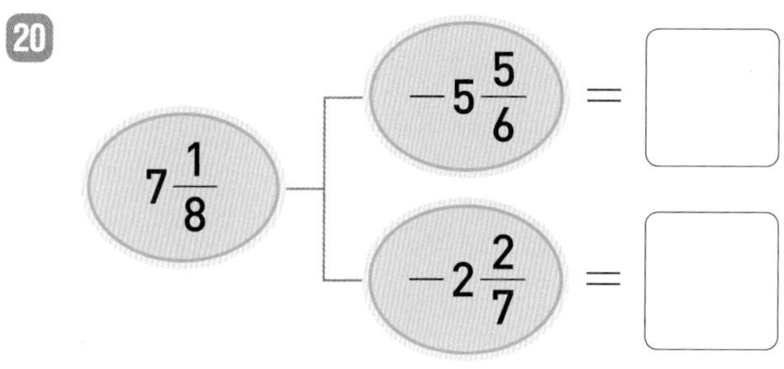

◆ 빈칸에 두 수의 차를 써넣으세요.

21 ①

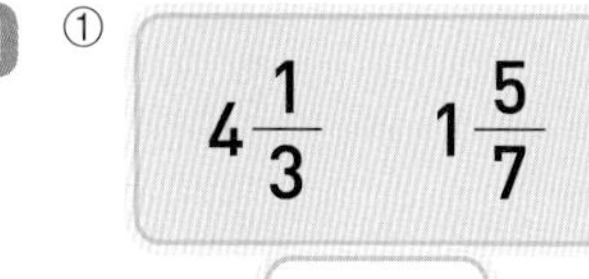

② $1\frac{4}{5}$ $2\frac{1}{2}$

22

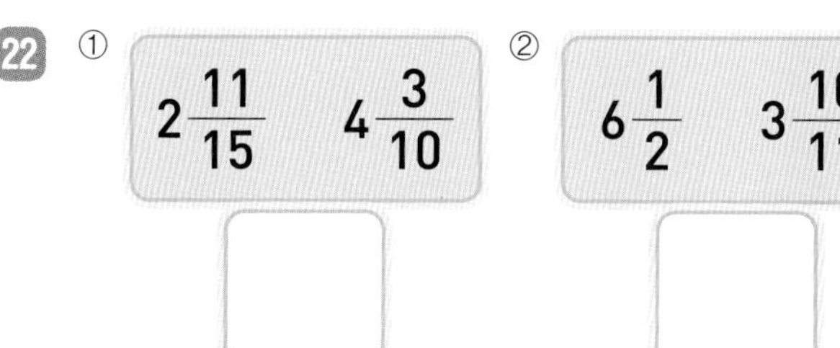

23 ①

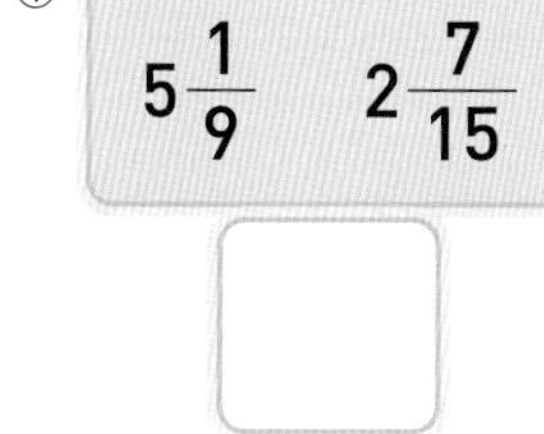

② $1\frac{3}{4}$ $4\frac{2}{3}$

◆ 가장 큰 수와 가장 작은 수의 차를 구하세요.

24 $2\frac{2}{3}$ $7\frac{5}{8}$ $5\frac{1}{6}$

(　　　　　　)

25 $5\frac{7}{12}$ $7\frac{5}{9}$ $9\frac{1}{8}$

(　　　　　　)

26 $7\frac{2}{3}$ $4\frac{5}{6}$ $6\frac{4}{9}$

(　　　　　　)

문장제 + 연산

27 두 사람이 가지고 있는 막대의 길이의 차는 몇 m일까요?

은서의 막대 길이　하준이의 막대 길이

□ − □ = □

답 막대의 길이의 차는  m입니다.

5 단원
정답 19쪽

성민이의 쪽지 시험지를 채점하려고 합니다. 보기 와 같이 바르게 계산한 것에 ◯표, 잘못 계산한 것에 ╳표 하여 채점을 하고, 틀린 답은 바르게 고치세요.

보기

- $5\frac{1}{6}-1\frac{1}{2}=3\frac{2}{3}$ (◯)
- $3\frac{3}{8}-1\frac{3}{4}=2\frac{5}{8}$ (╳) $1\frac{5}{8}$

쪽지 시험	5학년 ◯반
범위: 받아내림이 있고 분모가 다른 대분수의 뺄셈	이름: 이 성민

※ 계산을 하세요.

28 $6\frac{3}{10}-4\frac{2}{5}=1\frac{9}{10}$

29 $3\frac{4}{9}-1\frac{1}{2}=1\frac{13}{18}$

30 $9\frac{7}{12}-5\frac{3}{4}=3\frac{5}{6}$

31 $8\frac{5}{9}-1\frac{7}{12}=6\frac{35}{72}$

32 $7\frac{4}{15}-4\frac{11}{18}=2\frac{59}{90}$

33 $4\frac{7}{30}-2\frac{9}{20}=1\frac{43}{60}$

34 $5\frac{2}{5}-1\frac{14}{25}=3\frac{21}{25}$

35 $5\frac{5}{18}-2\frac{8}{9}=3\frac{7}{18}$

실수한 것이 없는지 검토했나요?

예 ☐, 아니요 ☐

31회 테스트 5. 분수의 덧셈과 뺄셈

계산을 하세요.

1 ① $\frac{1}{5}+\frac{1}{3}$

② $\frac{1}{5}+\frac{1}{4}$

2 ① $\frac{1}{6}+\frac{5}{7}$

② $\frac{1}{6}+\frac{3}{8}$

3 ① $\frac{3}{4}+\frac{5}{6}$

② $\frac{3}{4}+\frac{7}{8}$

4 ① $\frac{4}{9}+\frac{7}{8}$

② $\frac{4}{9}+\frac{5}{6}$

5 ① $\frac{5}{12}+\frac{3}{10}$

② $\frac{5}{12}+\frac{7}{9}$

6 ① $\frac{8}{15}+\frac{8}{9}$

② $\frac{8}{15}+\frac{7}{20}$

계산을 하세요.

7 ① $1\frac{3}{4}+2\frac{5}{9}$

② $1\frac{3}{4}+3\frac{3}{10}$

8 ① $3\frac{2}{5}+1\frac{7}{8}$

② $3\frac{2}{5}+1\frac{1}{4}$

9 ① $2\frac{1}{7}+3\frac{1}{2}$

② $2\frac{1}{7}+6\frac{1}{3}$

10 ① $3\frac{7}{8}+1\frac{2}{3}$

② $3\frac{7}{8}+2\frac{3}{5}$

11 ① $1\frac{1}{9}+2\frac{1}{3}$

② $1\frac{1}{9}+3\frac{1}{5}$

12 ① $4\frac{9}{10}+2\frac{8}{15}$

② $4\frac{9}{10}+3\frac{1}{12}$

5 단원

정답 19쪽

◈ 계산을 하세요.

13 ① $\frac{3}{4}-\frac{1}{3}$

② $\frac{3}{4}-\frac{2}{9}$

14 ① $\frac{5}{6}-\frac{1}{4}$

② $\frac{5}{6}-\frac{3}{8}$

15 ① $\frac{5}{7}-\frac{1}{5}$

② $\frac{5}{7}-\frac{4}{9}$

16 ① $\frac{8}{9}-\frac{4}{7}$

② $\frac{8}{9}-\frac{1}{6}$

17 ① $\frac{9}{10}-\frac{7}{8}$

② $\frac{9}{10}-\frac{4}{25}$

18 ① $\frac{13}{18}-\frac{10}{27}$

② $\frac{13}{18}-\frac{1}{6}$

◈ 계산을 하세요.

19 ① $5\frac{1}{2}-1\frac{3}{4}$

② $5\frac{1}{2}-2\frac{7}{11}$

20 ① $6\frac{2}{3}-3\frac{2}{5}$

② $6\frac{2}{3}-4\frac{5}{6}$

21 ① $2\frac{3}{5}-1\frac{5}{8}$

② $2\frac{3}{5}-1\frac{2}{9}$

22 ① $5\frac{6}{7}-2\frac{1}{5}$

② $5\frac{6}{7}-3\frac{1}{4}$

23 ① $4\frac{5}{8}-2\frac{1}{6}$

② $4\frac{5}{8}-3\frac{4}{7}$

24 ① $9\frac{3}{10}-5\frac{7}{15}$

② $9\frac{3}{10}-6\frac{5}{8}$

◈ 빈칸에 알맞은 수를 써넣으세요.

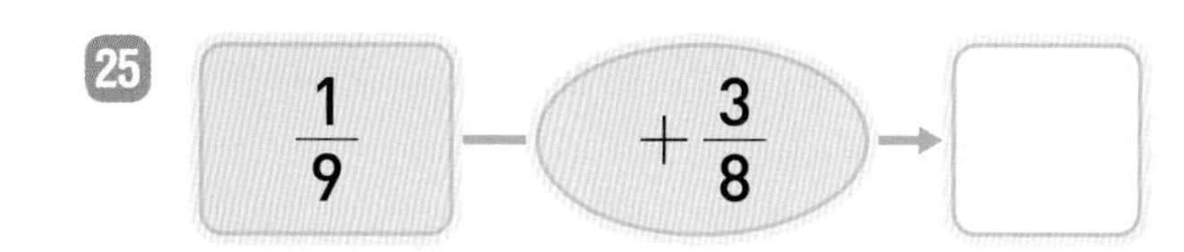

25 $\frac{1}{9}$ — $+\frac{3}{8}$ → □

26 $\frac{3}{4}$ — $-\frac{5}{8}$ → □

27 $1\frac{1}{6}$ — $+2\frac{2}{3}$ → □

28 $6\frac{2}{3}$ — $-3\frac{5}{6}$ → □

◈ 빈칸에 두 수의 합을 써넣으세요.

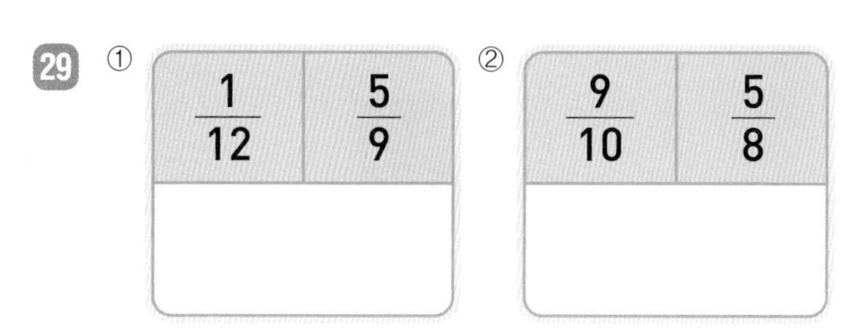

29 ①

$\frac{1}{12}$	$\frac{5}{9}$

②

$\frac{9}{10}$	$\frac{5}{8}$

30 ①

$\frac{4}{9}$	$\frac{14}{15}$

②

$1\frac{2}{3}$	$1\frac{1}{7}$

31 ①

$2\frac{2}{3}$	$3\frac{5}{9}$

②

$2\frac{3}{10}$	$3\frac{5}{6}$

◈ 계산 결과를 비교하여 ○ 안에 $>$, $=$, $<$를 알맞게 써넣으세요.

32 $\frac{7}{9}+\frac{1}{6}$ ○ $\frac{13}{18}+\frac{5}{12}$

33 $1\frac{3}{8}+1\frac{1}{4}$ ○ $1\frac{7}{16}+1\frac{7}{12}$

34 $\frac{7}{8}-\frac{5}{6}$ ○ $\frac{1}{6}-\frac{1}{8}$

35 $5\frac{9}{14}-2\frac{5}{8}$ ○ $5\frac{1}{5}-2\frac{4}{9}$

◈ 다음이 나타내는 수를 구하세요.

36 $\frac{11}{18}$보다 $\frac{11}{36}$만큼 더 큰 수

( )

37 $\frac{3}{14}$보다 $\frac{2}{21}$만큼 더 작은 수

( )

38 $5\frac{5}{6}$보다 $3\frac{7}{24}$만큼 더 큰 수

( )

39 $7\frac{4}{15}$보다 $2\frac{7}{20}$만큼 더 작은 수

( )

5 단원
정답 19쪽

◆ 문제를 읽고 답을 구하세요.

40 은서가 어제 달린 거리는 모두 몇 km일까요?

□ + □ = □

답 은서가 어제 달린 거리는 모두 □ km 입니다.

41 소율이와 도현이가 토마토를 땄습니다. 토마토를 소율이는 $1\frac{8}{9}$ kg, 도현이는 $1\frac{1}{2}$ kg 땄다면 두 사람이 딴 토마토는 모두 몇 kg일까요?

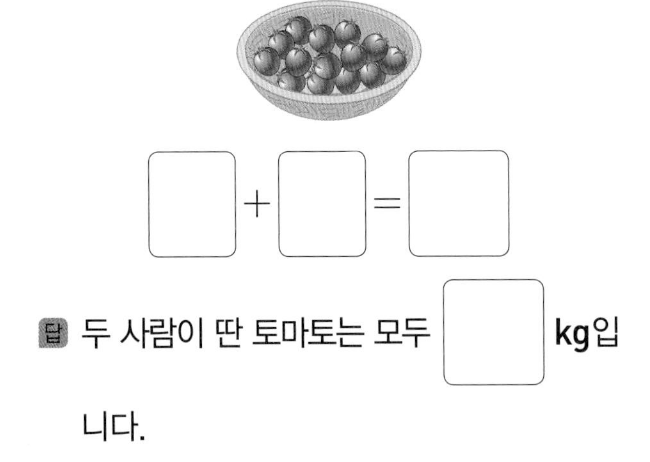

□ + □ = □

답 두 사람이 딴 토마토는 모두 □ kg입니다.

◆ 문제를 읽고 답을 구하세요.

42 지혜는 가지고 있던 물감 $\frac{1}{6}$ L 중에서 그림을 그리는 데 $\frac{1}{18}$ L를 사용하였습니다. 남은 물감은 몇 L일까요?

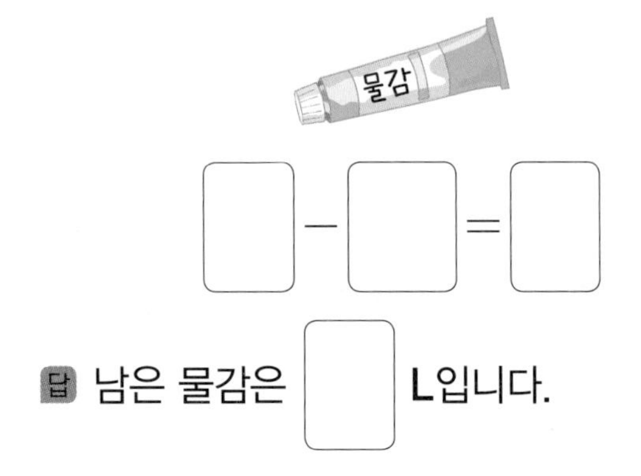

□ − □ = □

답 남은 물감은 □ L입니다.

43 빨간색 색종이는 $7\frac{3}{8}$장 있고, 노란색 색종이는 빨간색 색종이보다 $3\frac{1}{2}$장만큼 더 적게 있습니다. 노란색 색종이는 몇 장일까요?

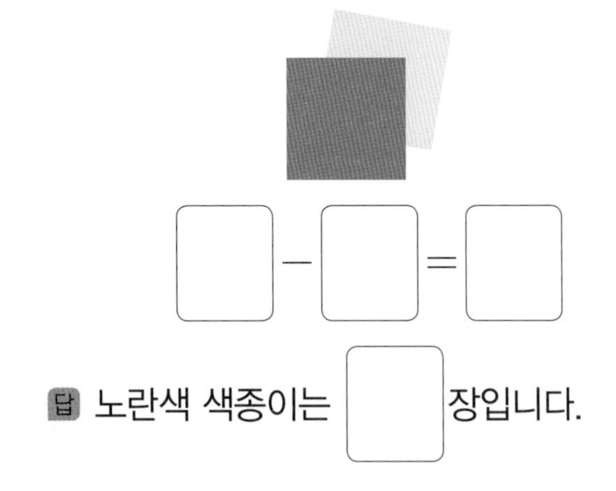

□ − □ = □

답 노란색 색종이는 □ 장입니다.

• 5단원 테스트 후 맞힌 개수에 따라 아래와 같이 공부하세요.

맞힌 개수	0~30개	31~38개	39~43개
공부 방법	분수의 덧셈과 뺄셈에 대한 이해가 부족해요. 24~30회를 다시 공부해요.	분수의 덧셈과 뺄셈에 대해 이해는 하고 있으나 좀 더 연습이 필요해요.	계산 실수하지 않도록 집중하여 틀린 문제를 확인해요.

6

다각형의 둘레와 넓이

	공부할 내용	문제 개수	확인
32회	정다각형의 둘레	34개	
33회	사각형의 둘레	35개	
34회	넓이의 단위 cm^2, m^2, km^2	33개	
35회	직사각형의 넓이	32개	
36회	평행사변형의 넓이	33개	
37회	삼각형의 넓이	31개	
38회	마름모의 넓이	31개	
39회	사다리꼴의 넓이	31개	
40회	6단원 테스트	40개	

동영상 강의

개념 미리보기

6. 다각형의 둘레와 넓이

32~33회

1 다각형의 둘레

- (정다각형의 둘레)=(한 변의 길이)×(변의 수)
- (직사각형의 둘레)=(가로+세로)×2
- (평행사변형의 둘레)=(한 변의 길이+다른 한 변의 길이)×2
- (마름모의 둘레)=(한 변의 길이)×4

34회

2 넓이의 단위

$1\ cm^2$	$1\ m^2$	$1\ km^2$
한 변의 길이가 1 cm인 정사각형의 넓이 읽기 1 제곱센티미터	한 변의 길이가 1 m인 정사각형의 넓이 읽기 1 제곱미터	한 변의 길이가 1 km인 정사각형의 넓이 읽기 1 제곱킬로미터

35~39회

3 다각형의 넓이

(직사각형의 넓이)=(가로)×(세로)
(정사각형의 넓이)=(한 변의 길이)×(한 변의 길이)
(평행사변형의 넓이)=(밑변의 길이)×(높이)

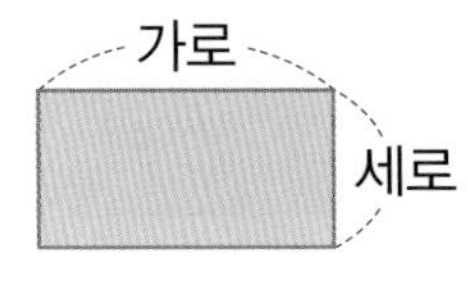

[직사각형]

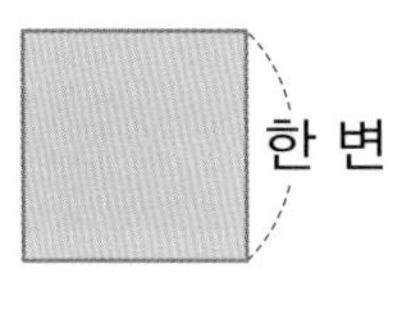

[정사각형]

[평행사변형]

(삼각형의 넓이)=(밑변의 길이)×(높이)÷2
(마름모의 넓이)=(한 대각선의 길이)×(다른 대각선의 길이)÷2
(사다리꼴의 넓이)=(윗변의 길이+아랫변의 길이)×(높이)÷2

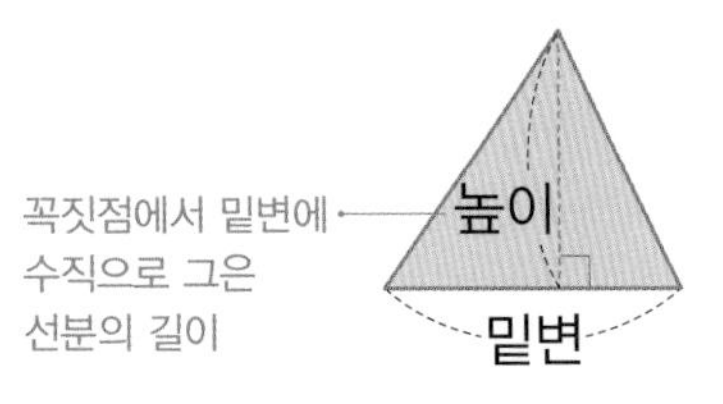

[삼각형]

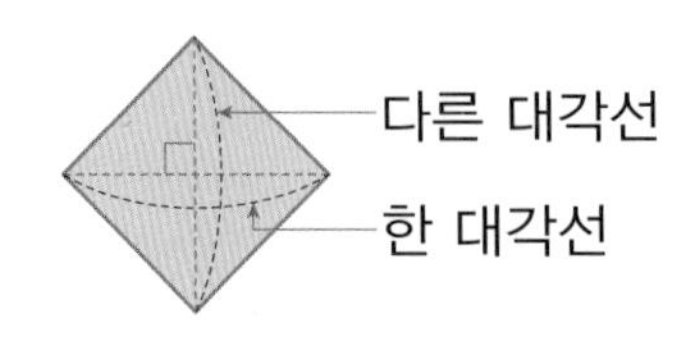

[마름모]

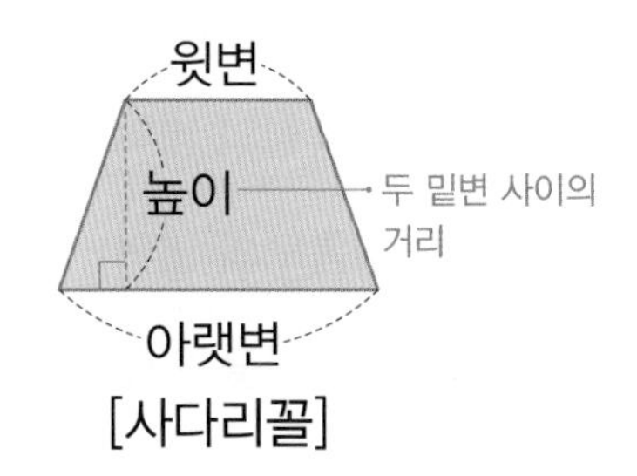

[사다리꼴]

32회 개념 정다각형의 둘레

정다각형의 둘레는 한 변의 길이를 변의 수만큼 더하여 구할 수 있습니다.

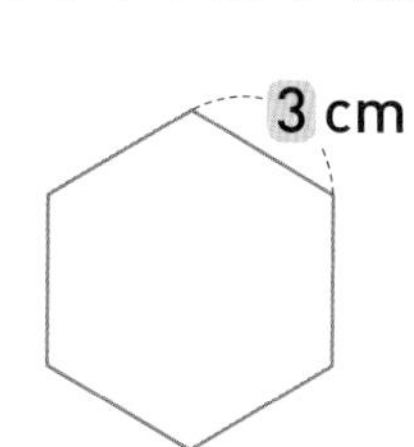

(정육각형의 둘레) ← 테두리 또는 그 테두리의 길이
=3+3+3+3+3+3
=18 (cm)

(정다각형의 둘레)=(한 변의 길이)×(변의 수)

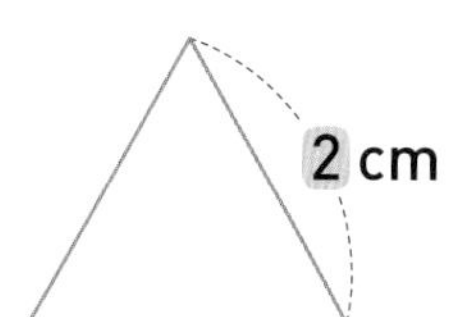

(정삼각형의 둘레)
=2×3=6 (cm)

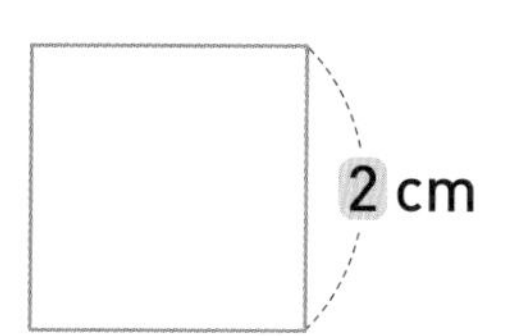

(정사각형의 둘레)
=2×4=8 (cm)

◆ 정다각형의 둘레를 구하는 방법을 알아보려고 합니다. 그림을 보고 □ 안에 알맞은 수를 써넣으세요.

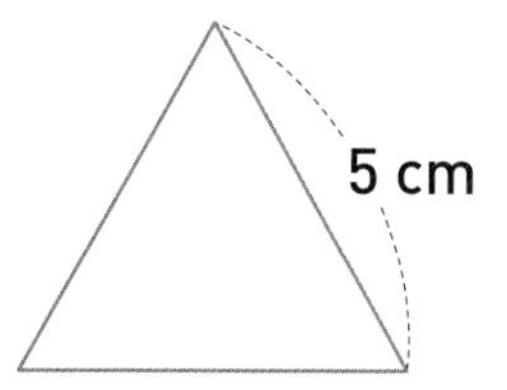

(정삼각형의 둘레)
=5+□+□=□ (cm)

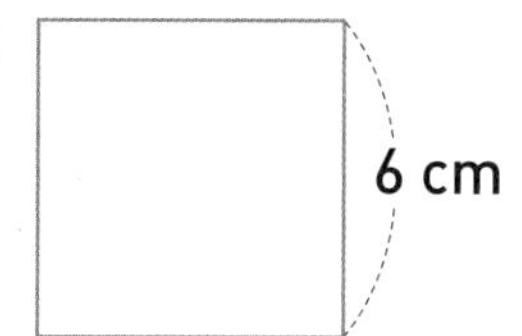

(정사각형의 둘레)
=6+6+□+□=□ (cm)

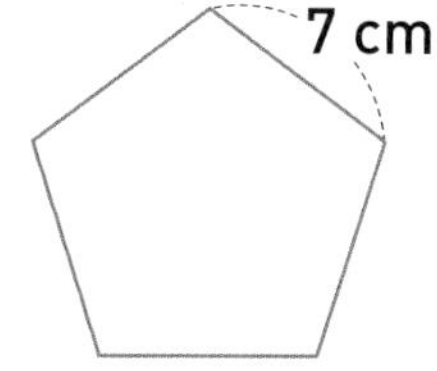

(정오각형의 둘레)
=7+7+7+□+□=□ (cm)

◆ 정다각형의 둘레를 구하세요.

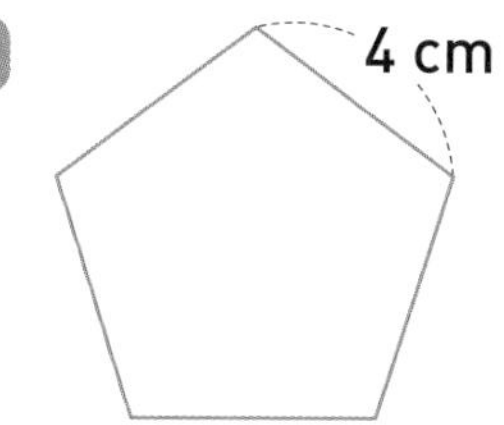

(정오각형의 둘레)
=□×□=□ (cm)

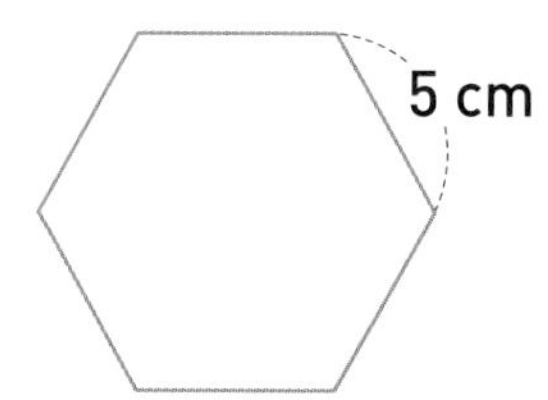

(정육각형의 둘레)
=□×□=□ (cm)

6

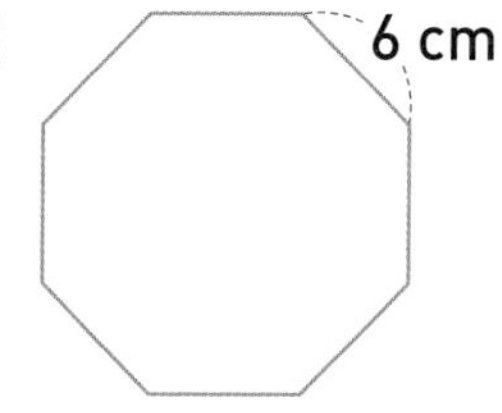

(정팔각형의 둘레)
=□×□=□ (cm)

6 단원
정답 20쪽

◆ 정다각형의 둘레를 구하세요.

7

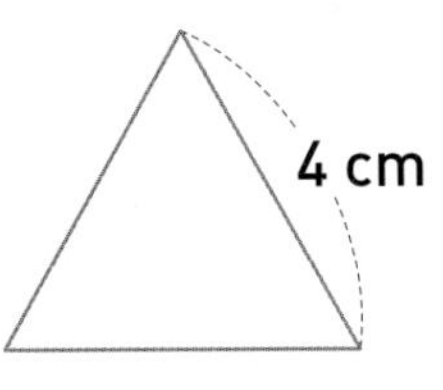

(　　　　　　　　　　)

8

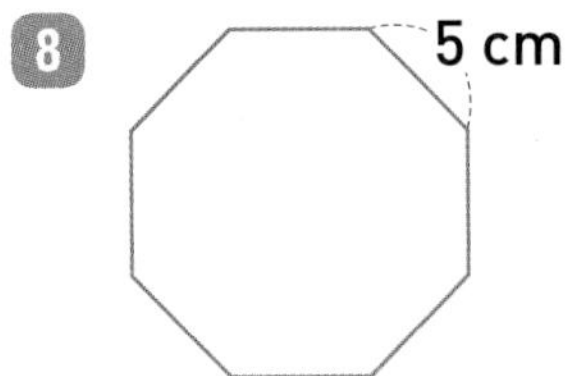

(　　　　　　　　　　)

9

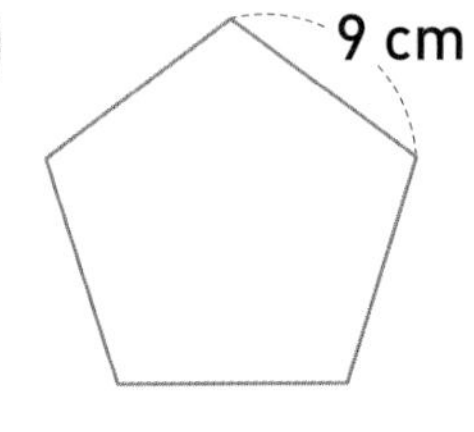

(　　　　　　　　　　)

10

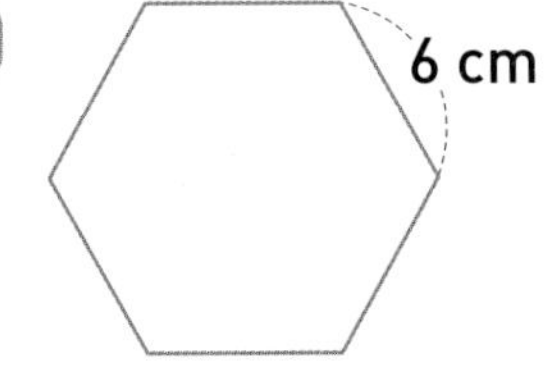

(　　　　　　　　　　)

11

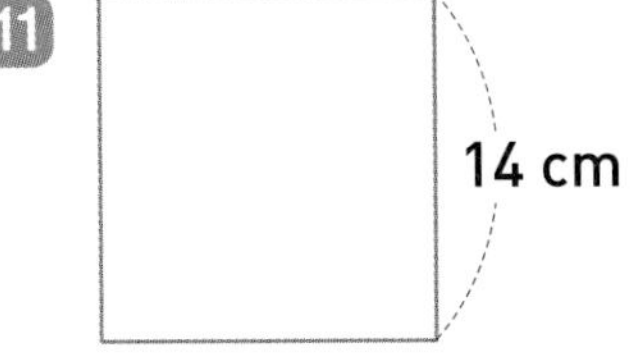

(　　　　　　　　　　)

◆ 정다각형 모양 접시의 둘레를 구하세요.

12

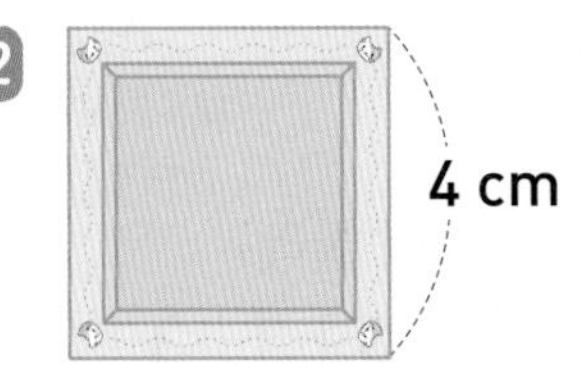

(　　　　　　　　　　)

13

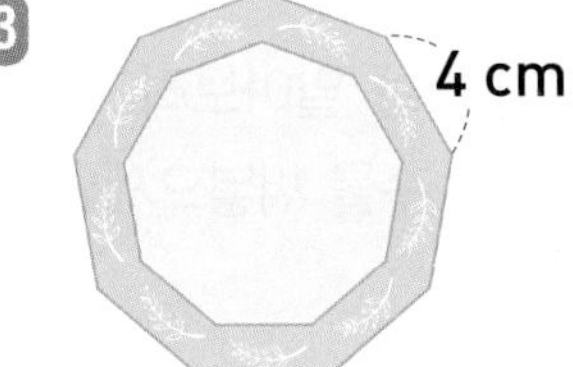

(　　　　　　　　　　)

14

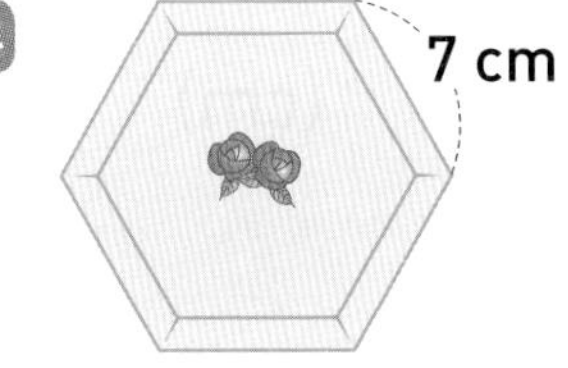

(　　　　　　　　　　)

15

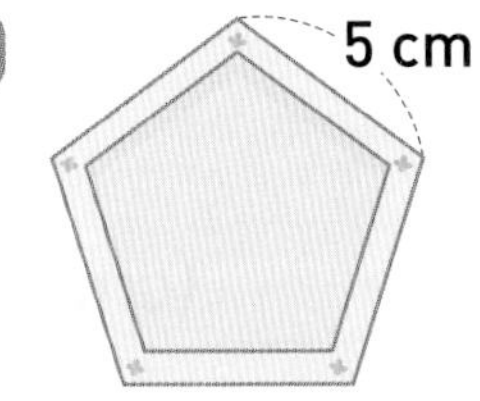

(　　　　　　　　　　)

16

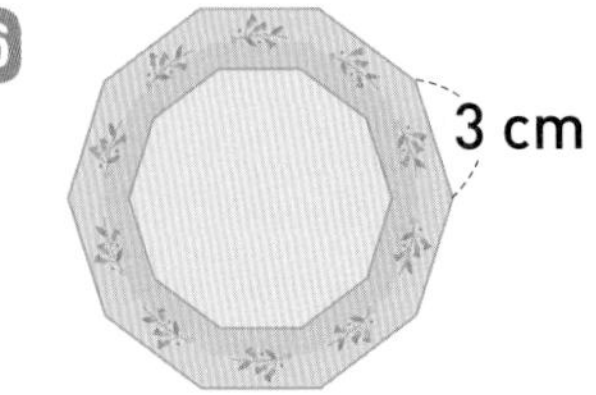

(　　　　　　　　　　)

◈ 정다각형의 둘레를 구하세요.

17 한 변의 길이가 6 cm인 정오각형

( )

18 한 변의 길이가 8 cm인 정육각형

( )

19 한 변의 길이가 2 cm인 정십각형

( )

20 한 변의 길이가 8 cm인 정팔각형

( )

◈ 둘레가 더 짧은 것의 기호를 쓰세요.

21
㉠ 한 변의 길이가 12 cm인 정삼각형
㉡ 한 변의 길이가 10 cm인 정사각형

( )

22
㉠ 한 변의 길이가 10 cm인 정오각형
㉡ 한 변의 길이가 7 cm인 정육각형

( )

23
㉠ 한 변의 길이가 9 cm인 정칠각형
㉡ 한 변의 길이가 6 cm인 정십각형

( )

◈ 정다각형의 둘레가 다음과 같을 때 ☐ 안에 알맞은 수를 써넣으세요.

24

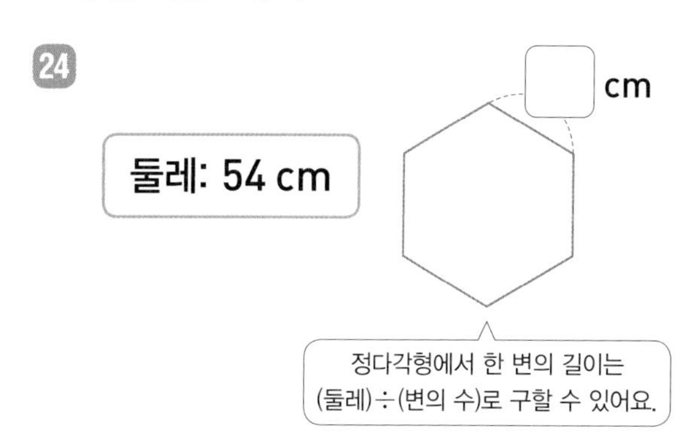

25

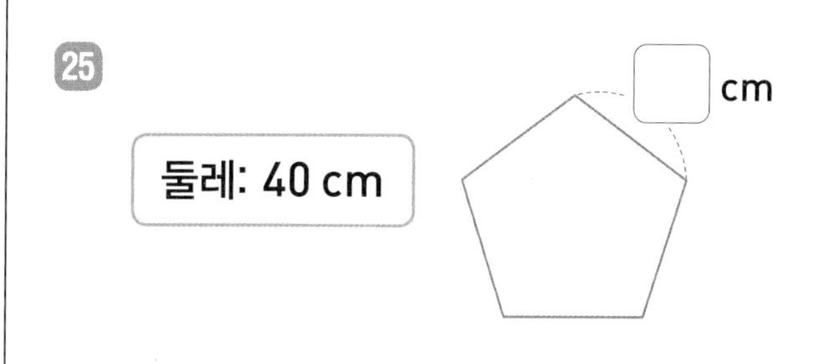

26

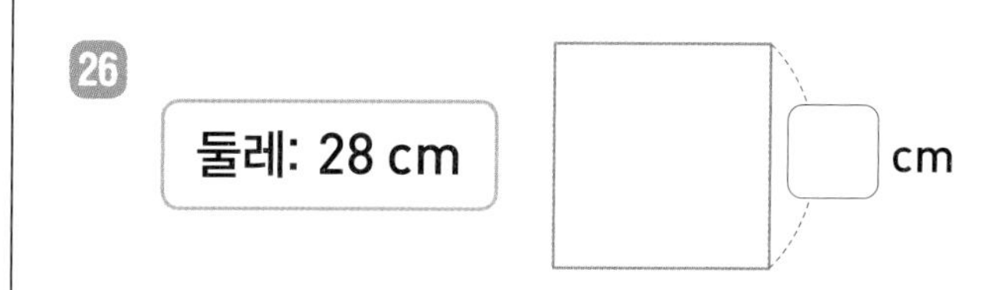

문장제 + 연산

27 한 변의 길이가 15 cm인 정사각형 모양의 색종이가 있습니다. 이 색종이의 둘레는 몇 cm일까요?

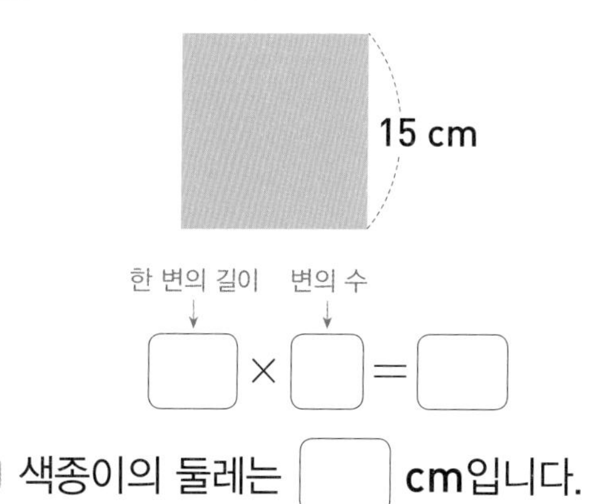

답 색종이의 둘레는 ☐ cm입니다.

6 단원

정답 20쪽

앞면과 뒷면의 색이 같은 카드가 있습니다. 보기 와 같이 2장의 카드를 뽑아 만든 정다각형의 둘레를 구하세요.

보기

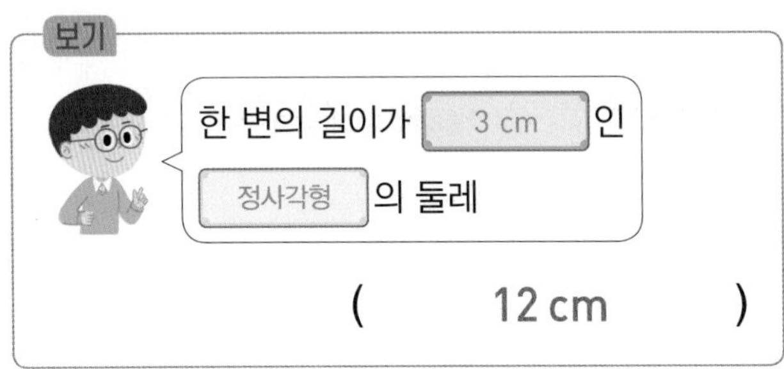

(12 cm)

28

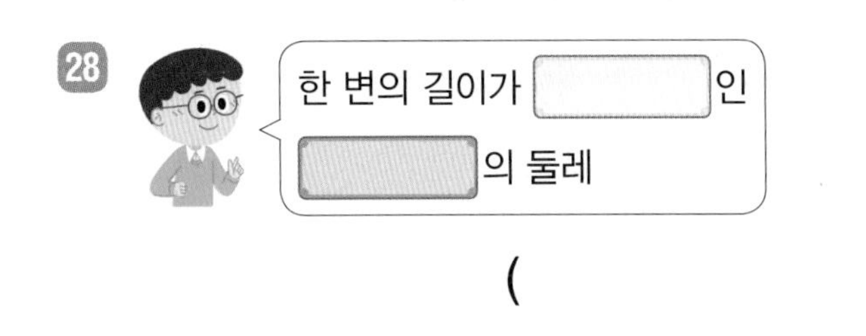

( )

29

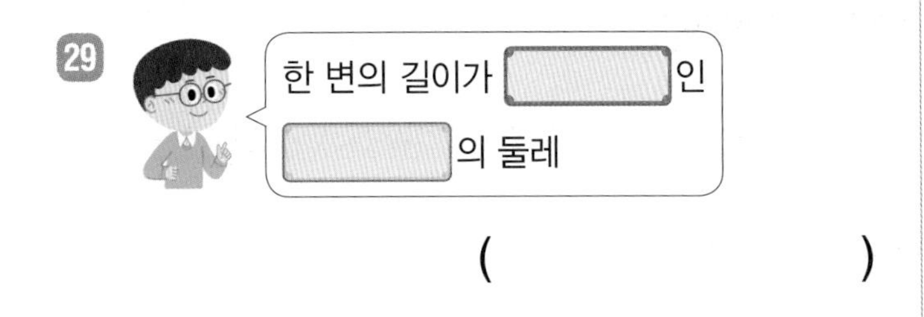

( )

30

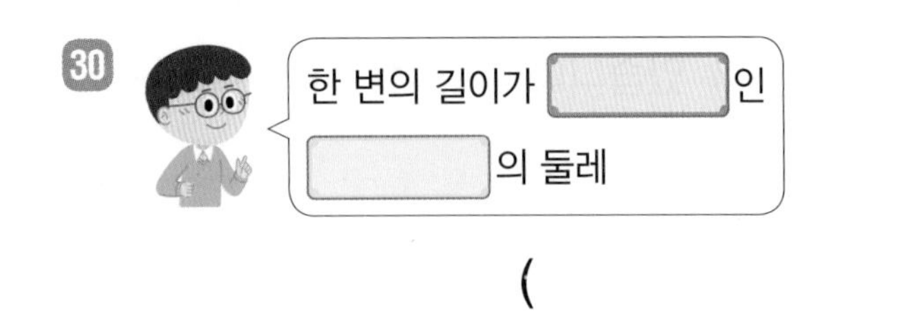

( )

31

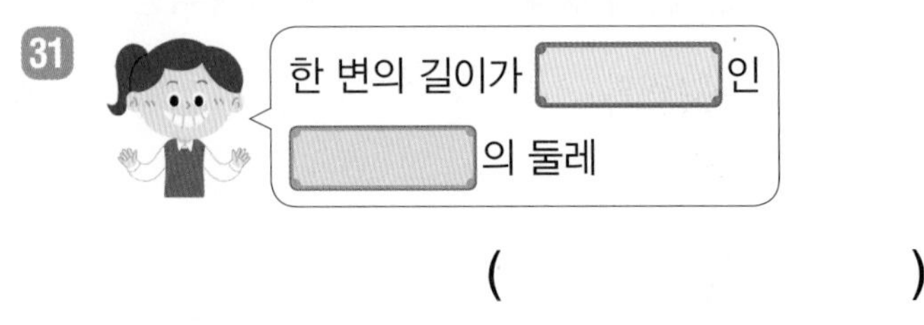

( )

32

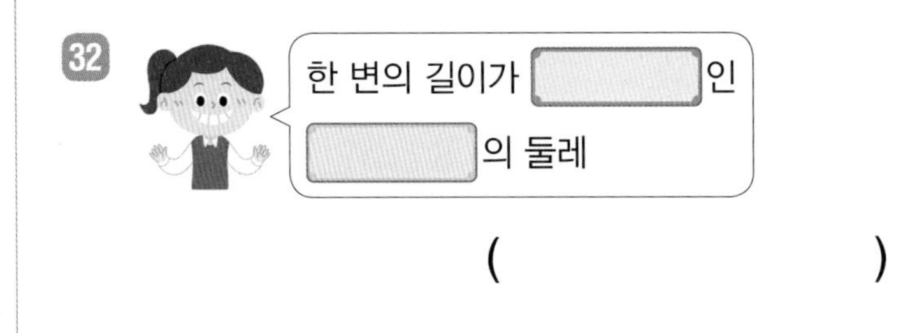

( )

33

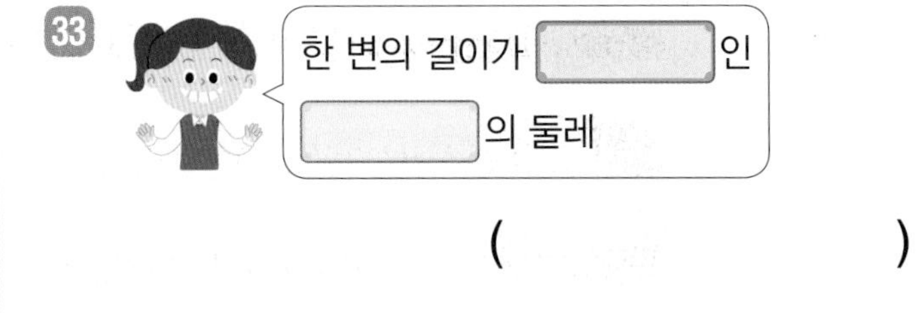

( )

34

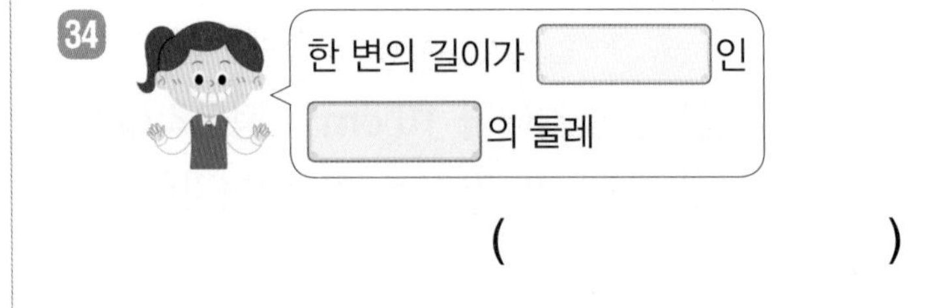

( )

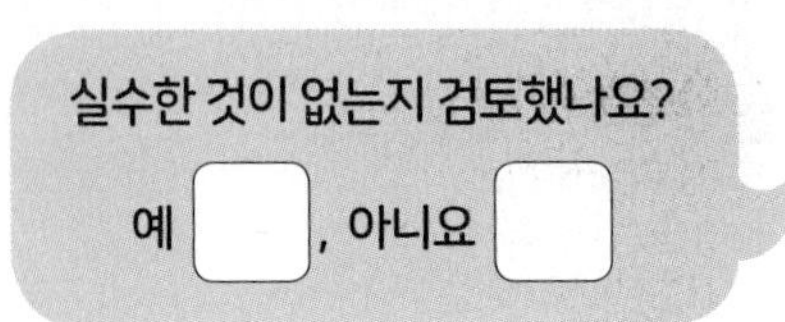

33회 개념 사각형의 둘레

(직사각형의 둘레)
=(가로+세로)×2

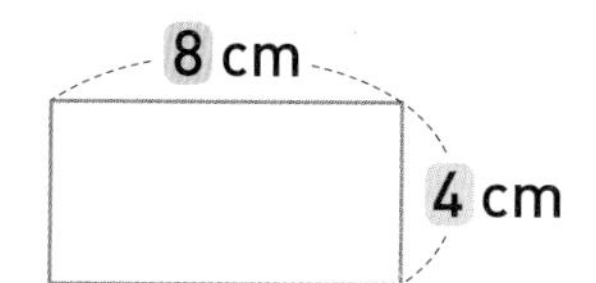

(직사각형의 둘레)
=(8+4)×2=24 (cm)

(평행사변형의 둘레)
=(한 변의 길이+다른 변의 길이)×2

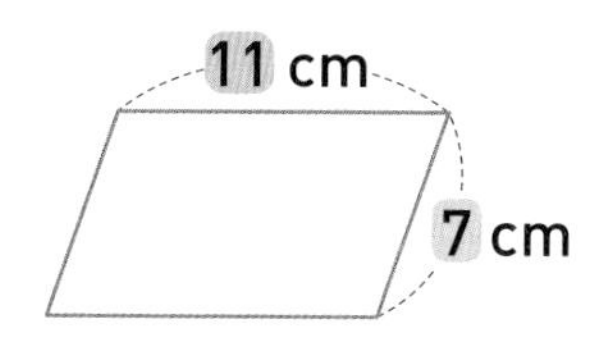

(평행사변형의 둘레)
=(11+7)×2=36 (cm)

(마름모의 둘레)
=(한 변의 길이)×4

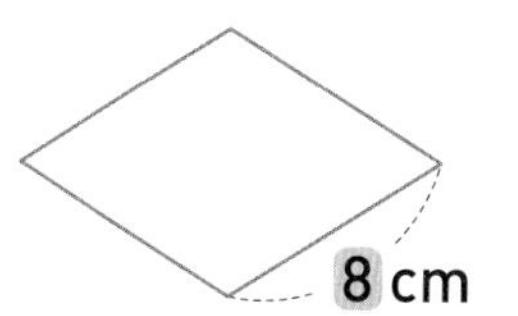

(마름모의 둘레)
=8×4=32 (cm)

◆ 사각형의 둘레를 구하세요.

1

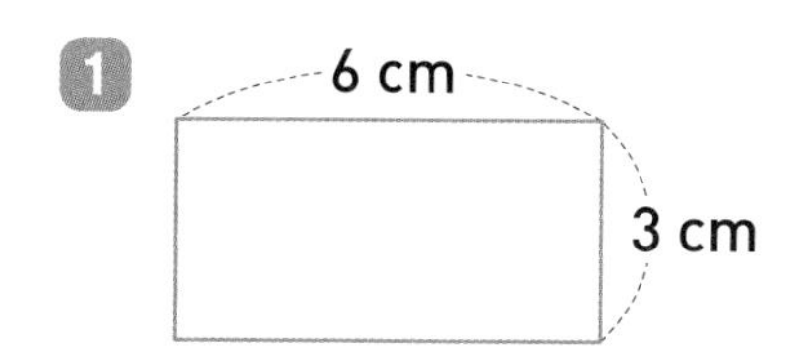

(직사각형의 둘레)
=(☐+☐)×☐=☐ (cm)

2

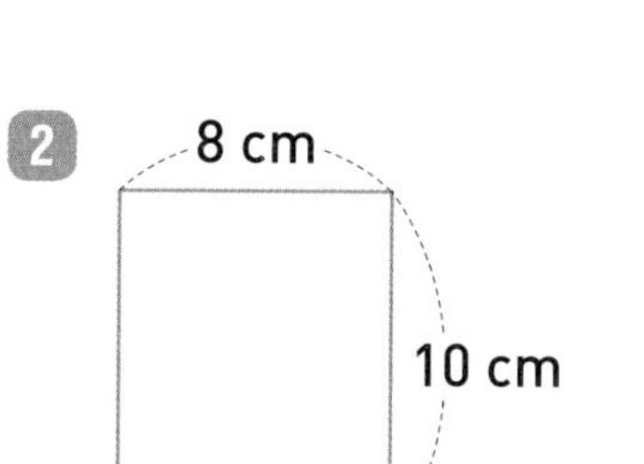

(직사각형의 둘레)
=(☐+☐)×☐=☐ (cm)

3

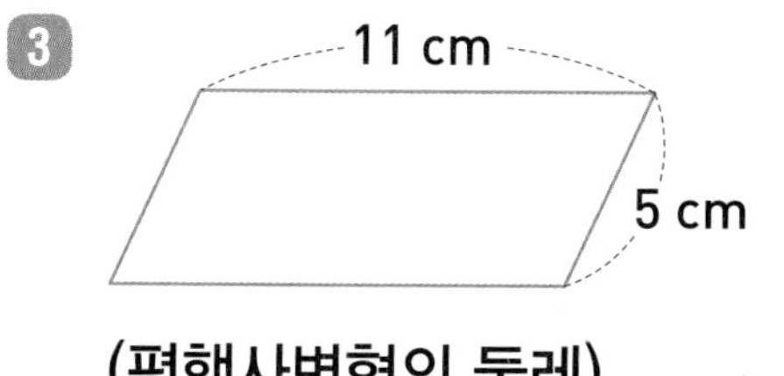

(평행사변형의 둘레)
=(☐+☐)×☐=☐ (cm)

◆ 사각형의 둘레를 구하세요.

4

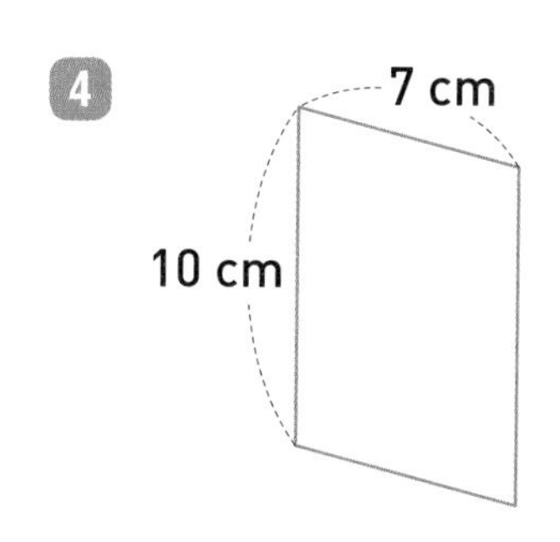

(평행사변형의 둘레)
=(☐+☐)×☐=☐ (cm)

5

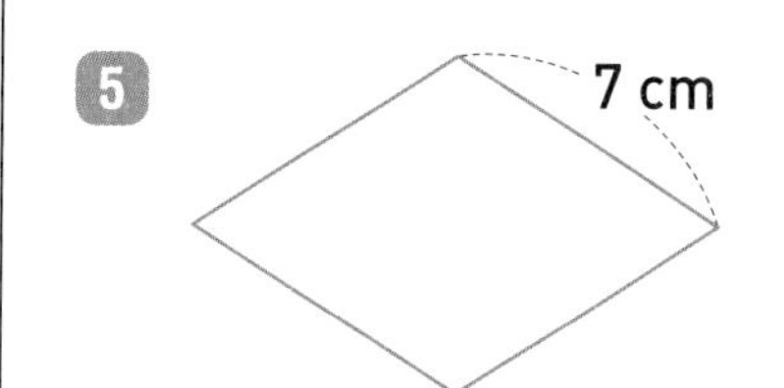

(마름모의 둘레)
=☐×☐=☐ (cm)

6

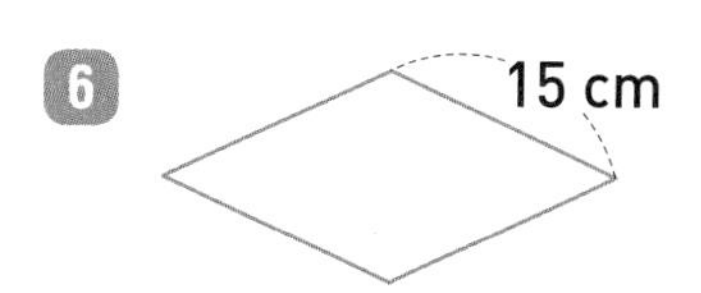

(마름모의 둘레)
=☐×☐=☐ (cm)

6 단원
정답 20쪽

사각형의 둘레를 구하세요.

7
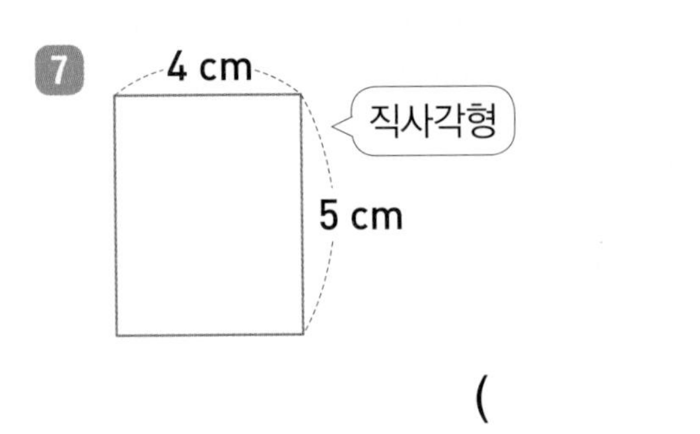

(   )

8
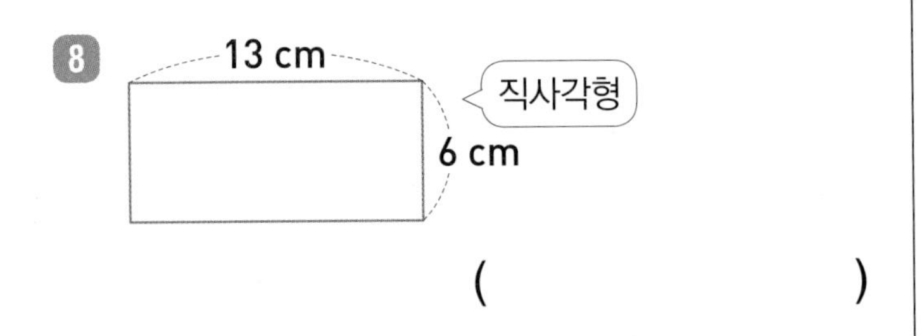

(   )

9
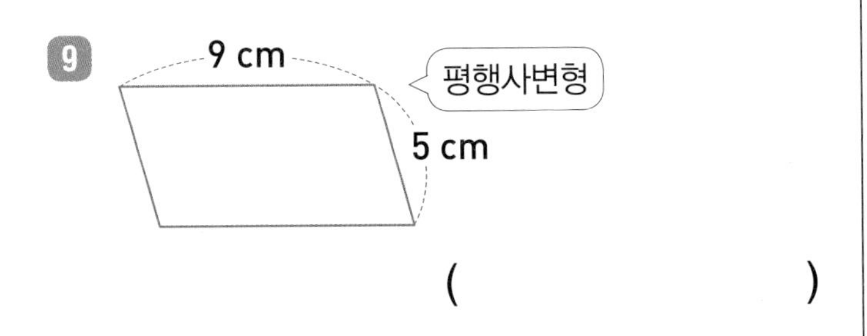

(   )

10
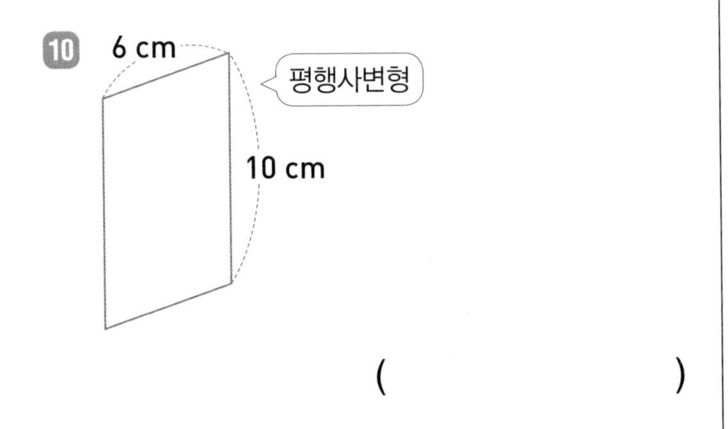

(   )

11
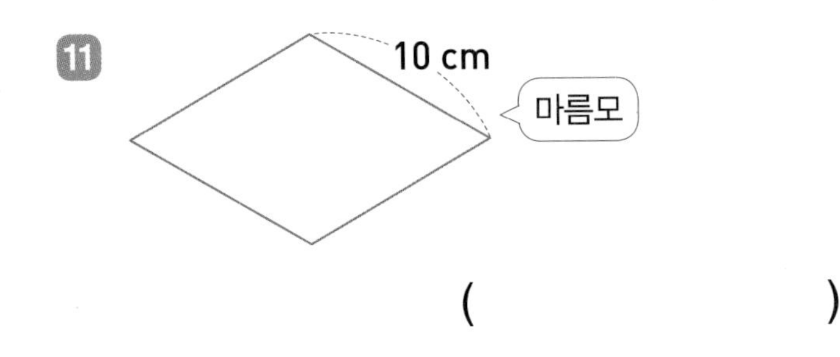

(   )

사각형 모양 꽃밭의 둘레를 구하세요.

12
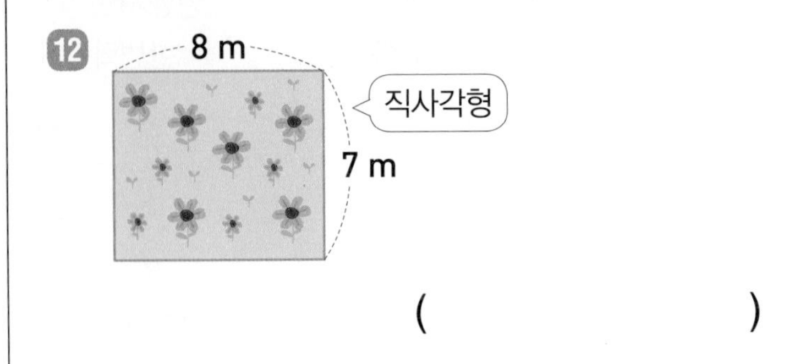

(   )

13
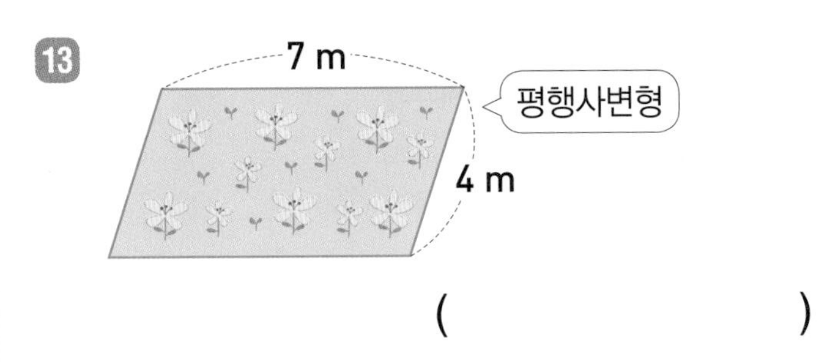

(   )

14
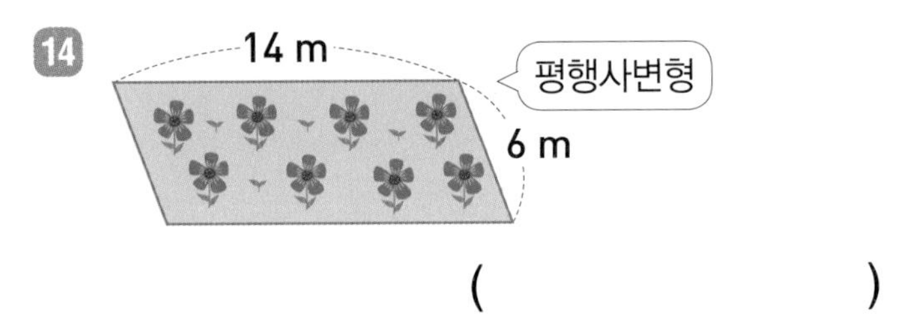

(   )

15
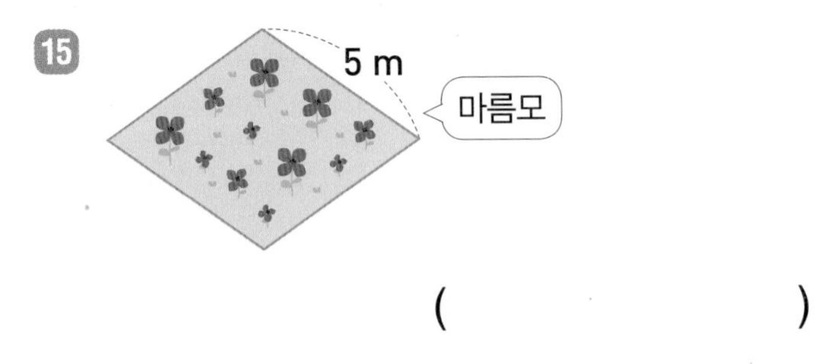

(   )

16
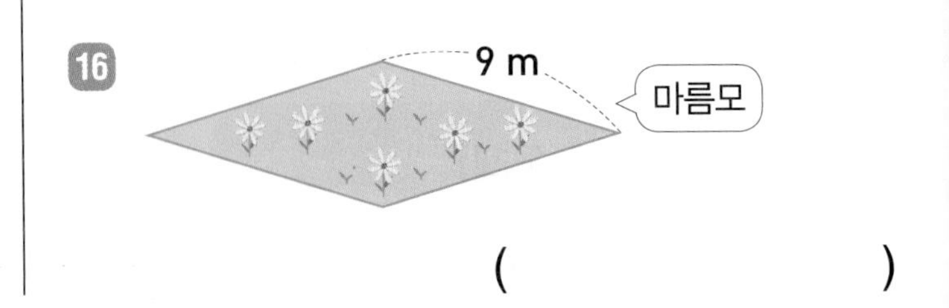

(   )

◆ 직사각형의 둘레를 구하세요.

17 가로가 4 cm, 세로가 3 cm인 직사각형

( )

18 가로가 5 cm, 세로가 7 cm인 직사각형

( )

19 가로가 6 cm, 세로가 2 cm인 직사각형

( )

20 가로가 3 cm, 세로가 7 cm인 직사각형

( )

◆ 마름모의 둘레를 구하세요.

21 한 변의 길이가 8 cm인 마름모

( )

22 한 변의 길이가 6 cm인 마름모

( )

23 한 변의 길이가 13 cm인 마름모

( )

24 한 변의 길이가 14 cm인 마름모

( )

◆ 둘레가 더 긴 평행사변형에 ○표 하세요.

25

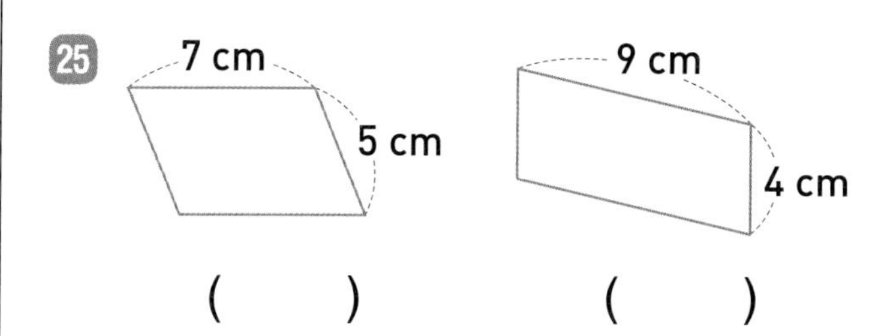

( ) ( )

26

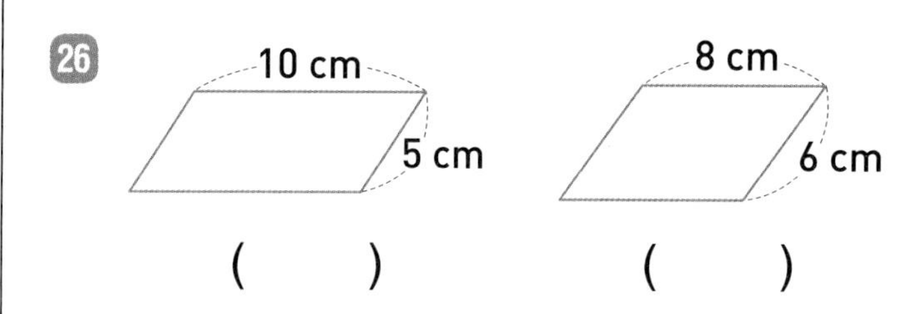

( ) ( )

27

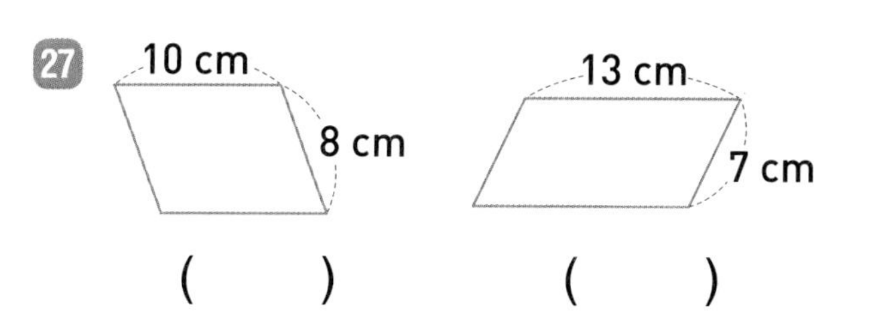

( ) ( )

28

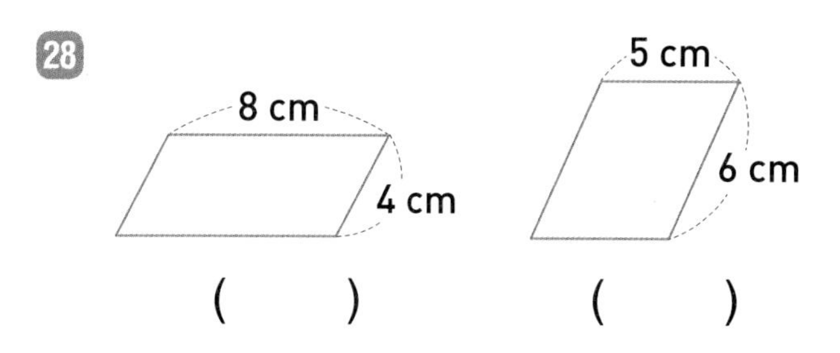

( ) ( )

문장제 + 연산

29 책상 위에 놓인 액자는 가로가 18 cm, 세로가 13 cm인 직사각형 모양입니다. 이 액자의 둘레는 몇 cm일까요?

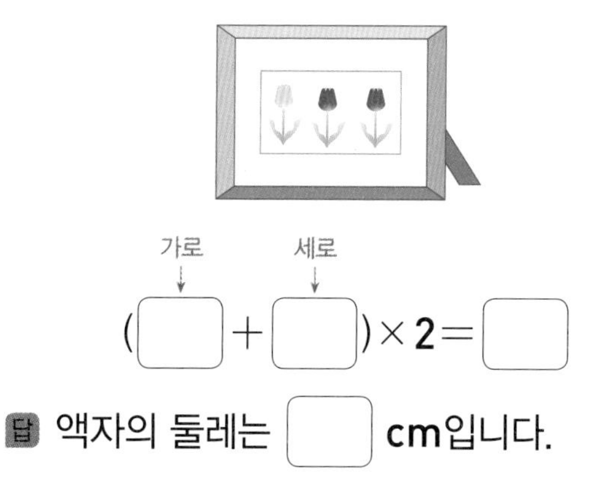

가로 세로

(□ + □) × 2 = □

답 액자의 둘레는 □ cm입니다.

6 단원

정답 20쪽

사각형의 둘레가 적힌 열쇠로 사물함을 열 수 있습니다. 사물함을 열 수 있는 열쇠를 찾아 ○표 하세요.

30
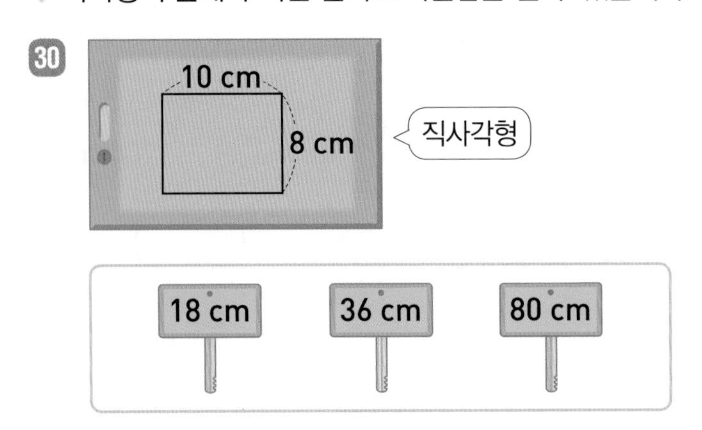

31
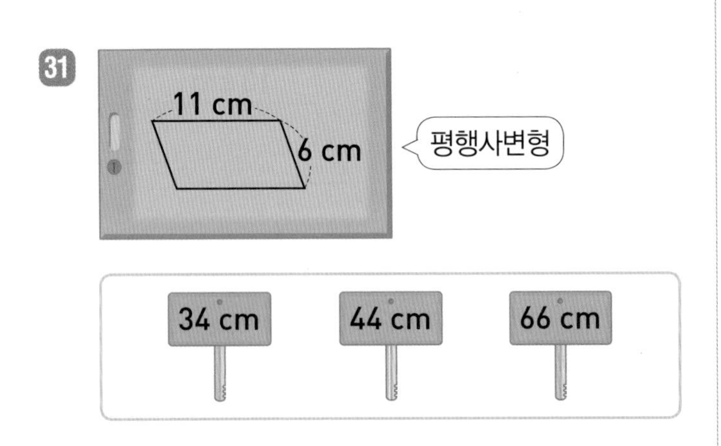

32
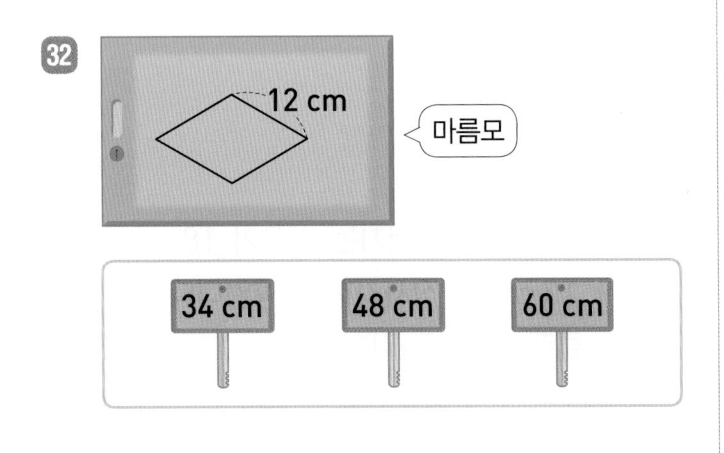

33
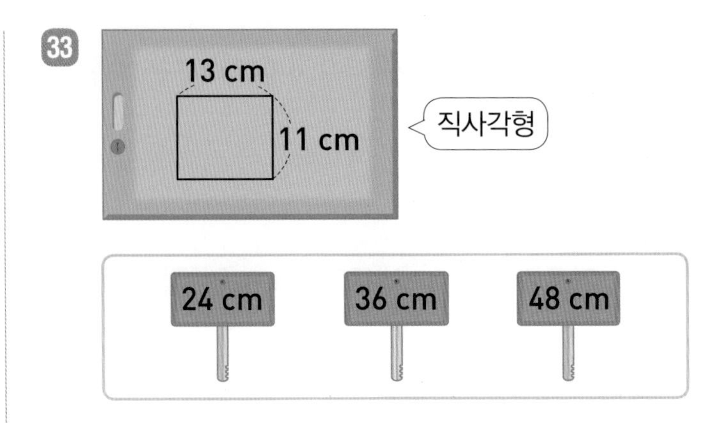

34
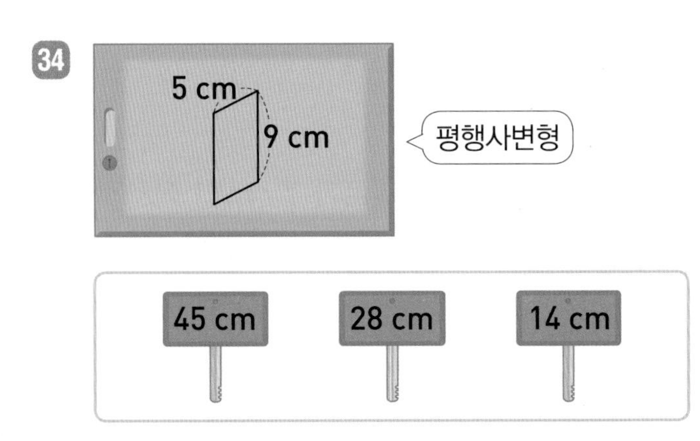

35
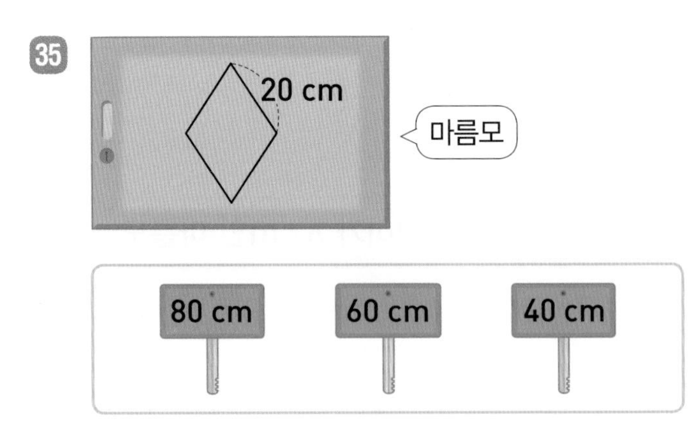

34회 개념 넓이의 단위 cm^2, m^2, km^2

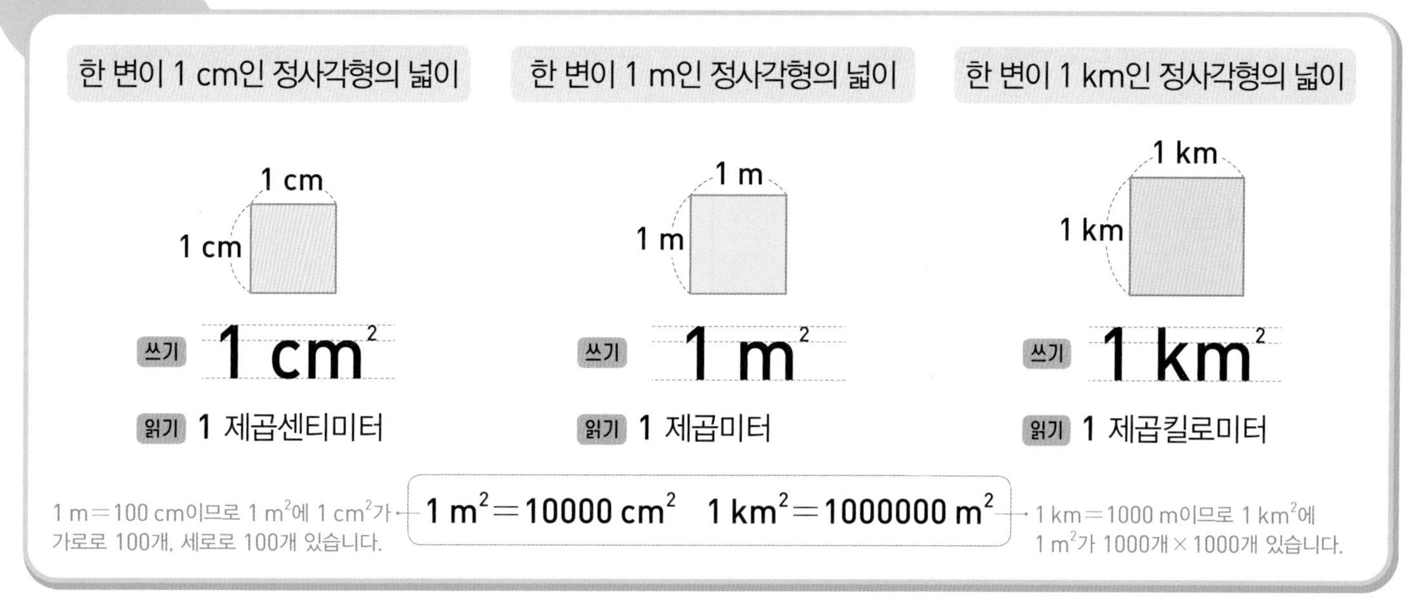

◆ 주어진 넓이를 바르게 쓰고, 읽으세요.

1 $3\ cm^2$

쓰기

읽기 (   )

2 $7\ m^2$

쓰기

읽기 (   )

3 $6\ km^2$

쓰기

읽기 (   )

◆ 도형의 넓이를 구하세요.

4 (1 cm²)

1 cm²가 □개 → □ cm^2

5 (1 m²)

1 m²가 □개 → □ m^2

6 (1 m²)

1 m²가 □개 → □ m^2

7 (1 km²)

1 km²가 □개 → □ km^2

6 단원

정답 21쪽

◆ □ 안에 알맞은 수 또는 단위를 써넣으세요.

8 ① $1\ m^2 =$ □ cm^2

② $4\ m^2 =$ □ cm^2

9 ① $20\ m^2 =$ □ cm^2

② $35\ m^2 =$ □ cm^2

10 ① $1\ km^2 =$ □ m^2

② $3\ km^2 =$ □ m^2

11 ① $12\ km^2 =$ □ m^2

② $50\ km^2 =$ □ m^2

12 ① $60000\ cm^2 = 6$ □

② $200000\ cm^2 = 20$ □

13 ① $13000000\ m^2 = 13$ □

② $37000000\ m^2 = 37$ □

◆ 그림을 보고 □ 안에 알맞은 수를 써넣으세요.

14

6 cm

2 cm

$1\ cm^2$가 □개 → □ cm^2

15

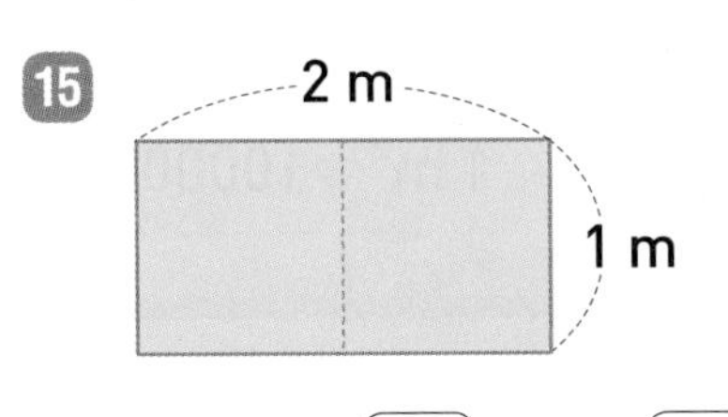

$1\ m^2$가 □개 → □ m^2

16

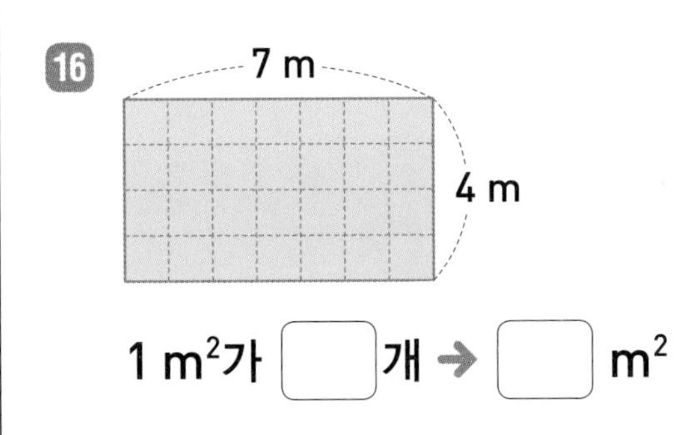

$1\ m^2$가 □개 → □ m^2

17

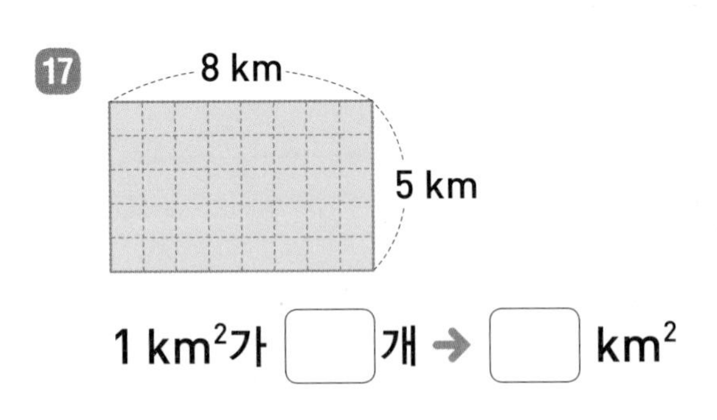

$1\ km^2$가 □개 → □ km^2

18

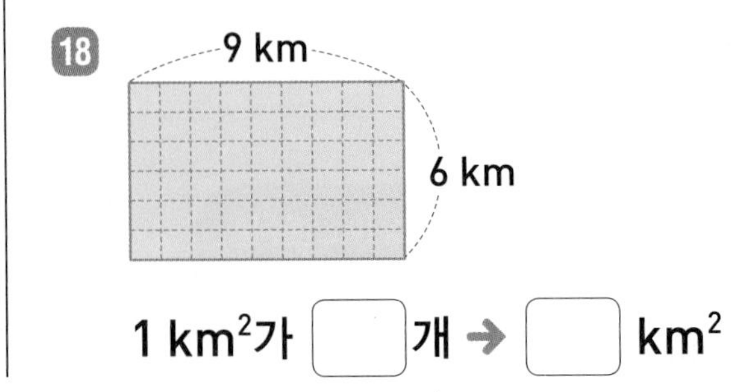

$1\ km^2$가 □개 → □ km^2

표를 완성하세요.

19

지역	넓이(m^2)	넓이(km^2)
대전광역시		539
광주광역시	501000000	

20

지역	넓이(m^2)	넓이(km^2)
서울특별시		605
부산광역시	770000000	

21

지역	넓이(m^2)	넓이(km^2)
울산광역시		1062
제주도	1850000000	

가와 나의 넓이를 비교하세요.

22 (1 cm^2 모눈: 가, 나)

(가 , 나)가 ☐ cm^2만큼 더 넓습니다.

23 (1 cm^2 모눈: 가, 나)

(가 , 나)가 ☐ cm^2만큼 더 넓습니다.

24 (1 cm^2 모눈: 가, 나)

(가 , 나)가 ☐ cm^2만큼 더 넓습니다.

넓이가 가장 넓은 것을 찾아 기호를 쓰세요.

25

㉠ 50000 cm^2 ㉡ 3000 cm^2
㉢ 300000 cm^2 ㉣ 3 m^2

(   )

26

㉠ 7200 m^2 ㉡ 72 km^2
㉢ 7200000 m^2 ㉣ 720000 m^2

(   )

27

㉠ 41000 cm^2 ㉡ 4 m^2
㉢ 401000 cm^2 ㉣ 41 m^2

(   )

28

㉠ 29 km^2 ㉡ 290000 m^2
㉢ 18 km^2 ㉣ 2900000 m^2

(   )

문장제 + 연산

29 은정이의 방은 가로가 4 m, 세로가 3 m입니다. 은정이 방의 넓이는 몇 m^2일까요?

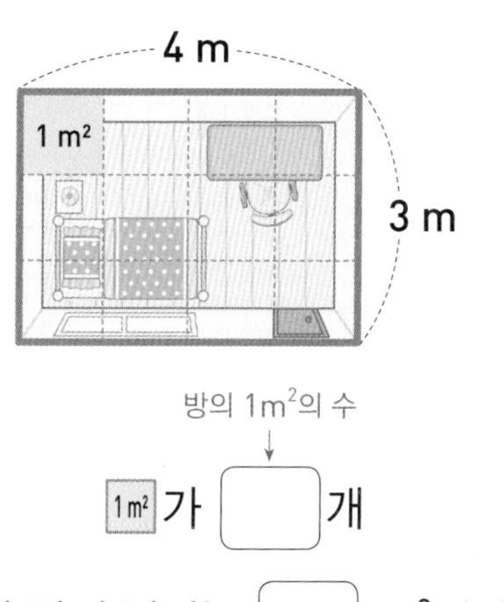

방의 1 m^2의 수

1 m^2가 ☐ 개

답 은정이 방의 넓이는 ☐ m^2입니다.

6 단원

정답 21쪽

조각 채우기 놀이를 하고 있습니다. 가장 넓은 칸을 차지한 친구의 이름을 쓰고, 그 칸의 넓이를 구하세요.

30

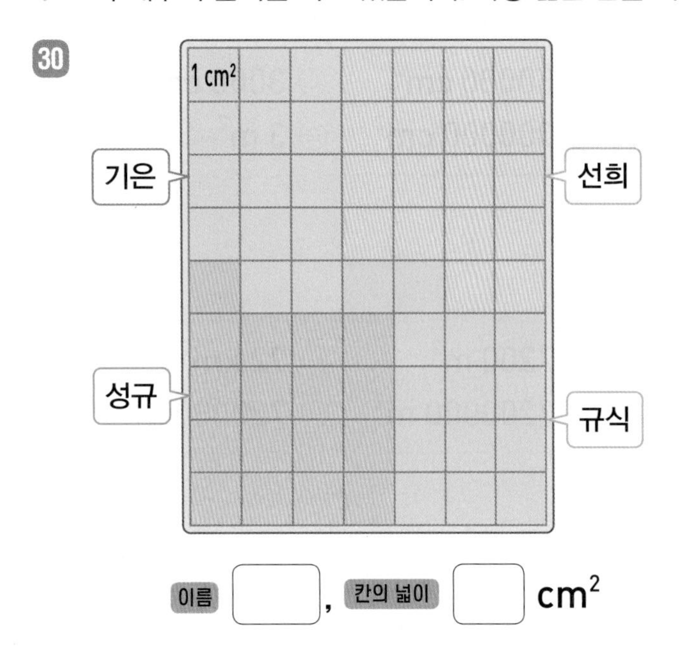

이름 [ ], 칸의 넓이 [ ] cm^2

32

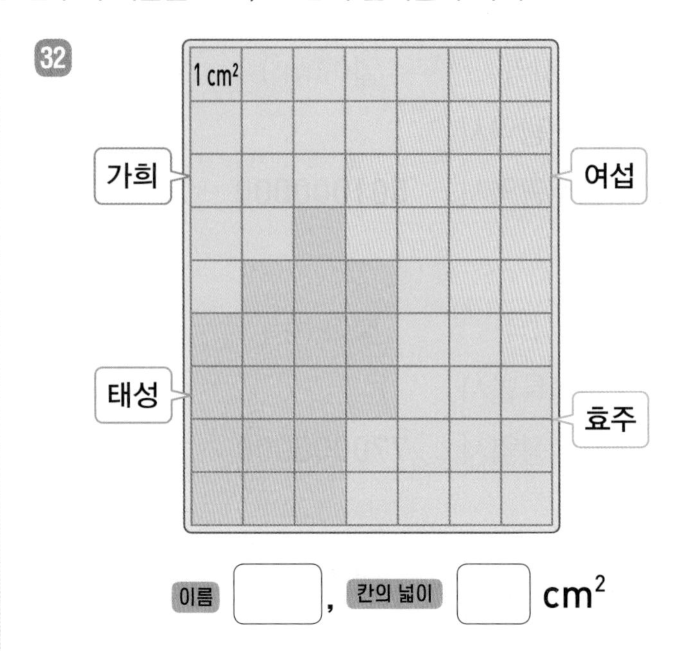

이름 [ ], 칸의 넓이 [ ] cm^2

31

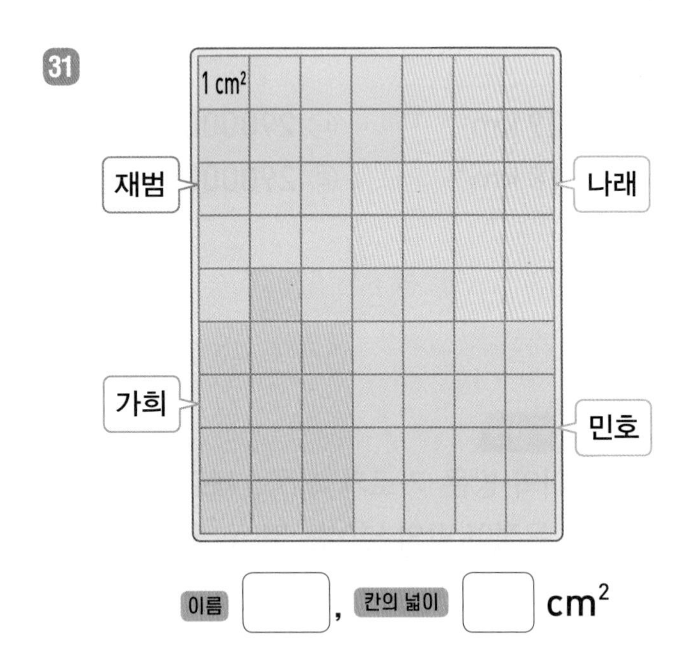

이름 [ ], 칸의 넓이 [ ] cm^2

33

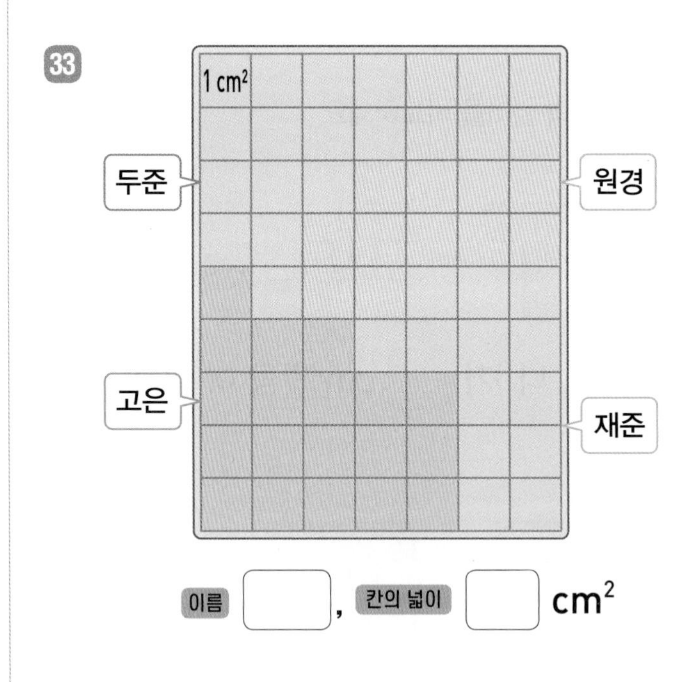

이름 [ ], 칸의 넓이 [ ] cm^2

35회 개념 직사각형의 넓이

1 cm² 가 직사각형의 가로에 ■개, 세로에 ▲개 있으면 직사각형에 있는 1 cm² 는 모두 (■×▲)개입니다.

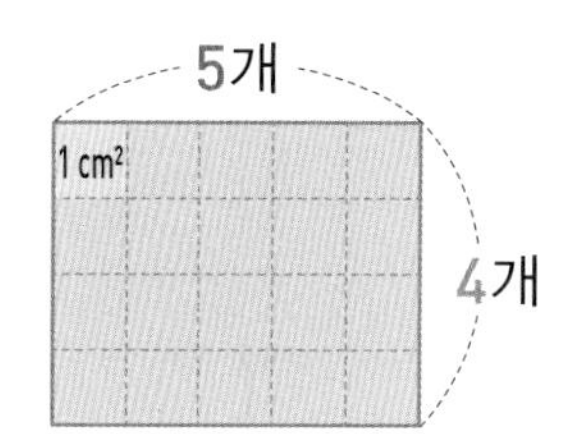

1 cm² 의 개수: 5×4=20(개)

→ 직사각형의 넓이: 20 cm^2

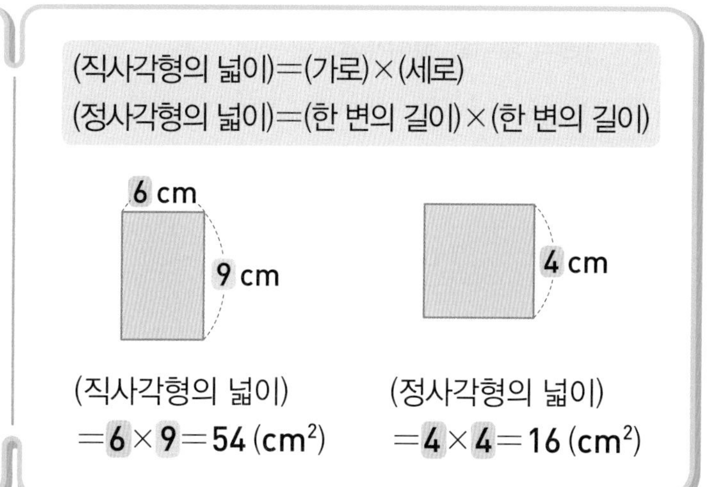

◈ 직사각형의 넓이를 구하는 방법을 알아보려고 합니다. ☐ 안에 알맞은 수를 써넣으세요.

1

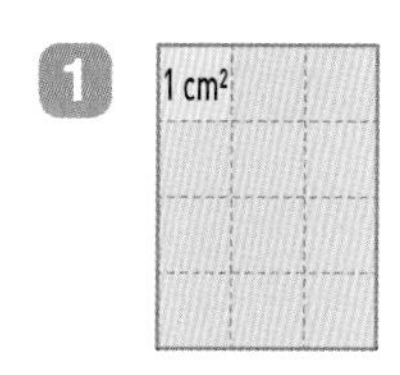

1 cm² 가 모두 ☐×☐=☐(개)

→ 직사각형의 넓이: ☐ cm^2

2

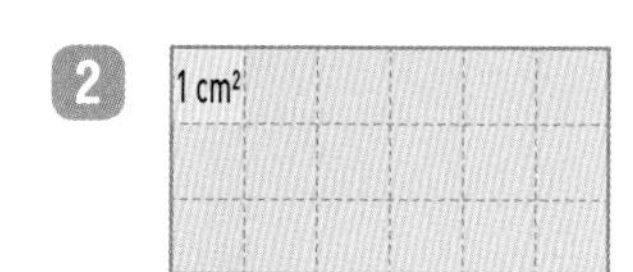

1 cm² 가 모두 ☐×☐=☐(개)

→ 직사각형의 넓이: ☐ cm^2

3

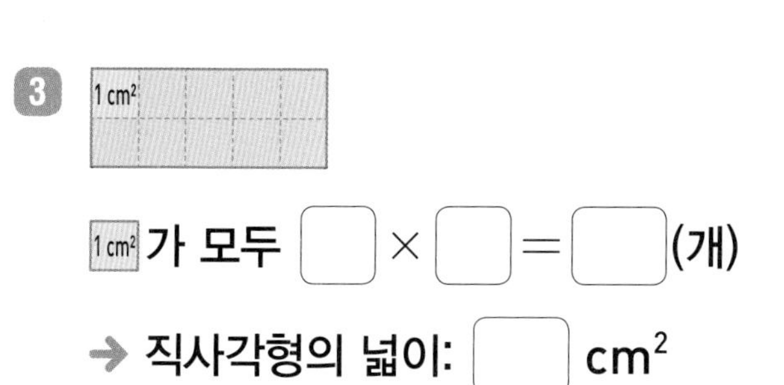

1 cm² 가 모두 ☐×☐=☐(개)

→ 직사각형의 넓이: ☐ cm^2

◈ 직사각형의 넓이를 구하세요.

4

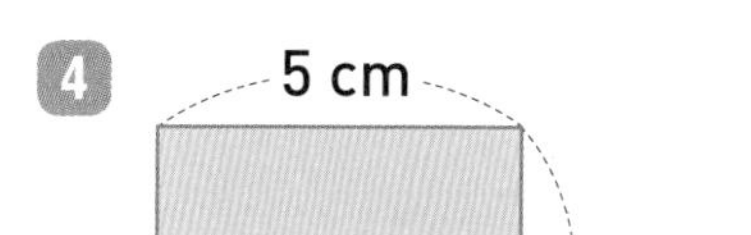

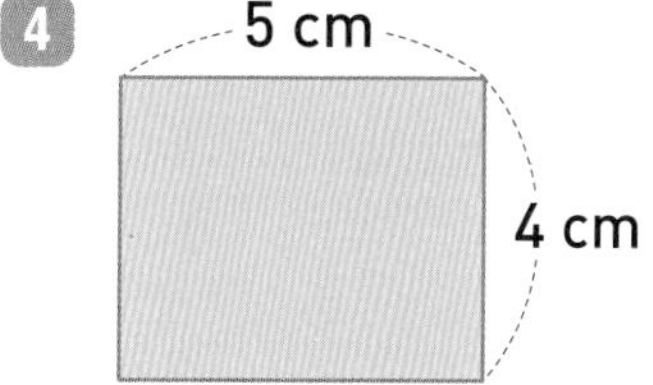

(직사각형의 넓이)

=☐×☐=☐ (cm^2)

5

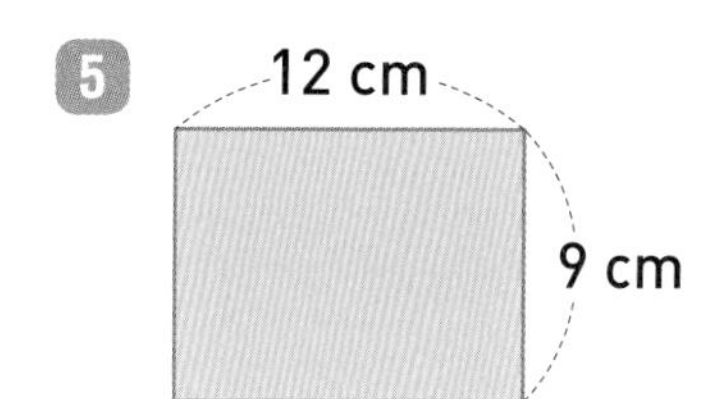

(직사각형의 넓이)

=☐×☐=☐ (cm^2)

6

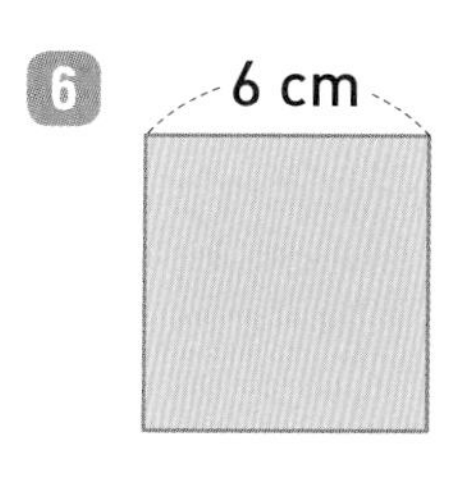

(정사각형의 넓이)

=☐×☐=☐ (cm^2)

6 단원

정답 21쪽

◆ 직사각형의 넓이를 구하세요.

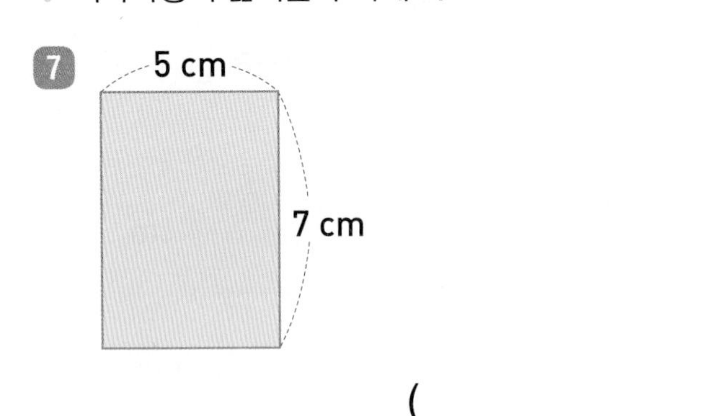

( )

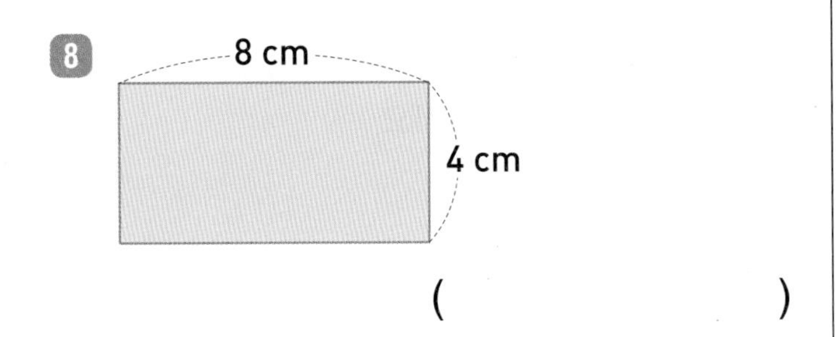

( )

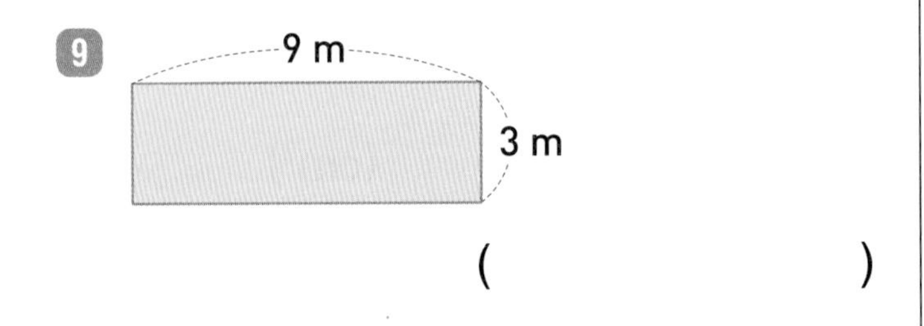

( )

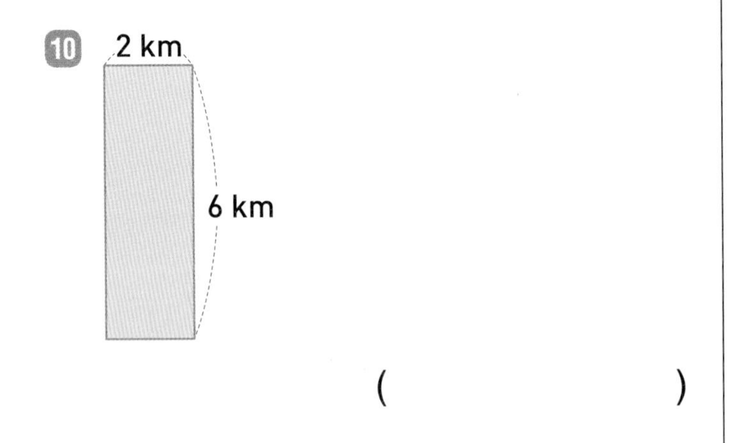

( )

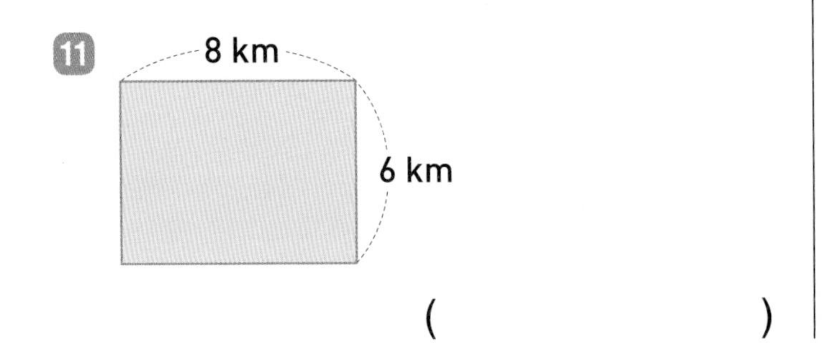

( )

◆ 정사각형의 넓이를 구하세요.

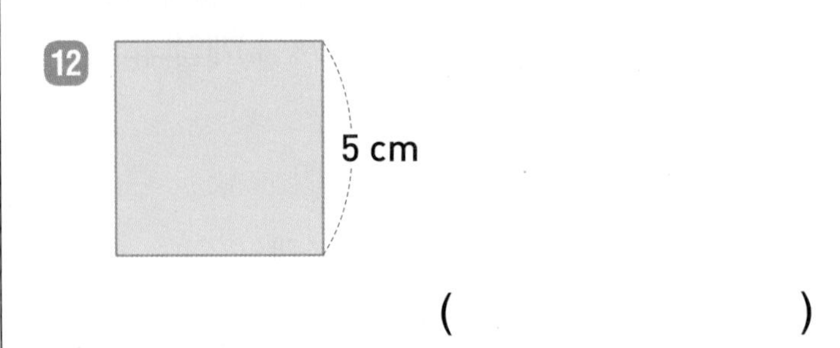

( )

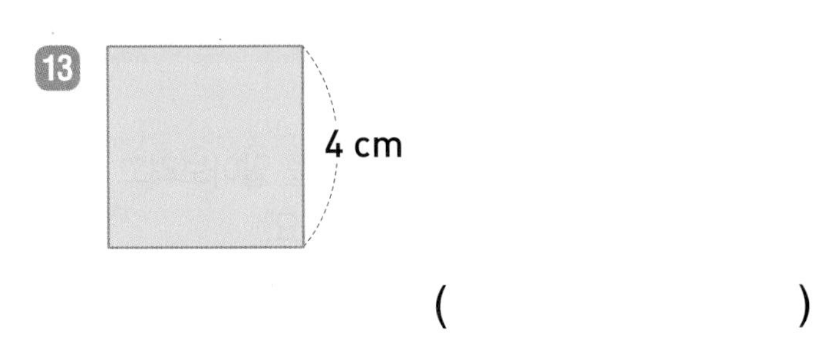

( )

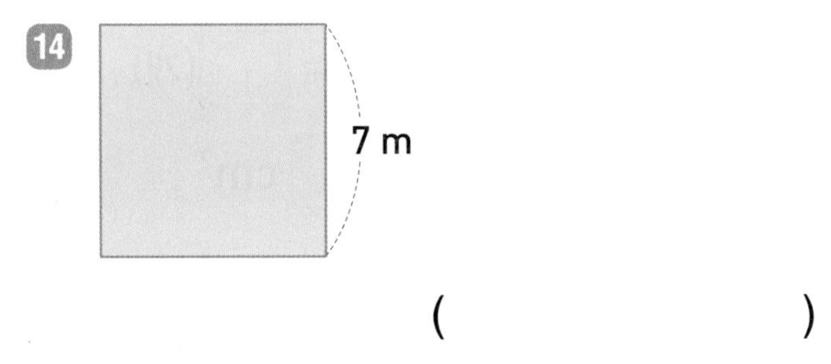

( )

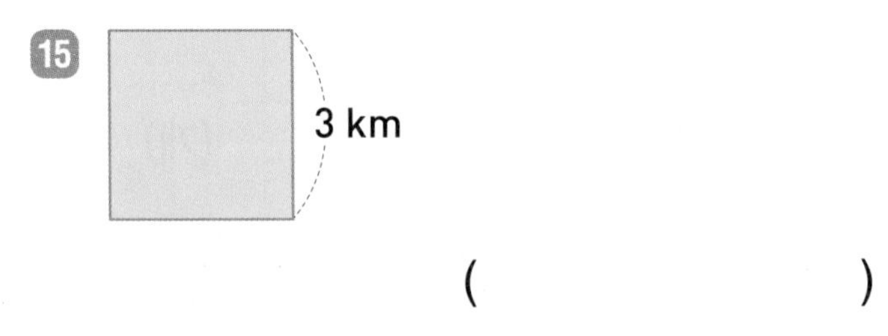

( )

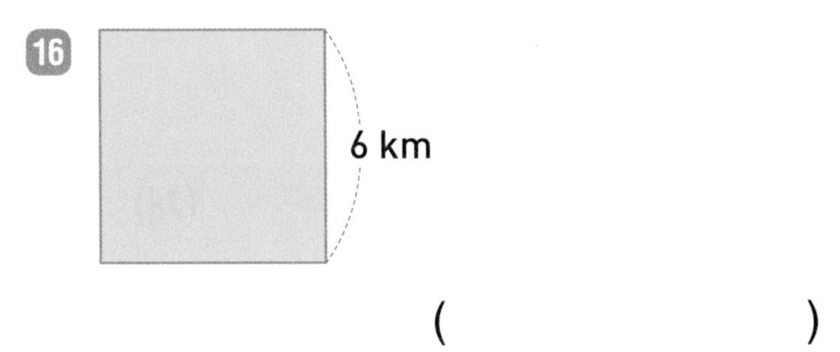

( )

◈ 표를 완성하세요.

17

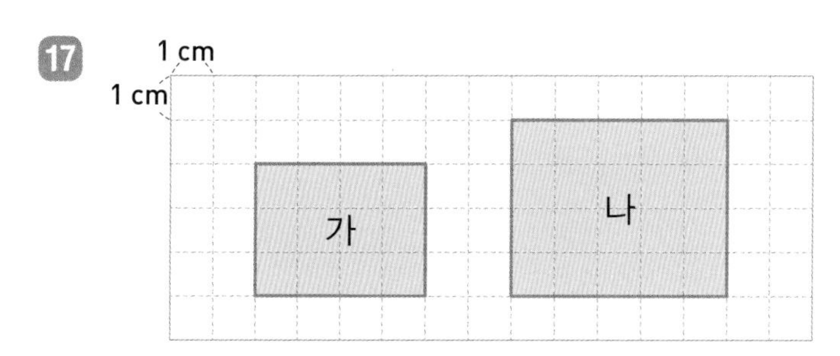

	가로(cm)	세로(cm)	넓이(cm^2)
가			
나			

18

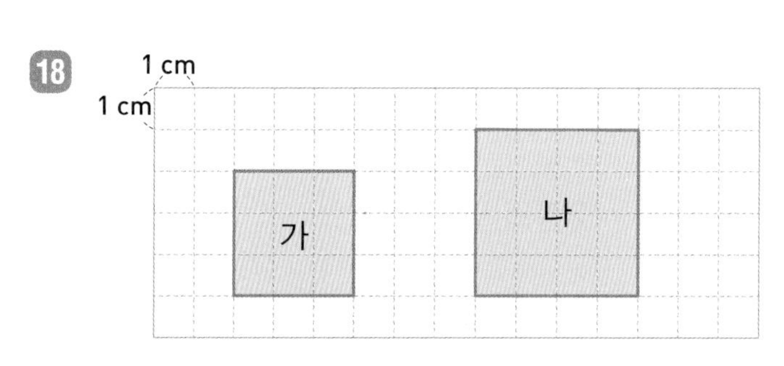

	가로(cm)	세로(cm)	넓이(cm^2)
가			
나			

◈ 넓이가 더 넓은 직사각형의 기호를 쓰세요.

19

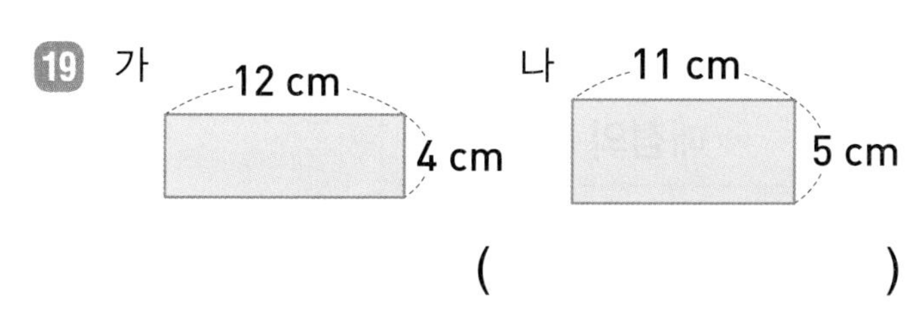

( )

20

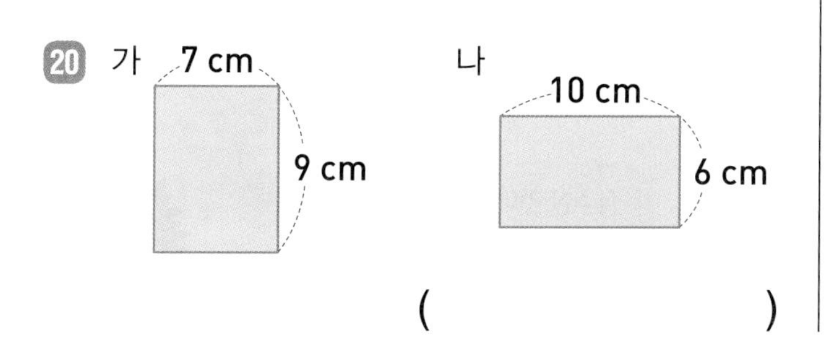

( )

◈ 직사각형의 넓이가 다음과 같을 때 □ 안에 알맞은 수를 써넣으세요.

21

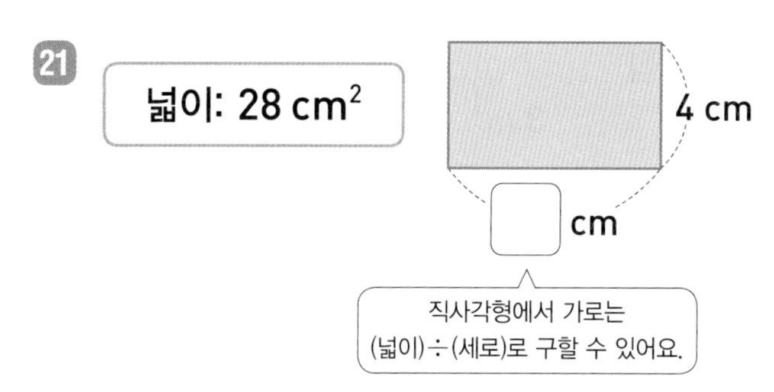

22

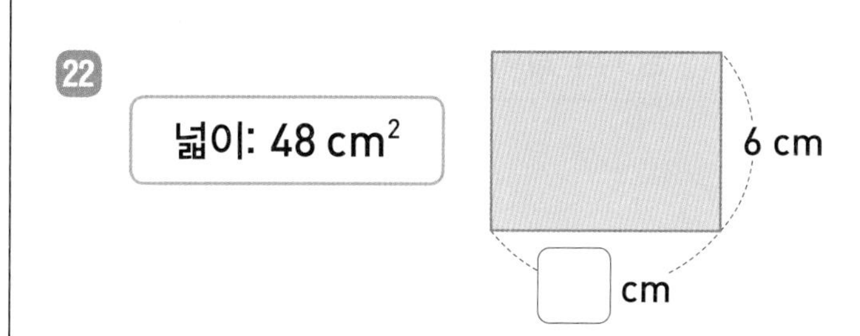

23

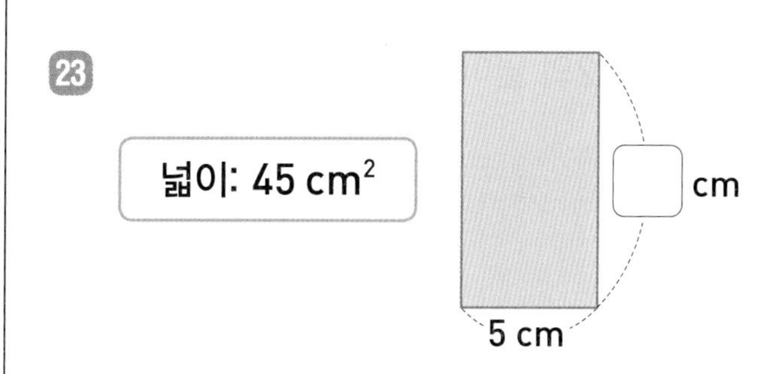

문장제 + 연산

24 가로가 8 cm, 세로가 12 cm인 직사각형 모양의 수첩이 있습니다. 이 수첩의 넓이는 몇 cm^2일까요?

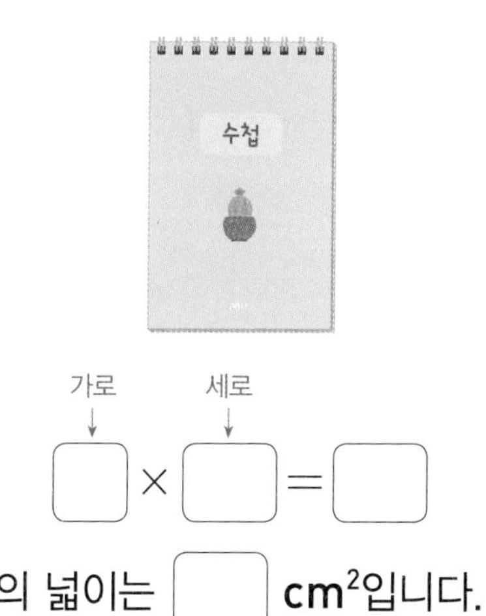

가로 세로

□ × □ = □

답 수첩의 넓이는 □ cm^2입니다.

6 단원

정답 21쪽

◈ 집과 박물관을 위에서 바라본 모습을 그렸습니다. 그린 그림에서 직사각형 모양 공간의 넓이를 구하세요.

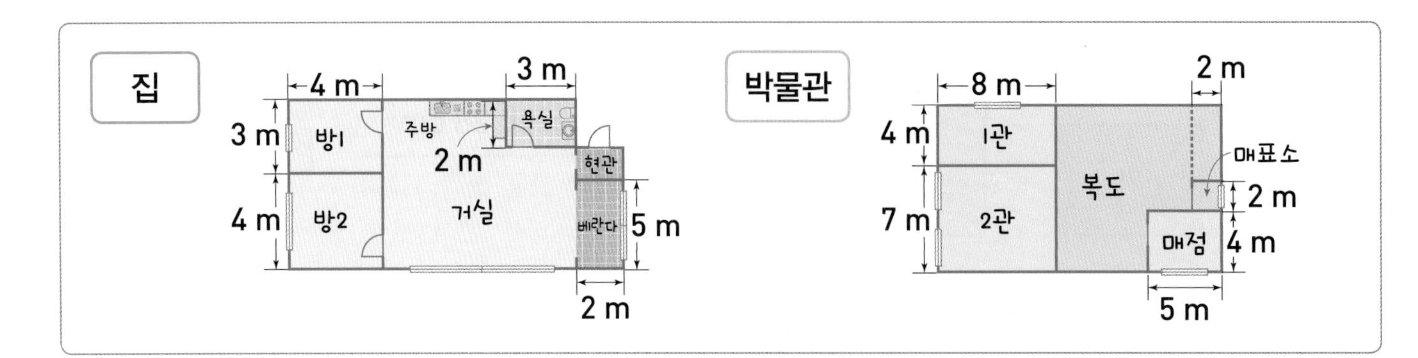

25 방1의 넓이

( )

26 방2의 넓이

( )

27 욕실의 넓이

( )

28 베란다의 넓이

( )

29 1관의 넓이

( )

30 2관의 넓이

( )

31 매표소의 넓이

( )

32 매점의 넓이

( )

실수한 것이 없는지 검토했나요?

예 ☐, 아니요 ☐

36회 개념 평행사변형의 넓이

평행사변형을 잘라 반대쪽에 붙이면 직사각형이 만들어집니다.

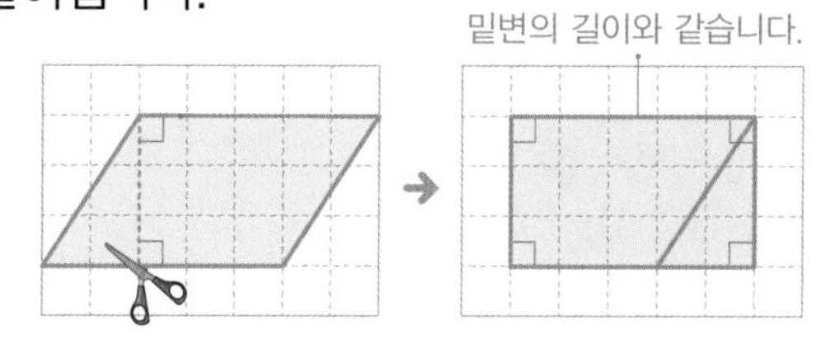

(평행사변형의 넓이)=(직사각형의 넓이)
=(가로)×(세로)
=(밑변의 길이)×(높이)

(평행사변형의 넓이)=(밑변의 길이)×(높이)

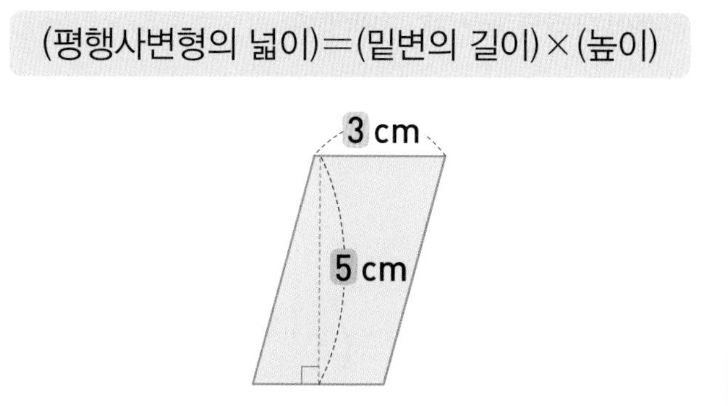

(평행사변형의 넓이)
$=3\times5=15$ (cm^2)

◈ 평행사변형의 넓이를 구하는 방법을 알아보려고 합니다. 그림을 보고 ☐ 안에 알맞은 수를 써넣으세요.

1

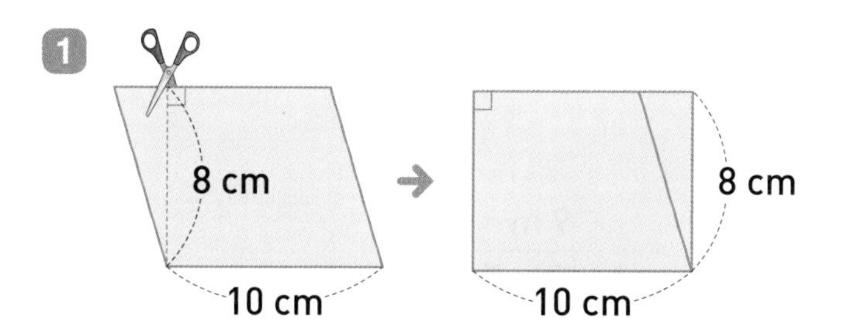

(평행사변형의 넓이)
=(직사각형의 넓이)
=(가로)×(세로)
=☐×☐=☐ (cm^2)

2

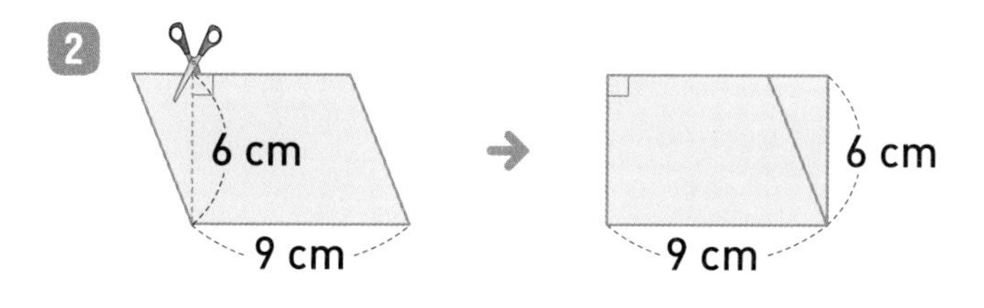

(평행사변형의 넓이)
=(직사각형의 넓이)
=(가로)×(세로)
=☐×☐=☐ (cm^2)

◈ 평행사변형의 넓이를 구하세요.

3

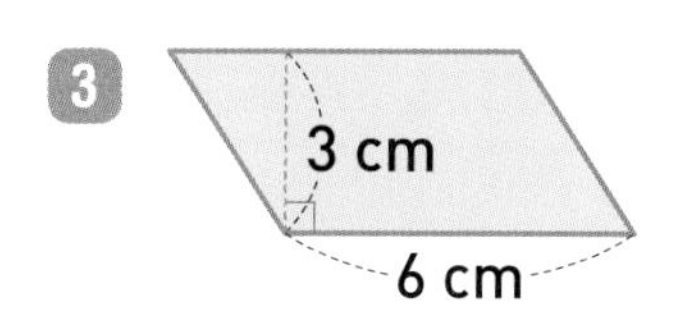

(평행사변형의 넓이)
=6×☐=☐ (cm^2)

4

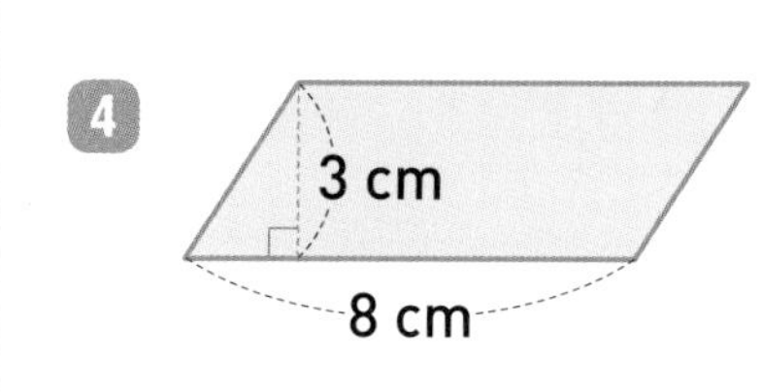

(평행사변형의 넓이)
=☐×3=☐ (cm^2)

5

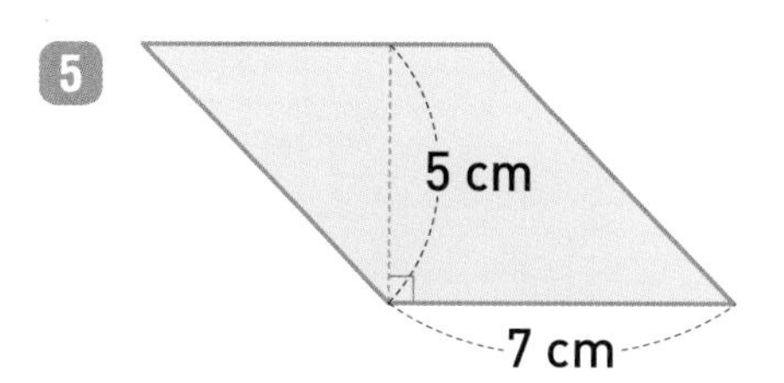

(평행사변형의 넓이)
=☐×☐=☐ (cm^2)

6 단원

정답 21쪽

평행사변형의 넓이

◆ 평행사변형의 넓이를 구하세요.

6

5 cm
4 cm

(　　　　　　　　)

7

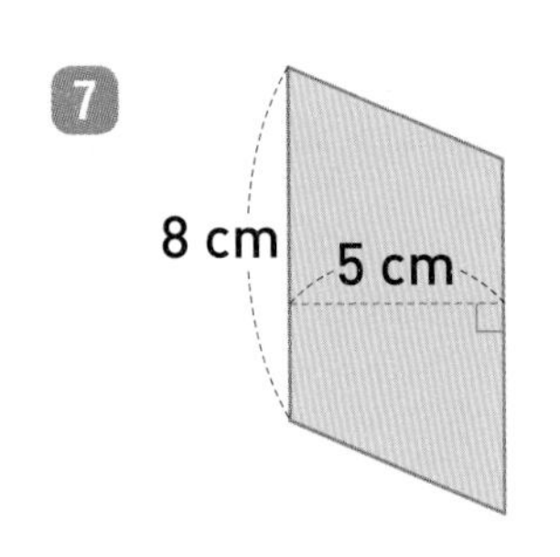

(　　　　　　　　)

8

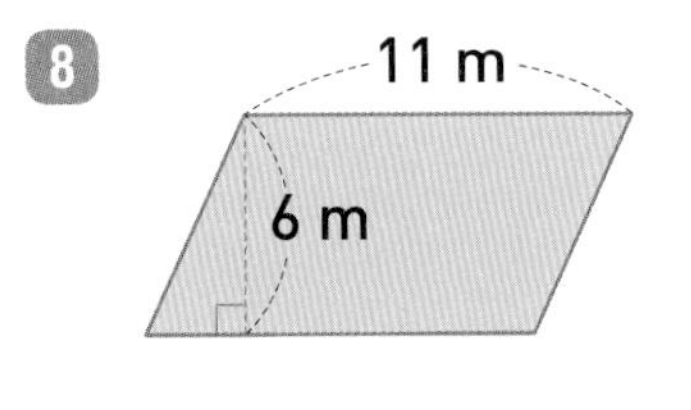

(　　　　　　　　)

9

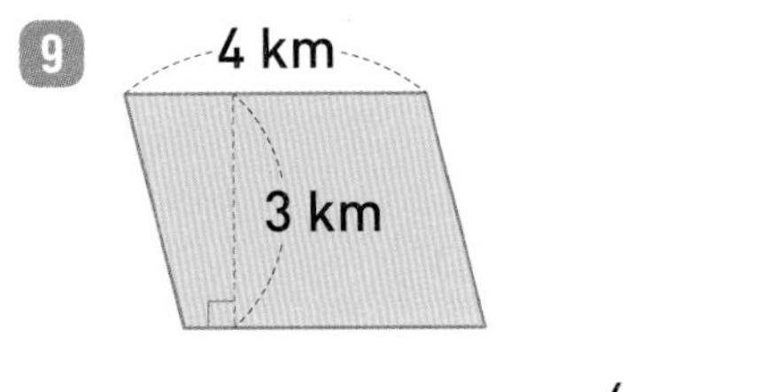

(　　　　　　　　)

10

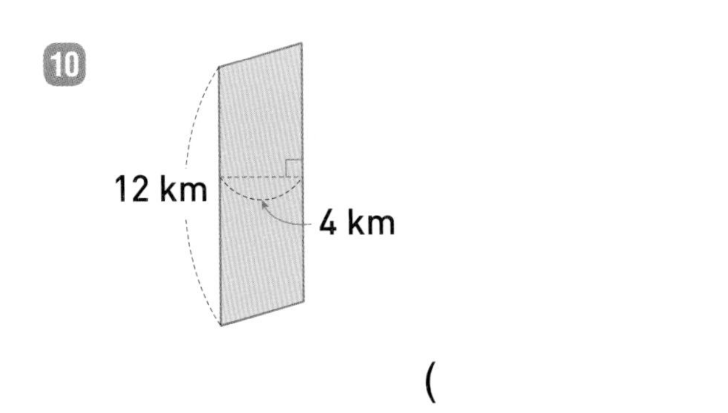

(　　　　　　　　)

◆ 평행사변형 모양 밭의 넓이를 구하세요.

11

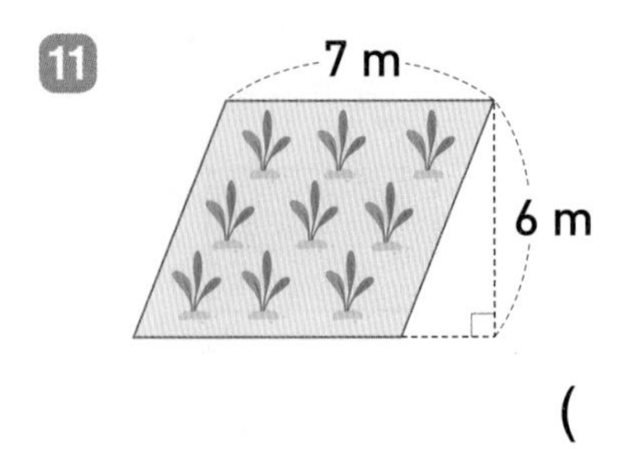

(　　　　　　　　)

12

3 m
8 m

(　　　　　　　　)

13

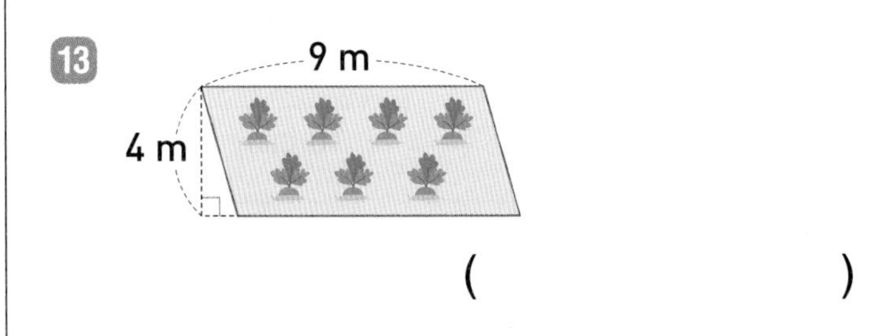

(　　　　　　　　)

14

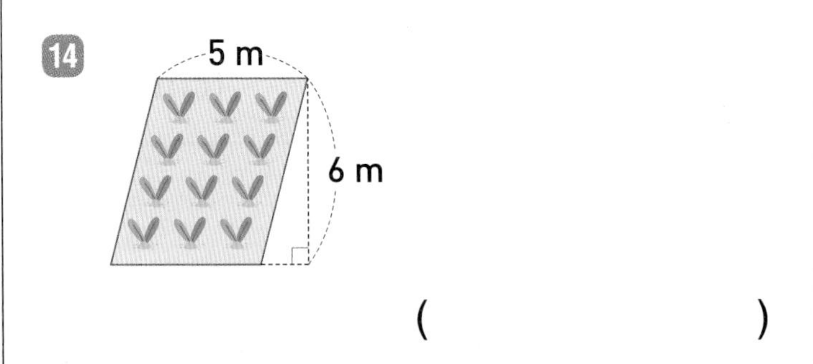

(　　　　　　　　)

15

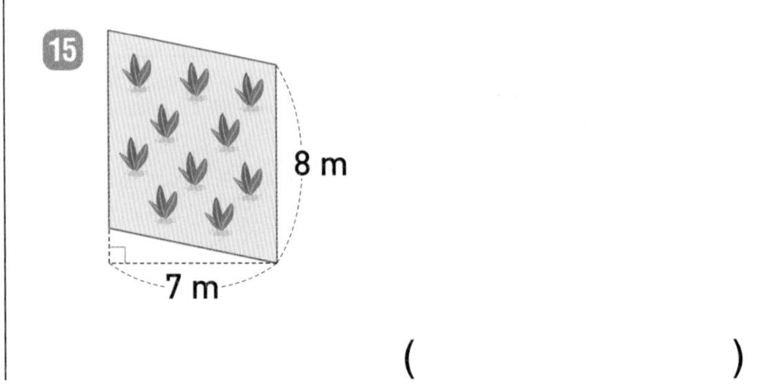

(　　　　　　　　)

◆ 평행사변형의 넓이를 구하세요.

16 밑변의 길이가 4 cm이고, 높이가 3 cm인 평행사변형

( )

17 밑변의 길이가 2 cm이고, 높이가 12 cm인 평행사변형

( )

18 밑변의 길이가 6 cm이고, 높이가 6 cm인 평행사변형

( )

◆ 넓이가 더 넓은 평행사변형의 기호를 쓰세요.

19 가 4 cm 5 cm 나 3 cm 7 cm

( )

20 가 6 cm 9 cm 나 10 cm 5 cm

( )

21

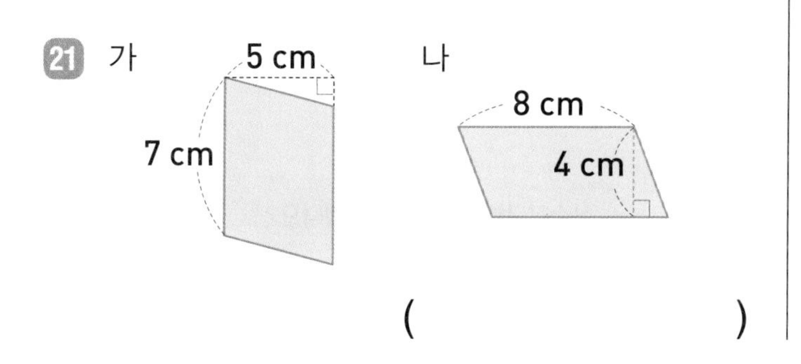

( )

◆ 평행사변형의 넓이가 다음과 같을 때 □ 안에 알맞은 수를 써넣으세요.

22 넓이: 72 cm^2

9 cm □ cm

평행사변형에서 밑변의 길이는 (넓이)÷(높이)로 구할 수 있어요.

23

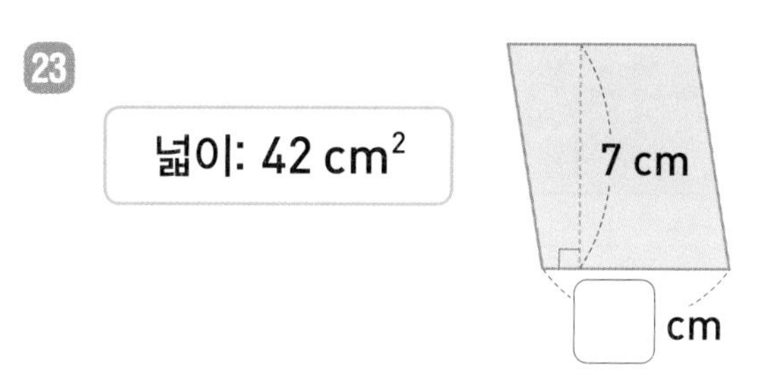

24 넓이: 55 cm^2

□ cm 11 cm

문장제 + 연산

25 밑변의 길이가 13 cm, 높이가 9 cm인 평행사변형 모양 조각으로 게시판을 꾸몄습니다. 사용한 모양 조각의 넓이는 몇 cm^2일까요?

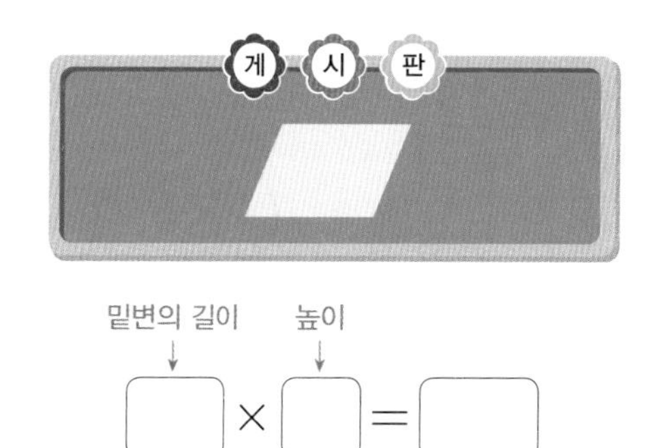

□ × □ = □

답 사용한 모양 조각의 넓이는 □ cm^2입니다.

6 단원

정답 22쪽

◆ 행복 떡집에서 팔고 있는 평행사변형 모양의 절편입니다. 절편의 넓이를 각각 구하세요.

26

1 cm^2

한 칸의 넓이가 $1cm^2$이면
한 칸의 가로, 세로는
모두 1cm예요.

(　　　　　　　　　)

27

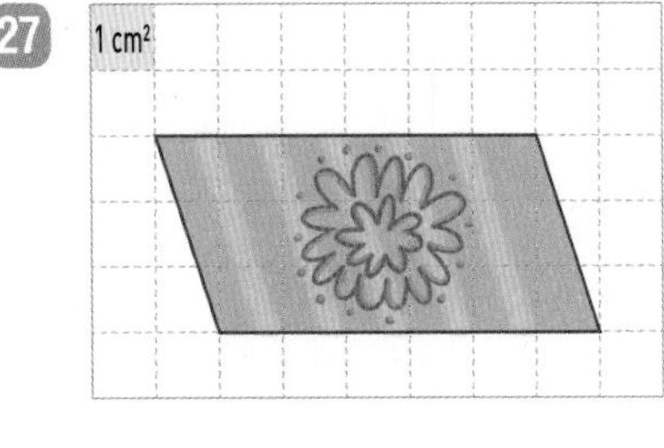

(　　　　　　　　　)

28

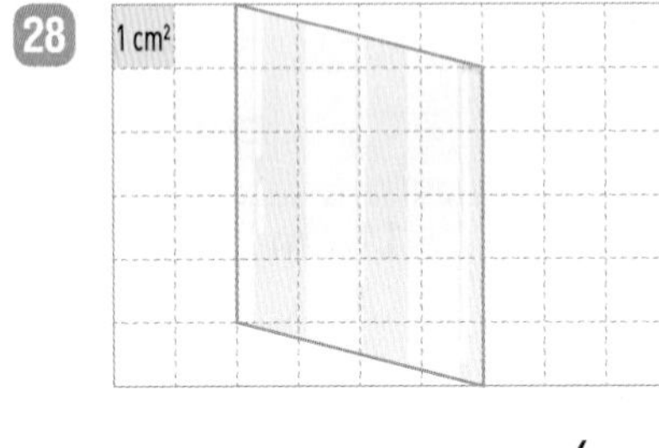

(　　　　　　　　　)

29

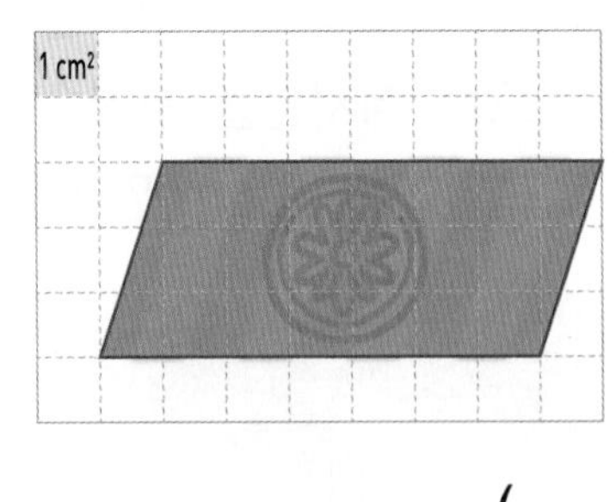

(　　　　　　　　　)

30

1 cm^2

(　　　　　　　　　)

31

1 cm^2

(　　　　　　　　　)

32

1 cm^2

(　　　　　　　　　)

33

1 cm^2

(　　　　　　　　　)

실수한 것이 없는지 검토했나요?
예 ☐, 아니요 ☐

37회 개념 삼각형의 넓이

똑같은 삼각형 2개를 이어 붙이면 평행사변형이 만들어집니다.

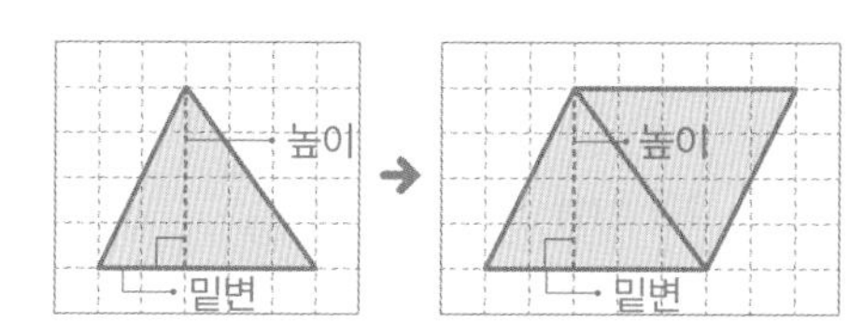

(삼각형의 넓이)=(평행사변형의 넓이)÷2
=(밑변의 길이)×(높이)÷2

(삼각형의 넓이)=(밑변의 길이)×(높이)÷2

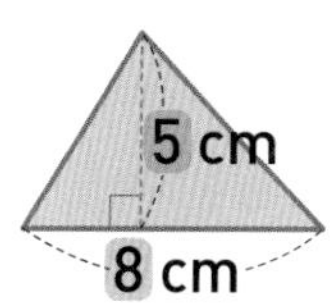

(삼각형의 넓이)
=8×5÷2=20 (cm^2)

◈ 삼각형의 넓이를 구하는 방법을 알아보려고 합니다. 그림을 보고 □ 안에 알맞은 수를 써넣으세요.

1

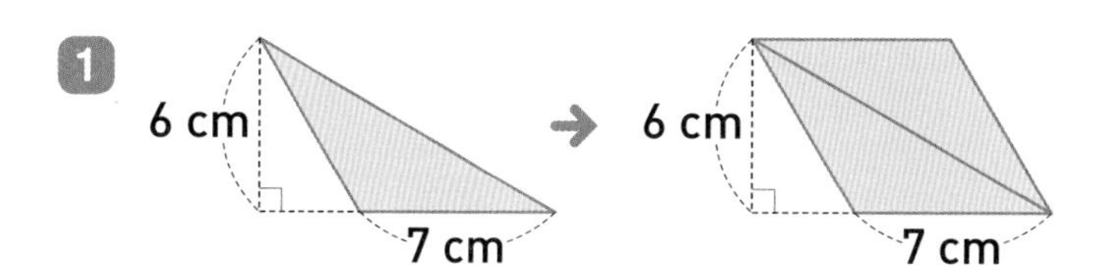

(삼각형의 넓이)
=(평행사변형의 넓이)÷2
=(밑변의 길이)×(높이)÷2

=□×□÷2
=□ (cm^2)

2

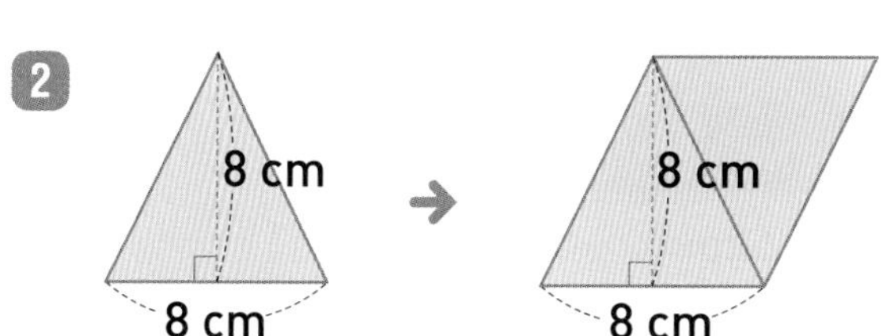

(삼각형의 넓이)
=(평행사변형의 넓이)÷2
=(밑변의 길이)×(높이)÷2
=□×□÷2
=□ (cm^2)

◈ 삼각형의 넓이를 구하세요.

3

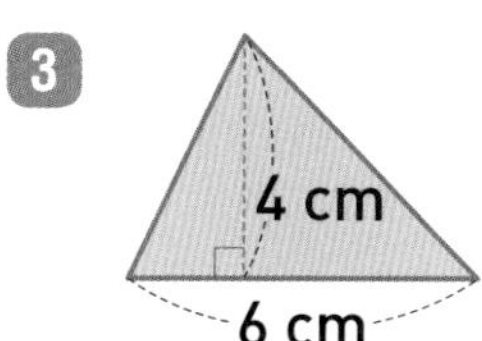

(삼각형의 넓이)
=6×□÷2=□ (cm^2)

4

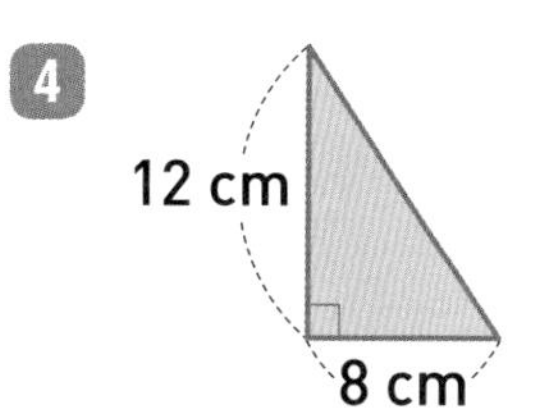

(삼각형의 넓이)
=8×□÷□=□ (cm^2)

5

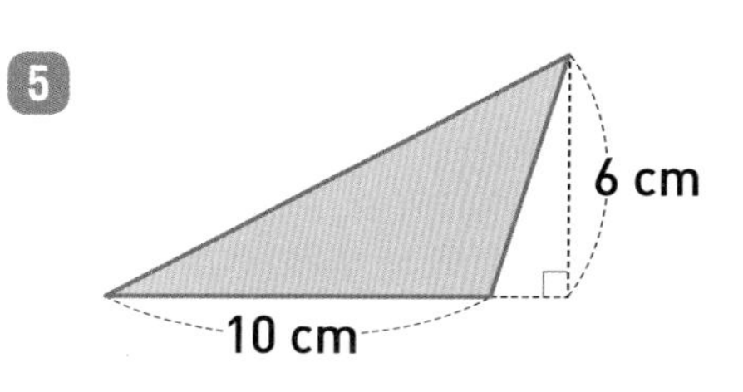

(삼각형의 넓이)
=□×□÷□=□ (cm^2)

6 단원
정답 22쪽

◆ 삼각형의 넓이를 구하세요.

6

7 cm

14 cm

(　　　　　　　　　)

7

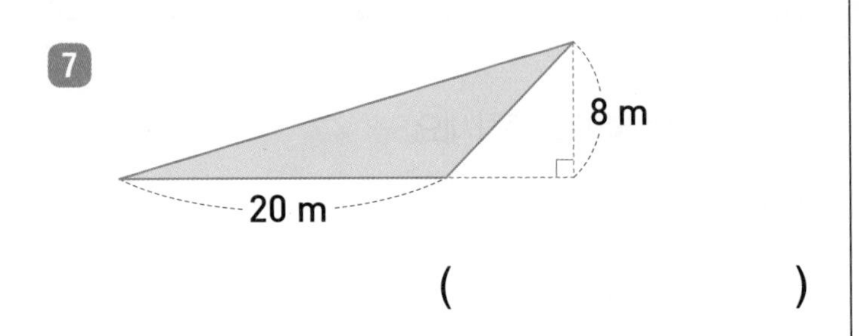

(　　　　　　　　　)

8

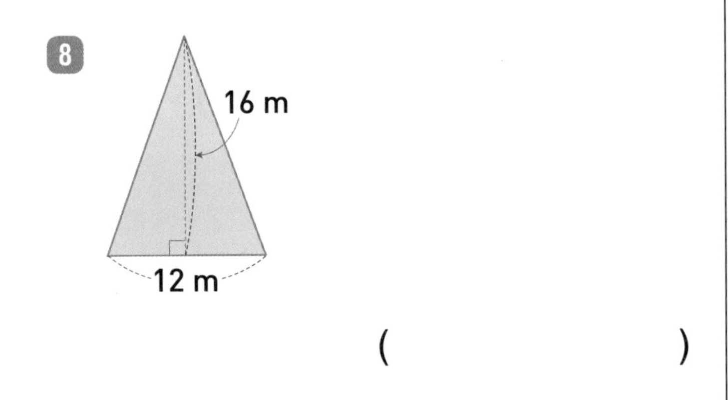

(　　　　　　　　　)

9

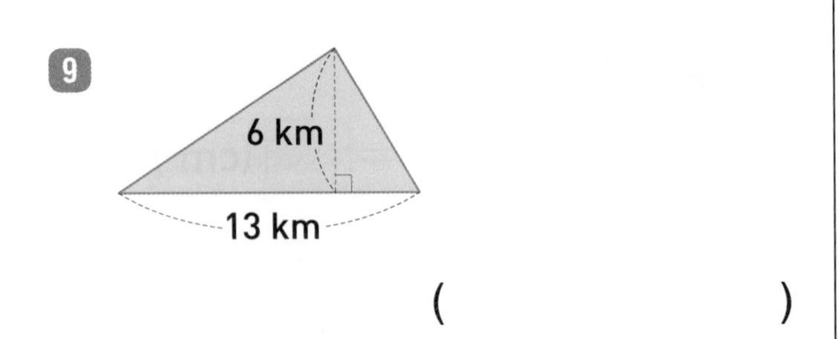

(　　　　　　　　　)

10

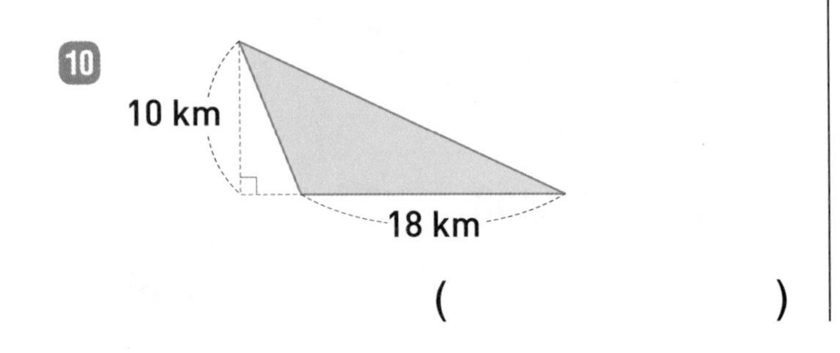

(　　　　　　　　　)

◆ 삼각형 모양 물건의 넓이를 구하세요.

11

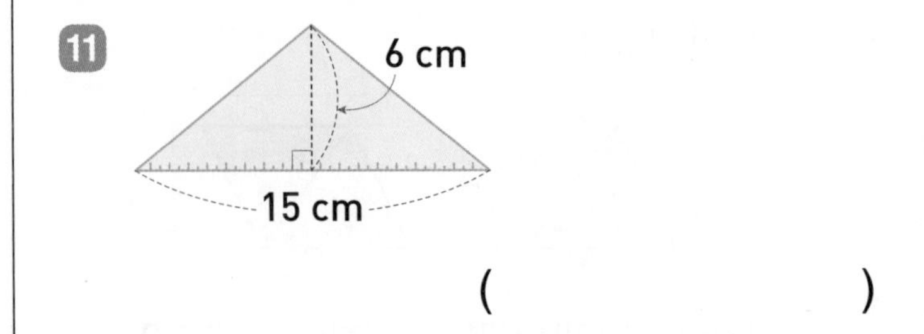

(　　　　　　　　　)

12

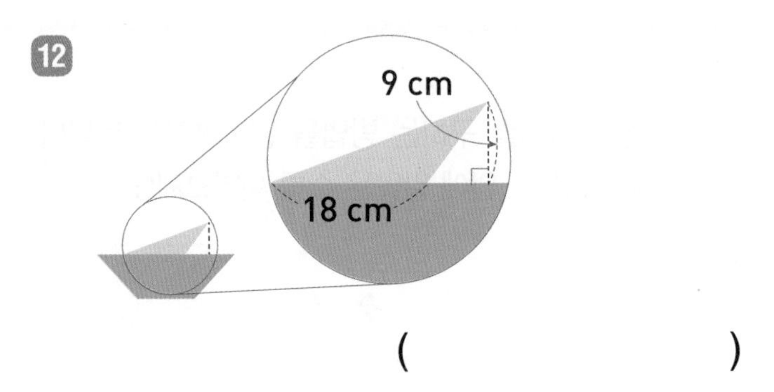

(　　　　　　　　　)

13

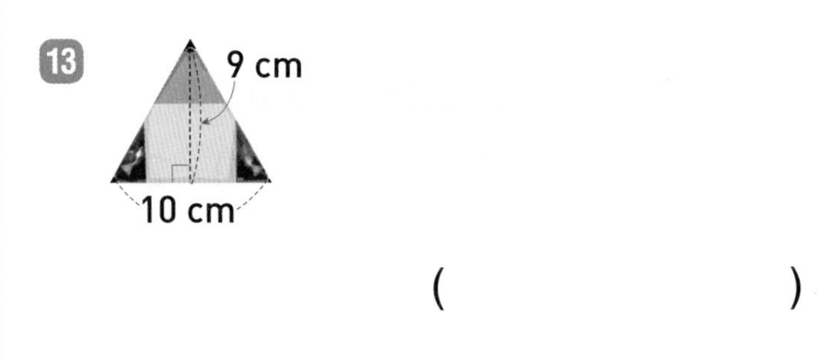

(　　　　　　　　　)

14

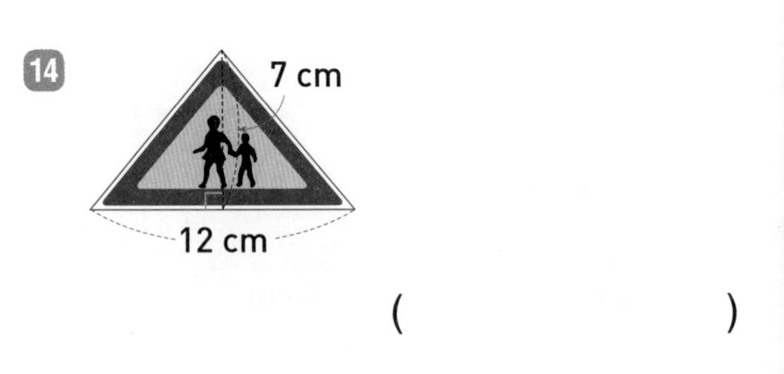

(　　　　　　　　　)

15

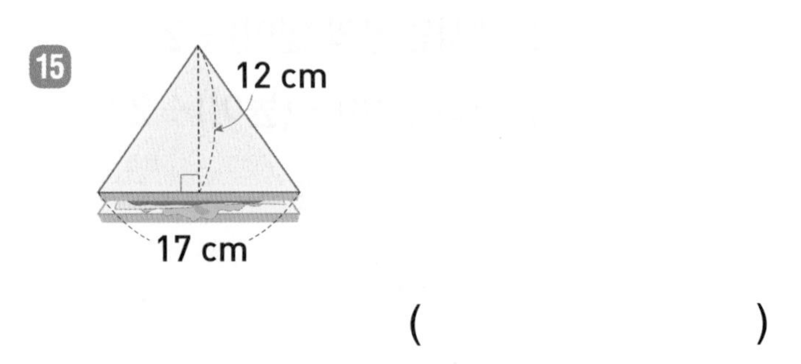

(　　　　　　　　　)

◈ 삼각형의 넓이를 구하세요.

16 밑변의 길이가 7 cm이고, 높이가 8 cm인 삼각형

( )

17 밑변의 길이가 7 cm이고, 높이가 10 cm인 삼각형

( )

18 밑변의 길이가 8 cm이고, 높이가 3 cm인 삼각형

( )

◈ 넓이가 더 넓은 삼각형의 기호를 쓰세요.

19 가 (높이 5 cm, 밑변 8 cm) 나 (높이 3 cm, 밑변 10 cm)

( )

20 가 (높이 6 cm, 밑변 9 cm) 나 (높이 5 cm, 밑변 10 cm)

( )

21

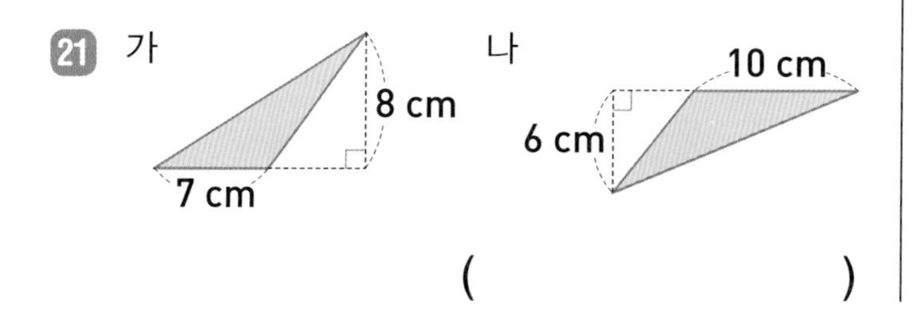

( )

◈ 넓이가 다른 삼각형을 찾아 기호를 쓰세요.

22 가 나 다 라

높이가 같을 때 모양이 달라도 밑변의 길이가 같으면 넓이가 같아요.

( )

23 가 나 다 라

( )

24 가 나 다 라

( )

문장제 + 연산

25 주희는 피라미드 모형을 만들고 있습니다. 삼각형 모양 한쪽의 넓이는 몇 cm^2일까요?

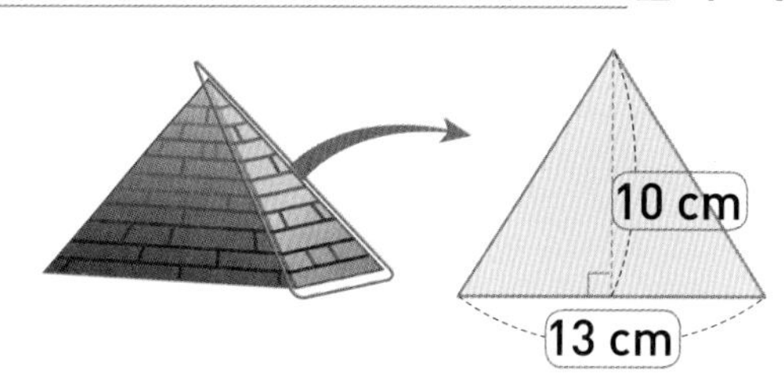

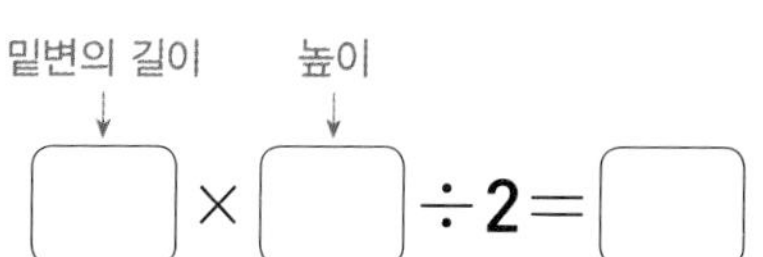

답 삼각형 모양 한쪽의 넓이는 □ cm^2입니다.

◈ 색종이로 만든 집입니다. 지붕의 넓이가 더 넓은 것에 ○표 하세요.

26

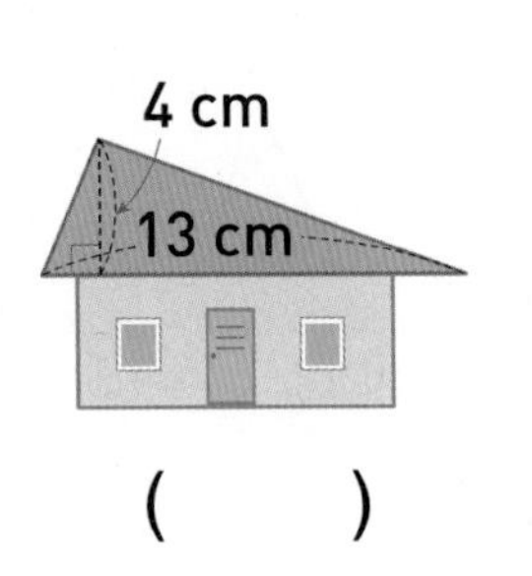

(　　　)

7 cm
8 cm

(　　　)

27

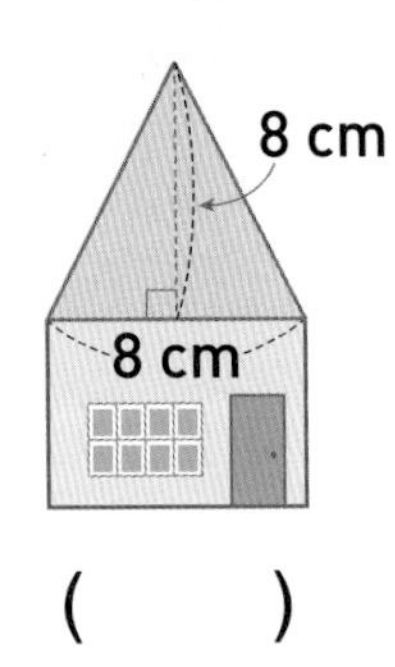

(　　　)

6 cm
10 cm

(　　　)

28

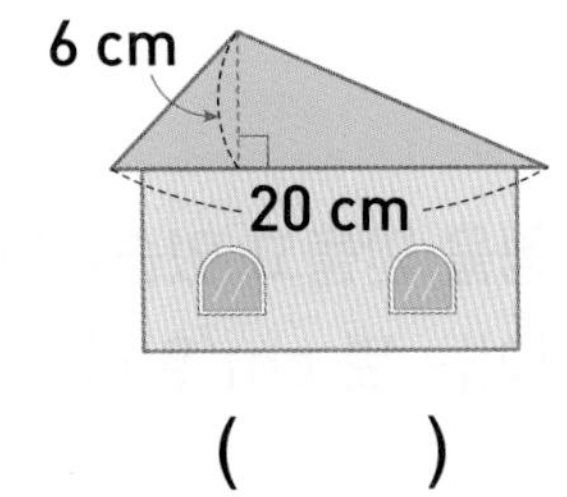

(　　　)

8 cm
16 cm

(　　　)

29

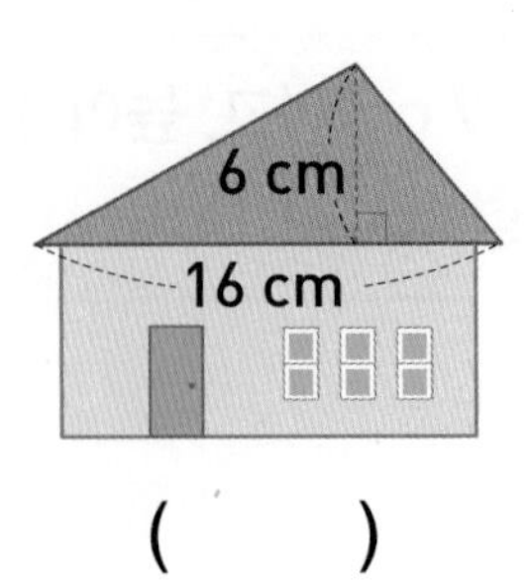

(　　　)

8 cm
11 cm

(　　　)

30

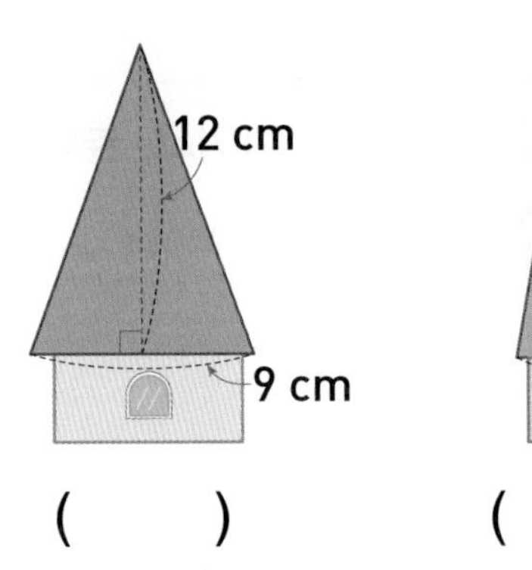

(　　　)

14 cm
5 cm

(　　　)

31

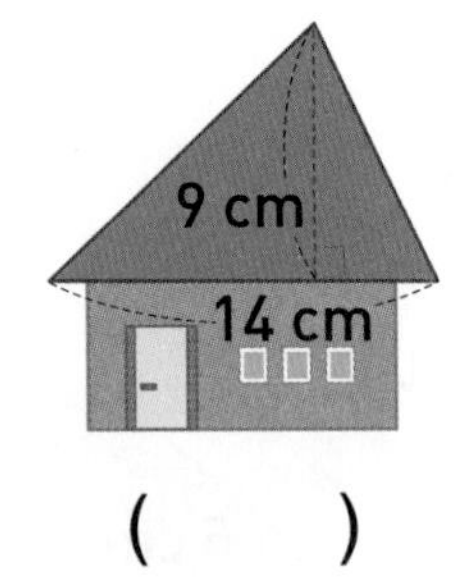

(　　　)

5 cm
18 cm

(　　　)

실수한 것이 없는지 검토했나요?

예 , 아니요 □

38회 개념 마름모의 넓이

마름모를 둘러싼 직사각형을 그려 보면 마름모의 넓이는 직사각형의 넓이의 반입니다.

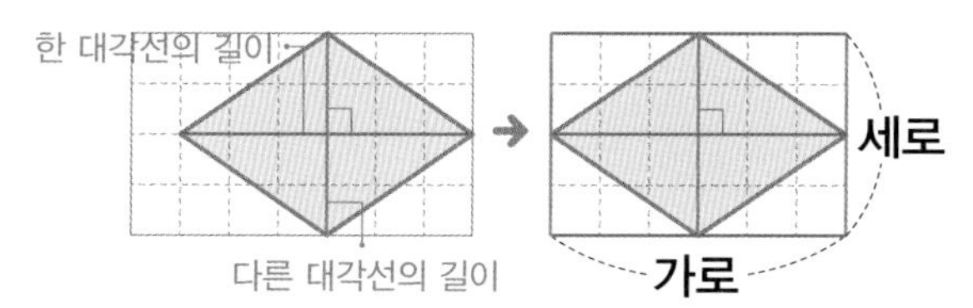

(마름모의 넓이)
=(직사각형의 넓이)÷2=(가로)×(세로)÷2
=(한 대각선의 길이)×(다른 대각선의 길이)÷2

(마름모의 넓이)
=(한 대각선의 길이)×(다른 대각선의 길이)÷2

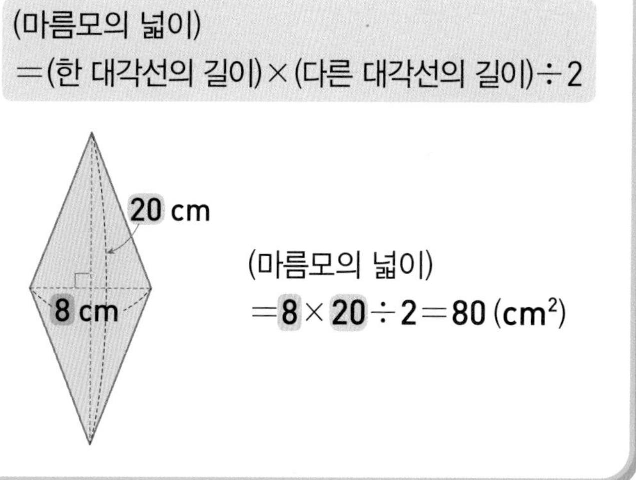

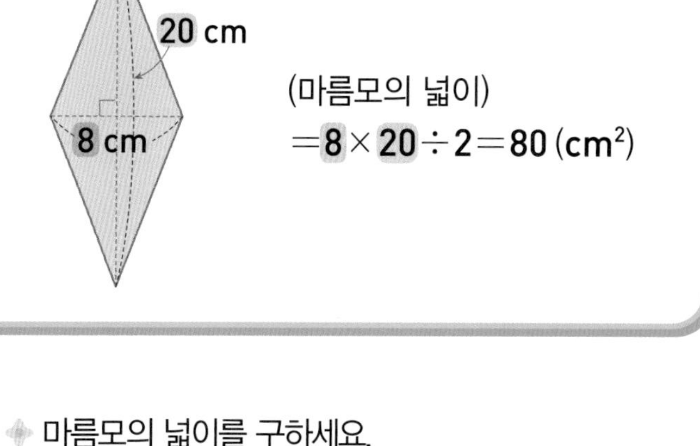

(마름모의 넓이)
=8×20÷2=80 (cm²)

◆ 마름모의 넓이를 구하는 방법을 알아보려고 합니다. 그림을 보고 ☐ 안에 알맞은 수를 써넣으세요.

1

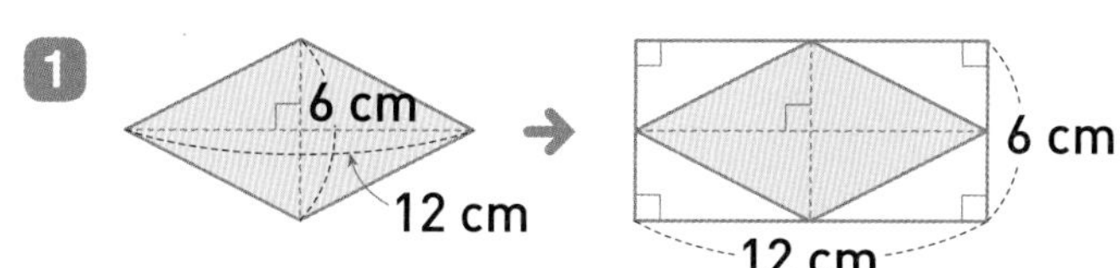

(마름모의 넓이)
=(직사각형의 넓이)÷2
=☐×☐÷2
=☐ (cm²)

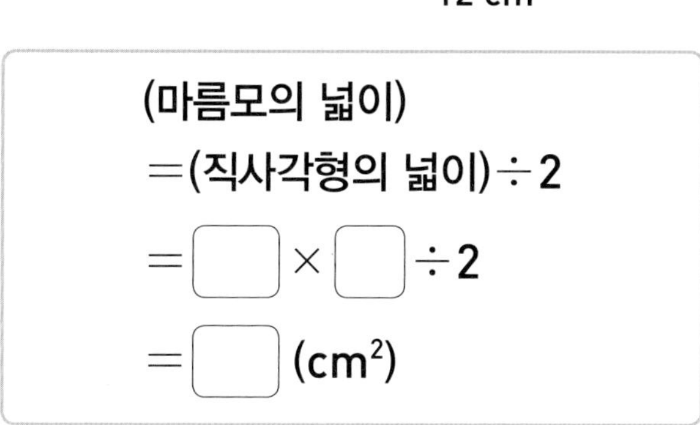

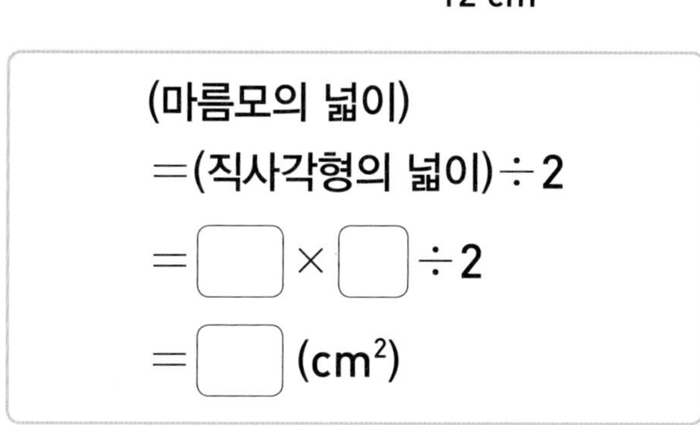

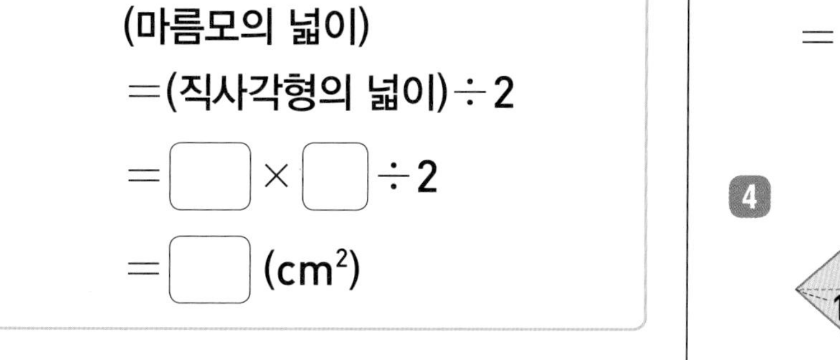

2

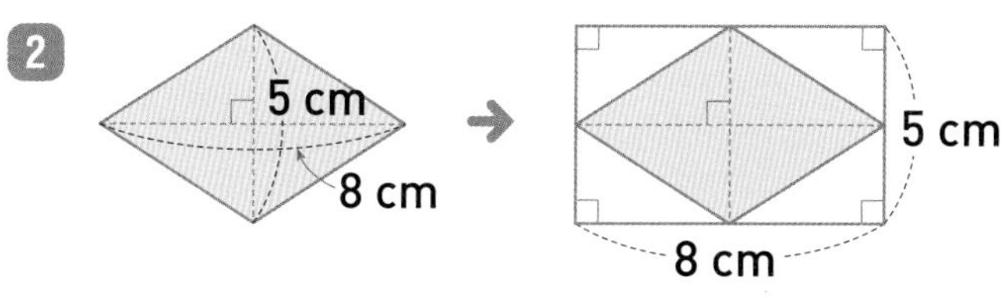

(마름모의 넓이)
=(직사각형의 넓이)÷2
=☐×☐÷2
=☐ (cm²)

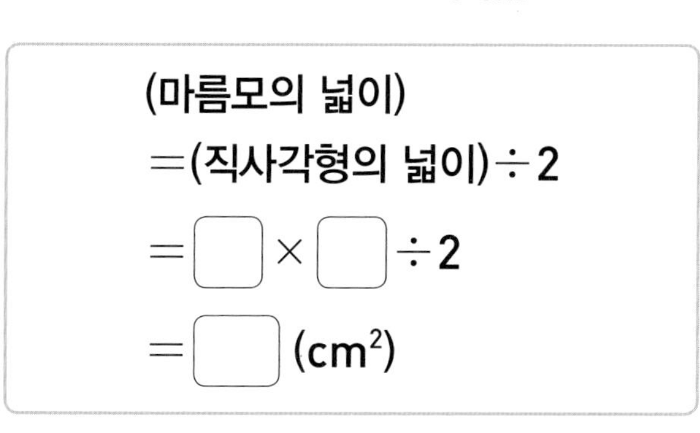

◆ 마름모의 넓이를 구하세요.

3

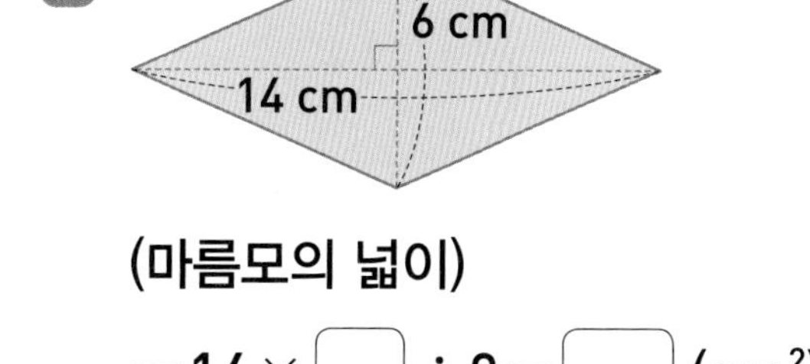

(마름모의 넓이)
=14×☐÷2=☐ (cm²)

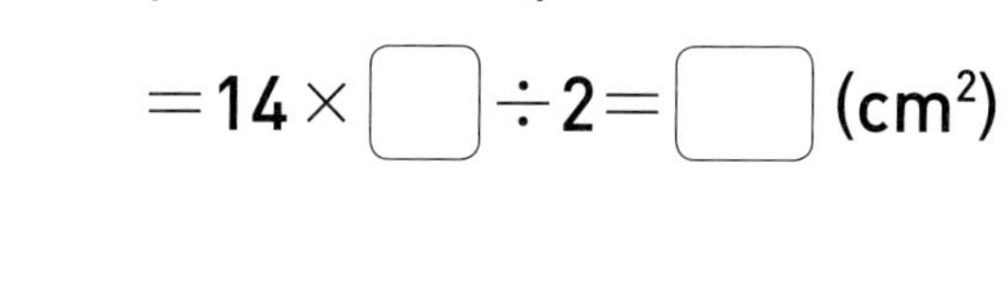

4

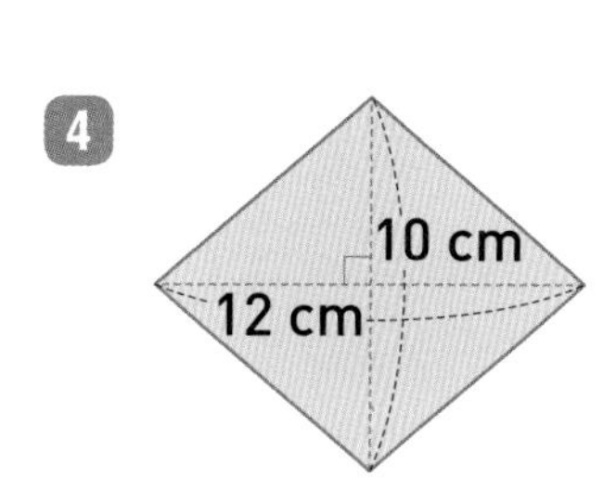

(마름모의 넓이)
=12×☐÷2=☐ (cm²)

5

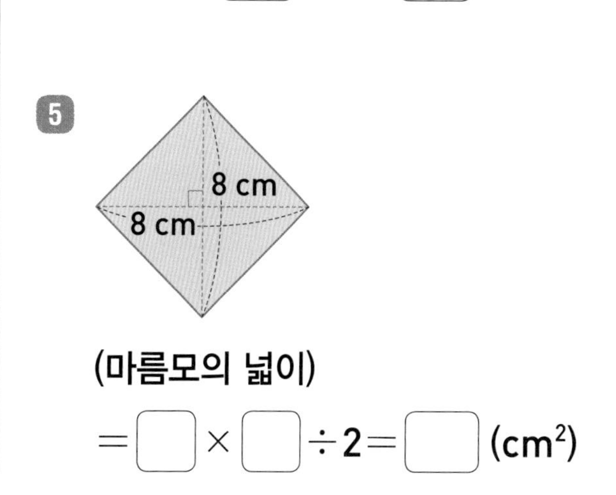

(마름모의 넓이)
=☐×☐÷2=☐ (cm²)

6 단원
정답 22쪽

◆ 마름모의 넓이를 구하세요.

6

9 cm
12 cm

(　　　　　　　　　　)

7

14 cm
8 cm

(　　　　　　　　　　)

8

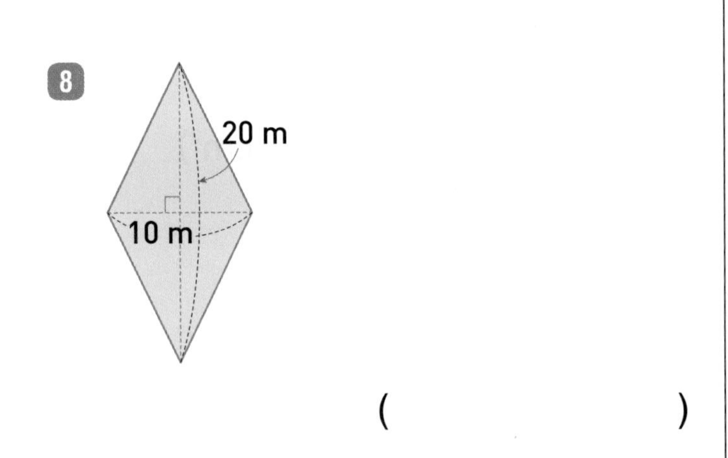

(　　　　　　　　　　)

9

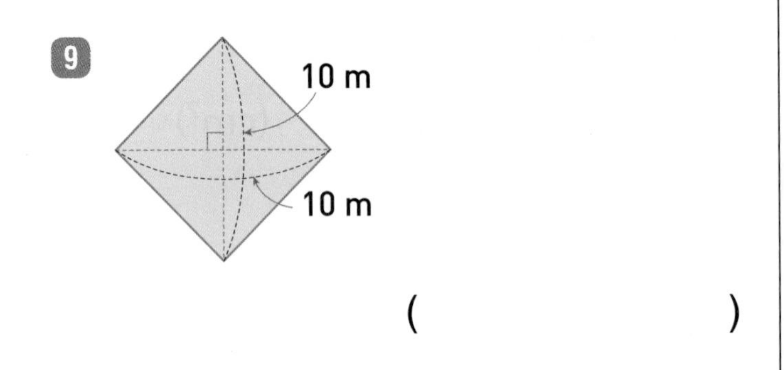

(　　　　　　　　　　)

10

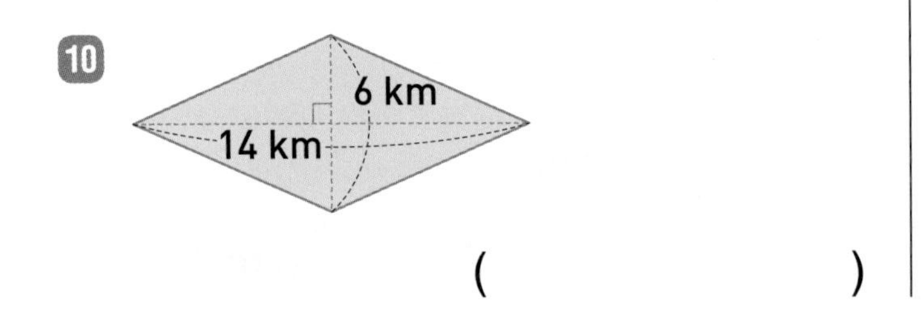

(　　　　　　　　　　)

◆ 마름모 모양 수첩의 넓이를 구하세요.

11

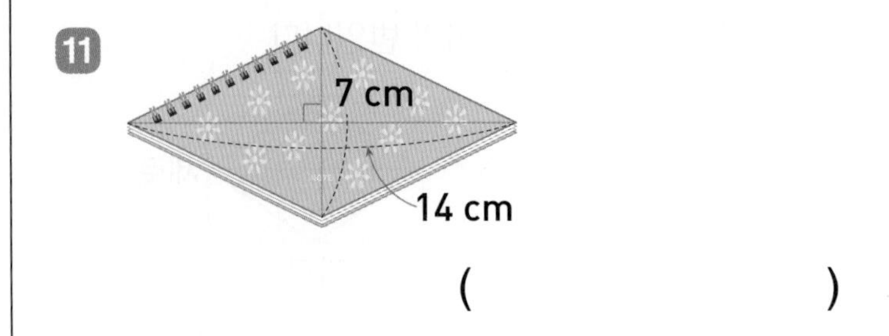

(　　　　　　　　　　)

12

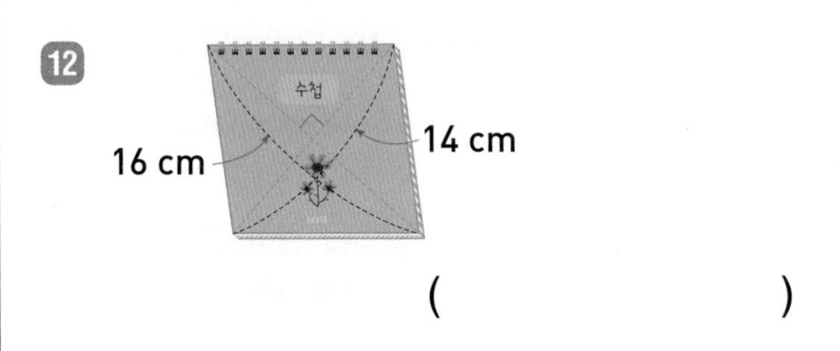

(　　　　　　　　　　)

13

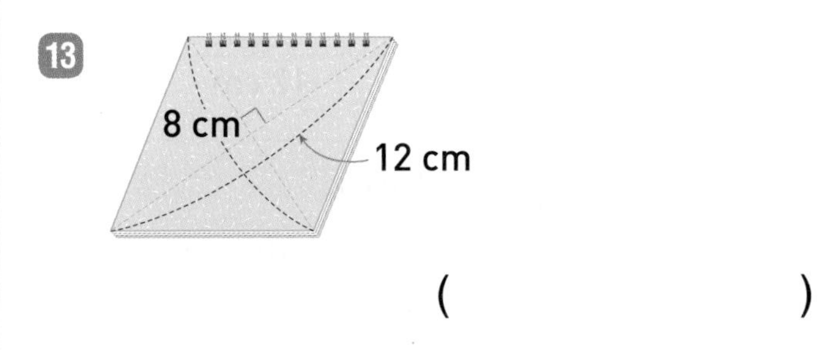

(　　　　　　　　　　)

14

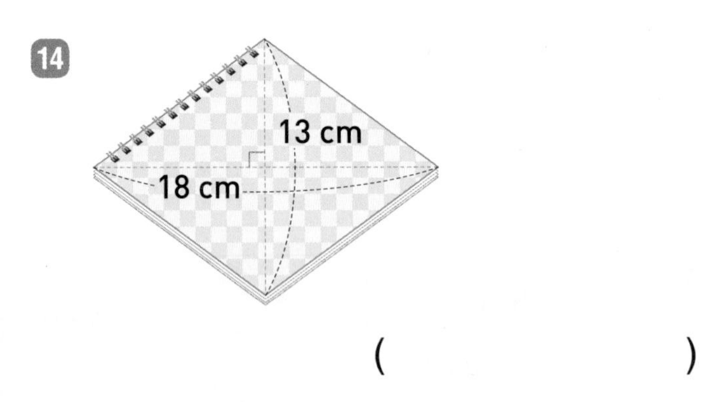

(　　　　　　　　　　)

15

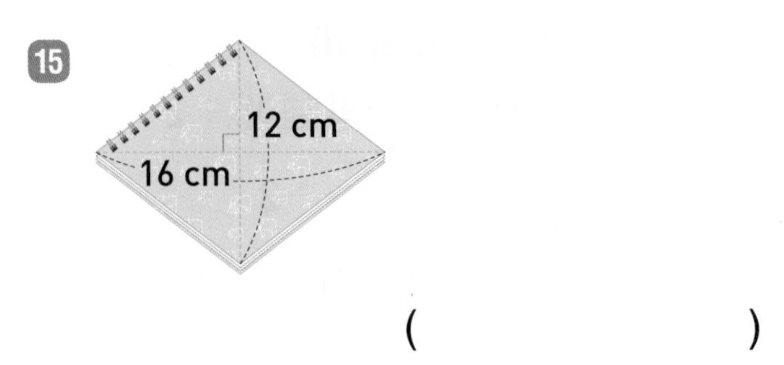

(　　　　　　　　　　)

◆ 마름모의 넓이를 구하세요.

16 한 대각선의 길이가 8 cm, 다른 대각선의 길이가 2 cm인 마름모

( )

17 한 대각선의 길이가 3 cm, 다른 대각선의 길이가 4 cm인 마름모

( )

18 한 대각선의 길이가 6 cm, 다른 대각선의 길이가 5 cm인 마름모

( )

◆ 직사각형 안에 네 변의 가운데를 이어 그린 마름모의 넓이를 구하세요.

19

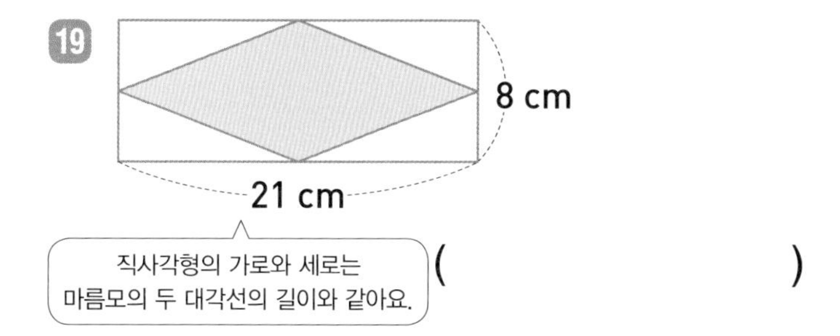

직사각형의 가로와 세로는 마름모의 두 대각선의 길이와 같아요.

( )

20

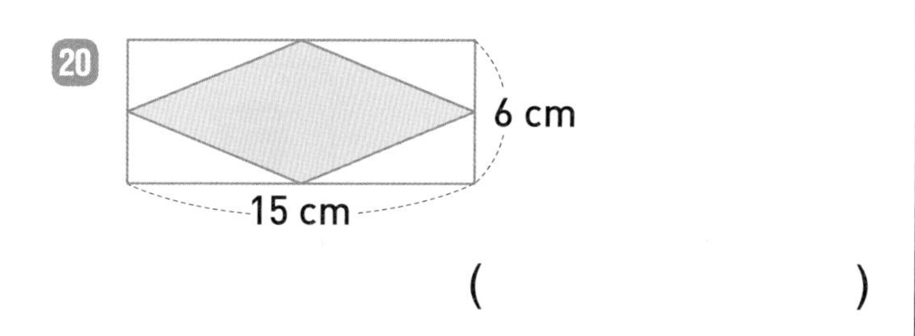

( )

21

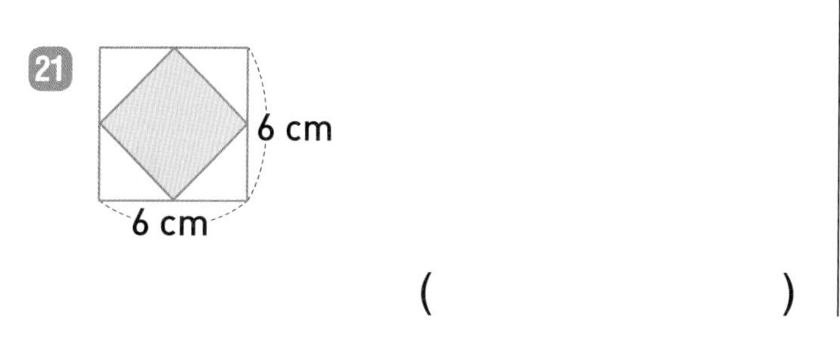

( )

◆ 넓이가 더 넓은 마름모의 기호를 쓰세요.

22

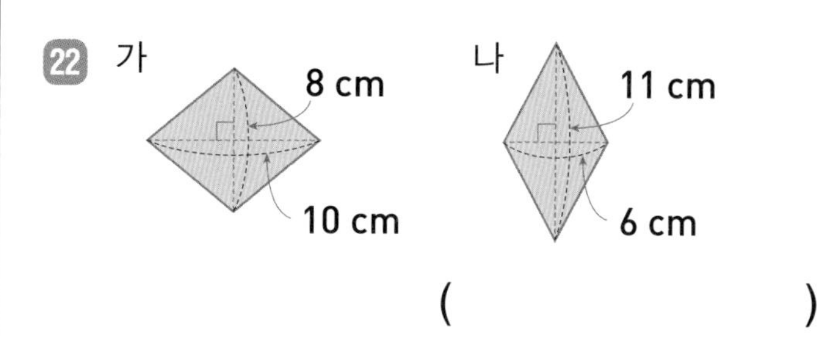

( )

23

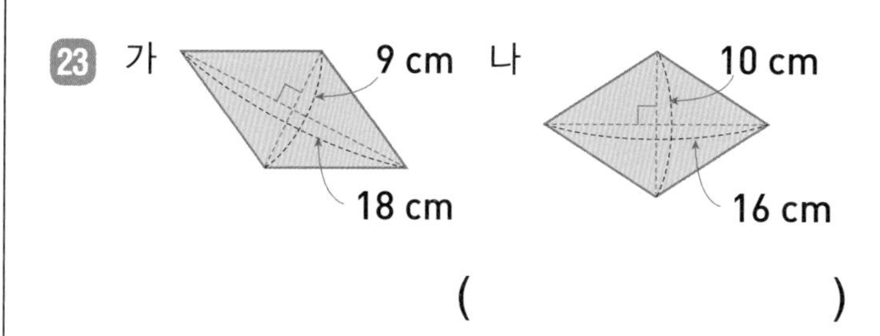

( )

24

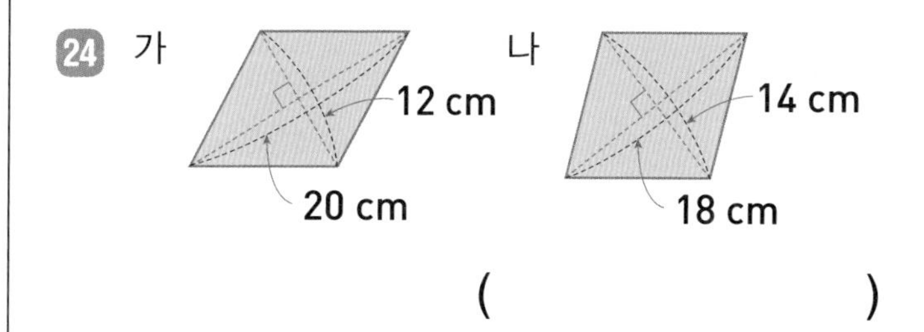

( )

문장제 + 연산

25 주희가 만든 가오리연의 몸통은 한 대각선의 길이가 40 cm, 다른 대각선의 길이가 50 cm인 마름모 모양입니다. 이 가오리연의 몸통의 넓이는 몇 cm^2일까요?

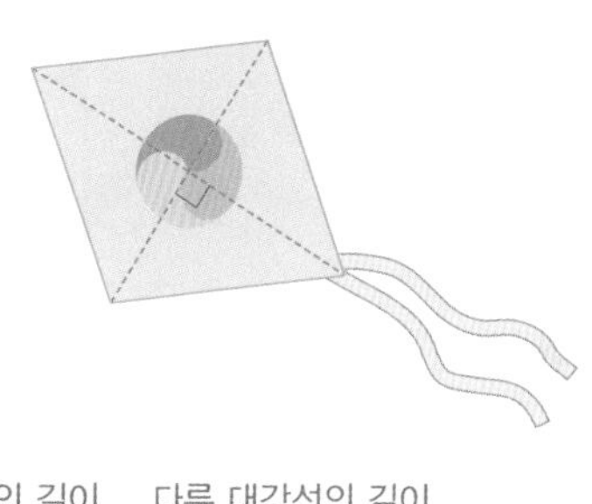

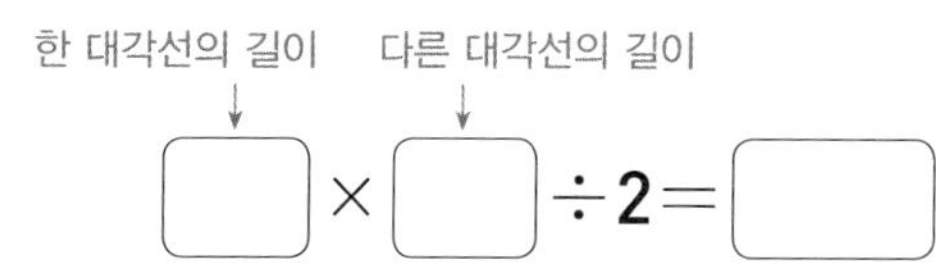

☐ × ☐ ÷ 2 = ☐

답 가오리연의 몸통의 넓이는 ☐ cm^2입니다.

6 단원

정답 22쪽

◆ 마름모의 넓이를 구하고, 주어진 이동 방법에 따라 이동하여 병조가 주문한 음료수를 알아보세요.

1. 마름모의 넓이가 100 cm^2보다 작으면 왼쪽 아래로 이동합니다.
2. 마름모의 넓이가 100 cm^2와 같거나 크면 오른쪽 아래로 이동합니다.

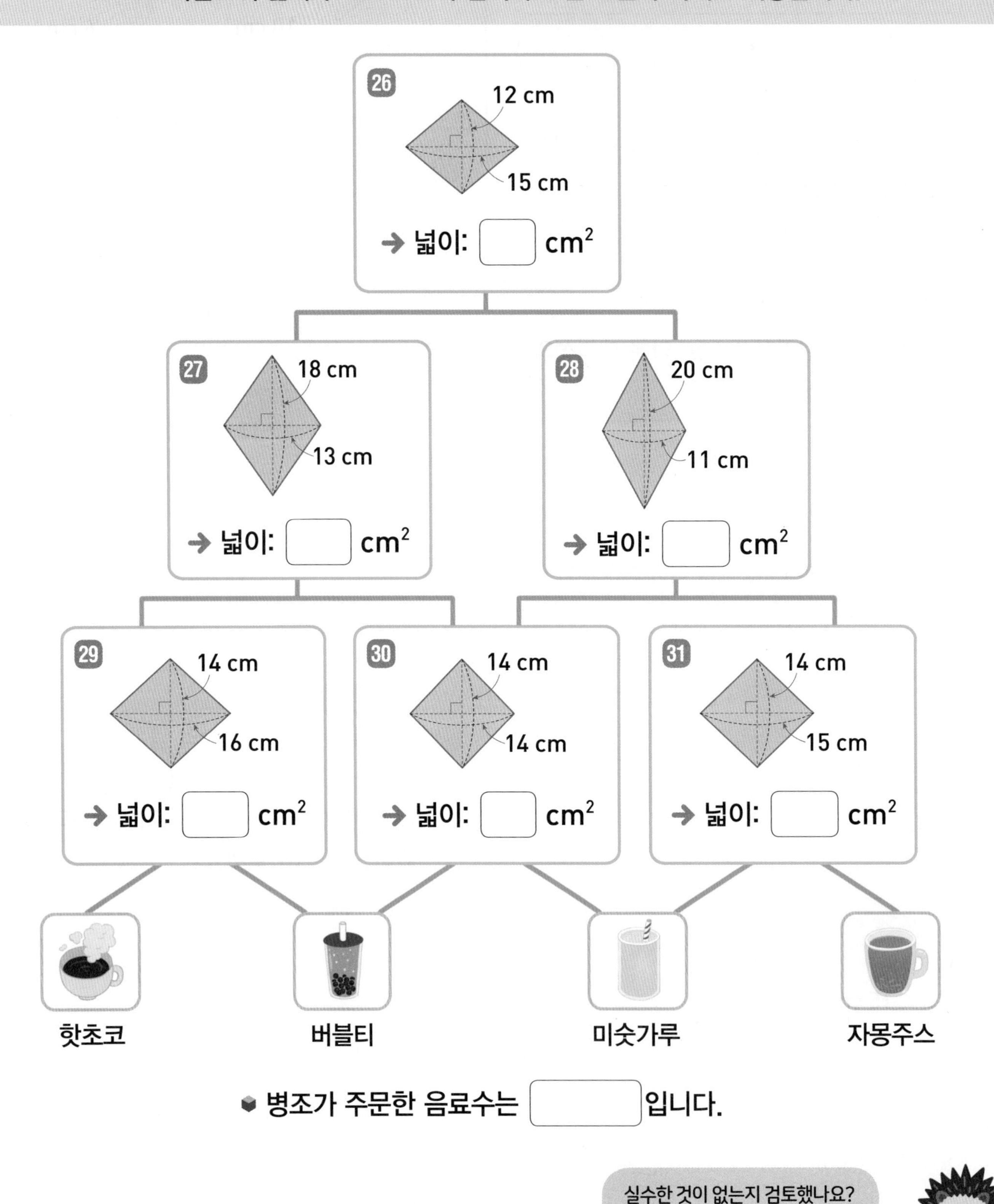

● 병조가 주문한 음료수는 ☐ 입니다.

실수한 것이 없는지 검토했나요?
예 ☐, 아니요 ☐

39회 개념 사다리꼴의 넓이

똑같은 사다리꼴 2개를 이어 붙이면 평행사변형이 만들어집니다.

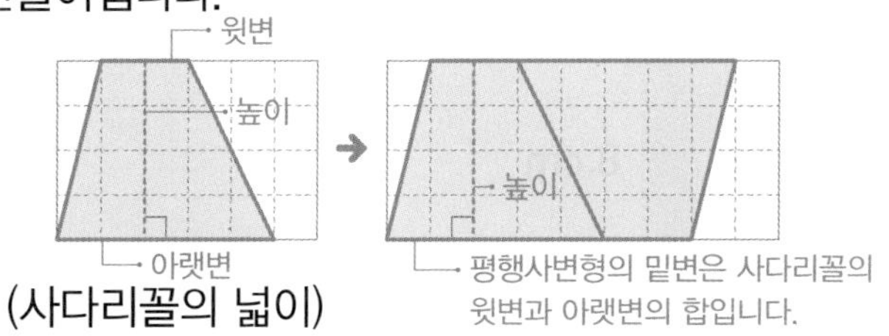

(사다리꼴의 넓이)
=(평행사변형의 넓이)÷2
=(밑변의 길이)×(높이)÷2
=(윗변의 길이+아랫변의 길이)×(높이)÷2

(사다리꼴의 넓이)
=(윗변의 길이+아랫변의 길이)×(높이)÷2

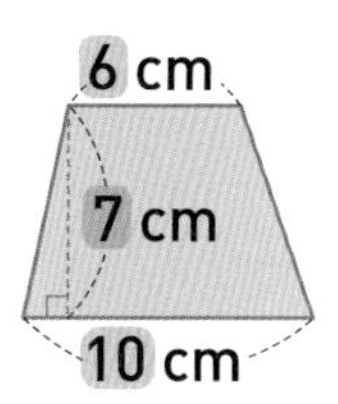

(사다리꼴의 넓이)
=(6+10)×7÷2=56 (cm^2)

사다리꼴의 넓이를 구하는 방법을 알아보려고 합니다. 그림을 보고 □ 안에 알맞은 수를 써넣으세요.

1

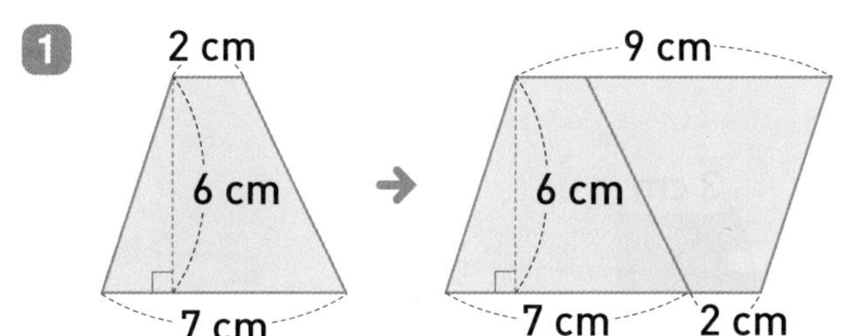

(사다리꼴의 넓이)
=(평행사변형의 넓이)÷2
=□×6÷2
=□ (cm^2)

2

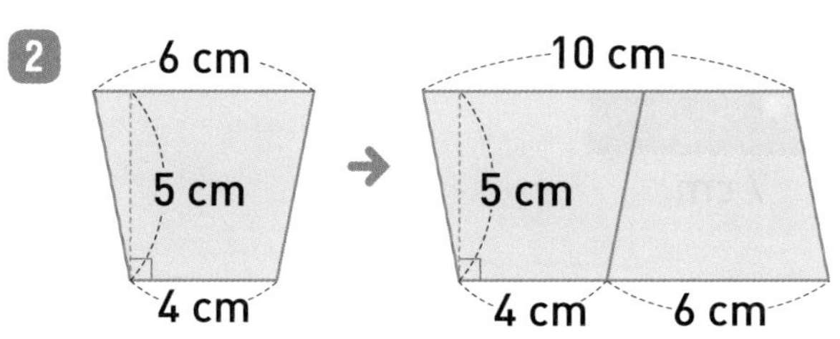

(사다리꼴의 넓이)
=(평행사변형의 넓이)÷2
=□×5÷2
=□ (cm^2)

사다리꼴의 넓이를 구하세요.

3

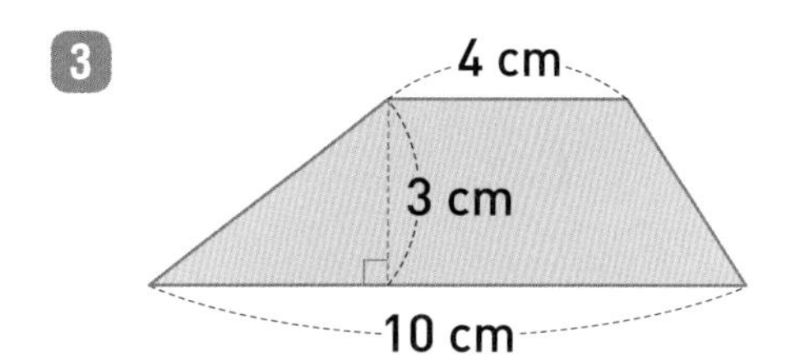

(사다리꼴의 넓이)
=(4+□)×□÷2=□ (cm^2)

4

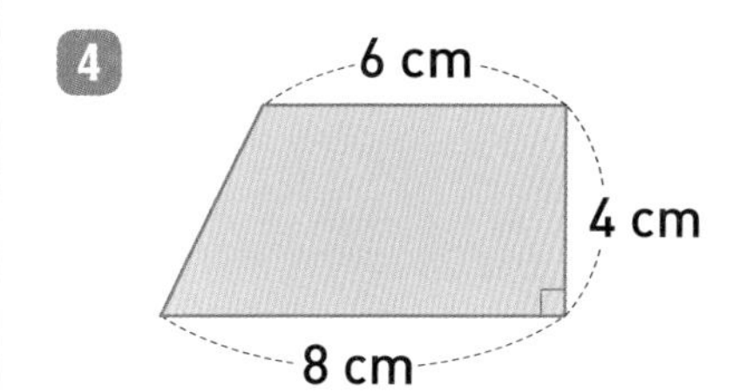

(사다리꼴의 넓이)
=(6+□)×□÷2=□ (cm^2)

5

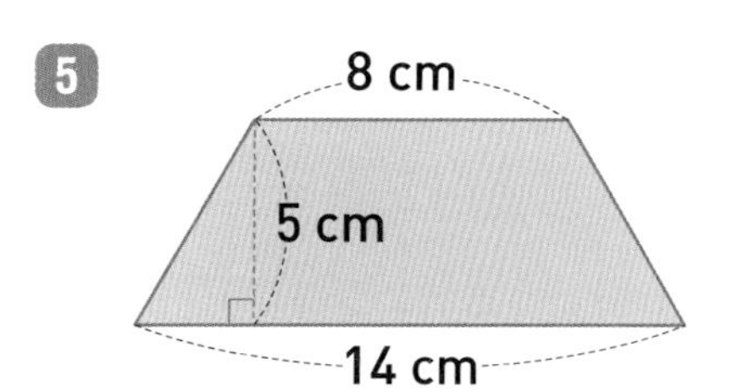

(사다리꼴의 넓이)
=(8+□)×□÷2=□ (cm^2)

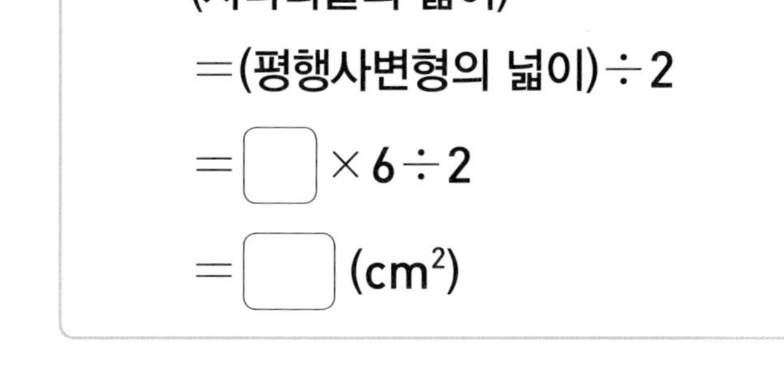

6 단원
정답 23쪽

◆ 사다리꼴의 넓이를 구하세요.

6

5 cm
6 cm
8 cm

(　　　　　　　　)

7

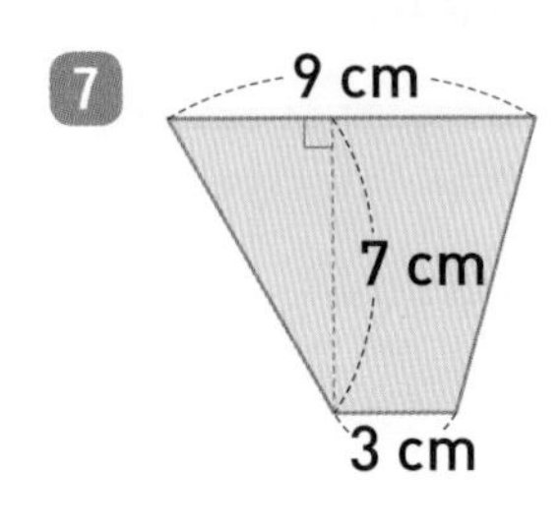

(　　　　　　　　)

8

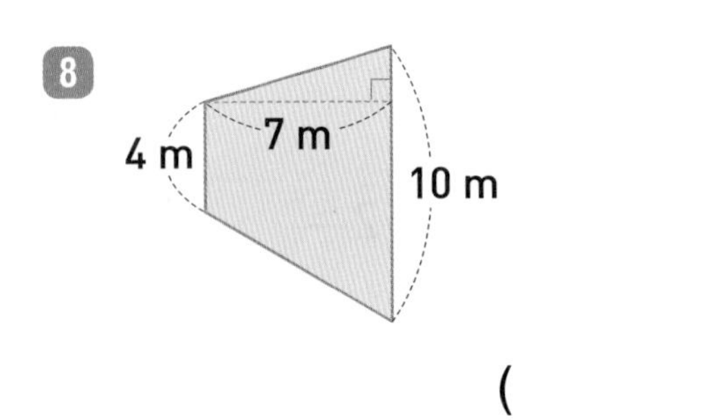

(　　　　　　　　)

9

6 m
6 m
4 m

(　　　　　　　　)

10

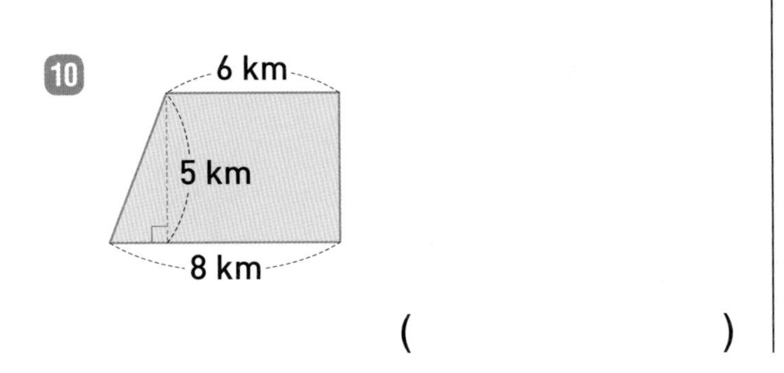

(　　　　　　　　)

◆ 사다리꼴 모양 포장지의 넓이를 구하세요.

11

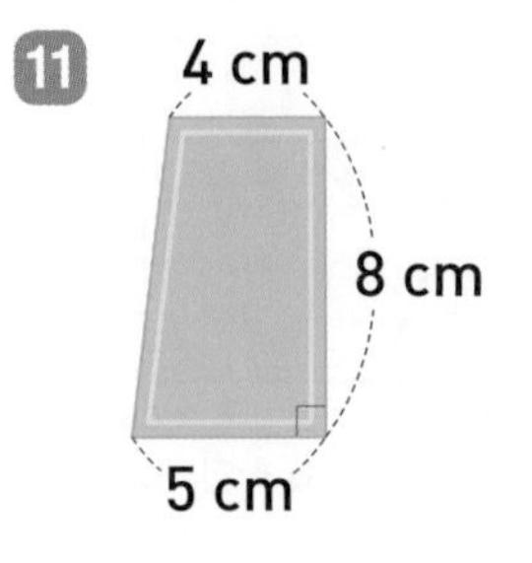

(　　　　　　　　)

12

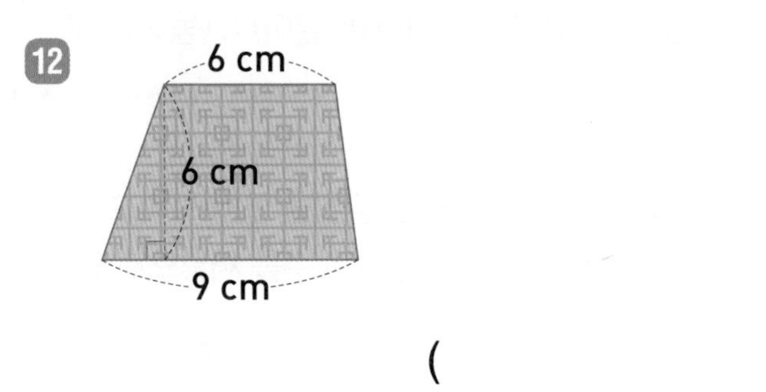

(　　　　　　　　)

13

3 cm
6 cm
5 cm

(　　　　　　　　)

14

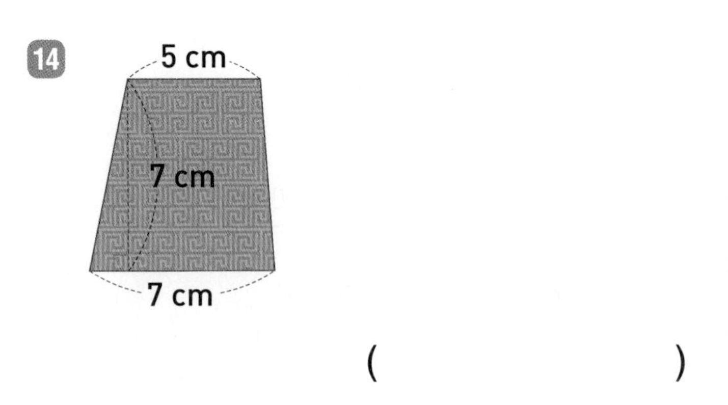

(　　　　　　　　)

15

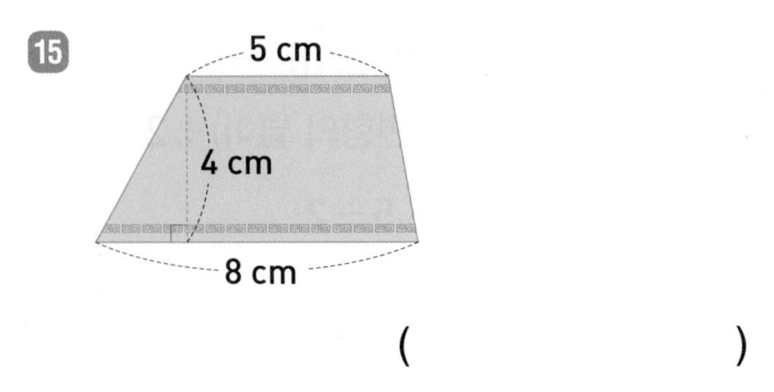

(　　　　　　　　)

◆ 사다리꼴의 넓이를 구하세요.

16 윗변과 아랫변의 길이가 각각 6 cm, 9 cm이고 높이가 8 cm인 사다리꼴

(　　　　　　　　)

17 윗변과 아랫변의 길이가 각각 9 cm, 5 cm이고 높이가 4 cm인 사다리꼴

(　　　　　　　　)

18 윗변과 아랫변의 길이가 각각 4 cm, 7 cm이고 높이가 6 cm인 사다리꼴

(　　　　　　　　)

◆ 넓이가 더 넓은 사다리꼴의 기호를 쓰세요.

19 가 5 cm, 7 cm, 5 cm　　나 5 cm, 3 cm, 8 cm

(　　　　　　　　)

20 가 8 cm, 4 cm, 6 cm　　나 5 cm, 5 cm, 9 cm

(　　　　　　　　)

21

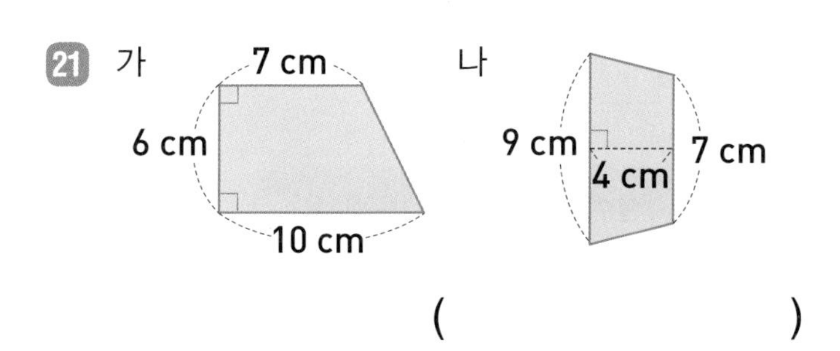

(　　　　　　　　)

◆ 넓이가 다른 사다리꼴을 찾아 기호를 쓰세요.

22 가　나　다

높이가 같을 때 모양이 달라도 윗변과 아랫변의 길이의 합이 같으면 넓이가 같아요.

(　　　　　　　　)

23

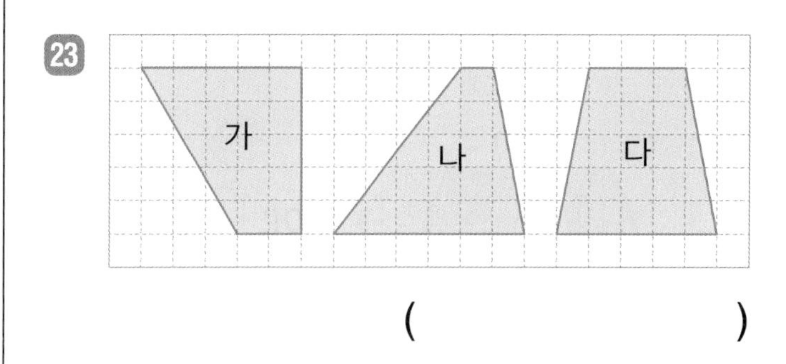

(　　　　　　　　)

24

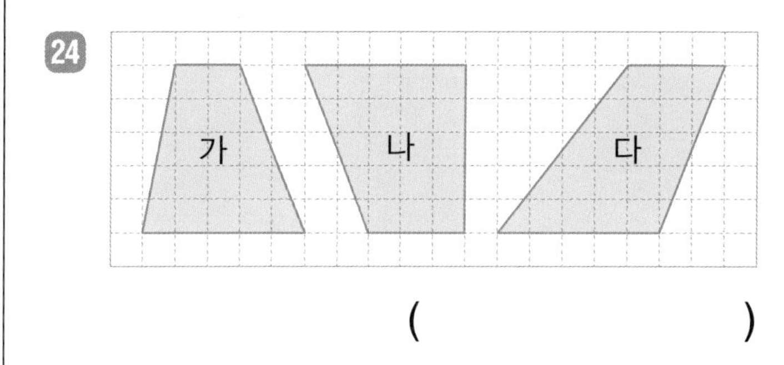

(　　　　　　　　)

문장제 + 연산

25 다음과 같은 사다리꼴 모양 땅의 넓이는 몇 m^2일까요?

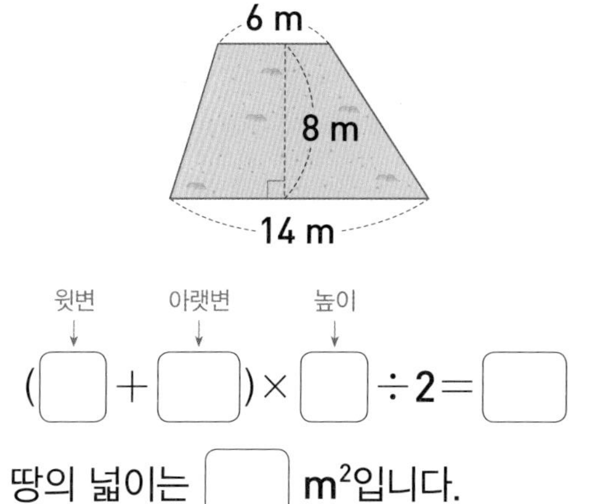

$(\square + \square) \times \square \div 2 = \square$

답 땅의 넓이는 $\square$ m^2입니다.

6 단원
정답 23쪽

사다리꼴의 넓이를 구하고, 넓이가 적힌 글자를 차례대로 아래의 □ 안에 써넣어 단어를 완성하세요.

26

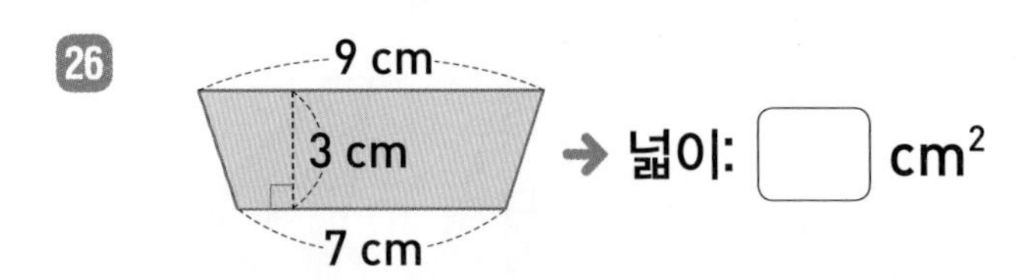

18 cm²	24 cm²	36 cm²
아	자	차

27

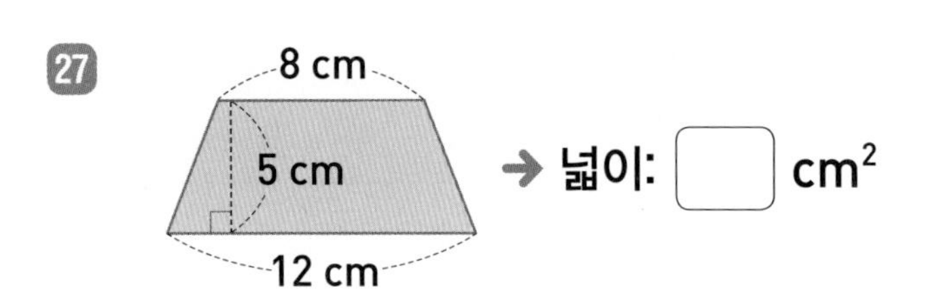

30 cm²	40 cm²	50 cm²
방	패	연

28

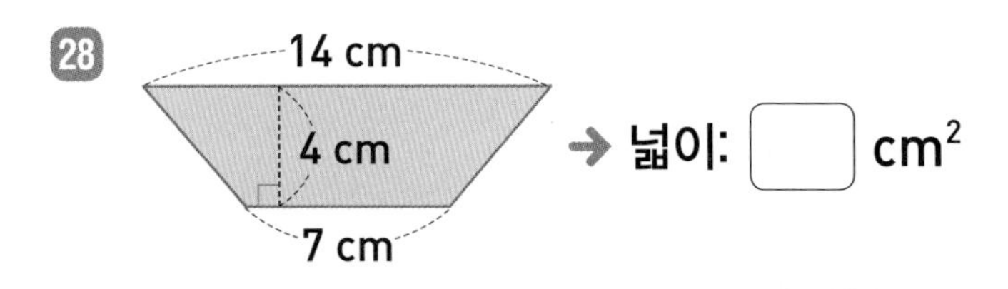

21 cm²	42 cm²	84 cm²
소	사	수

29

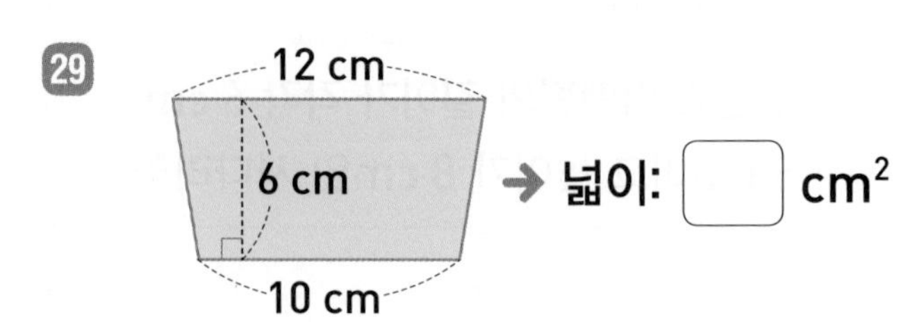

66 cm²	77 cm²	88 cm²
박	최	이

30

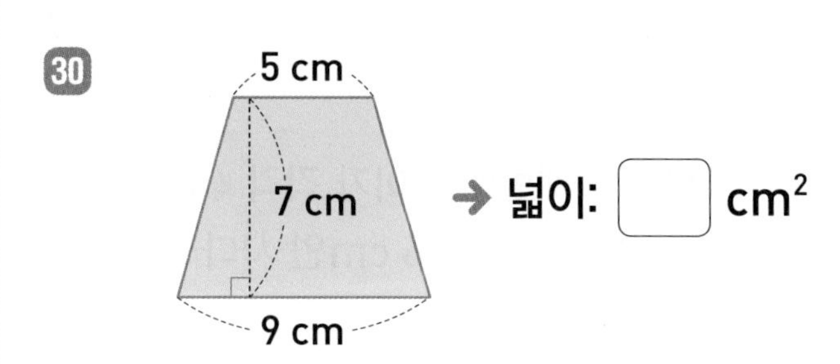

45 cm²	47 cm²	49 cm²
불	술	물

31

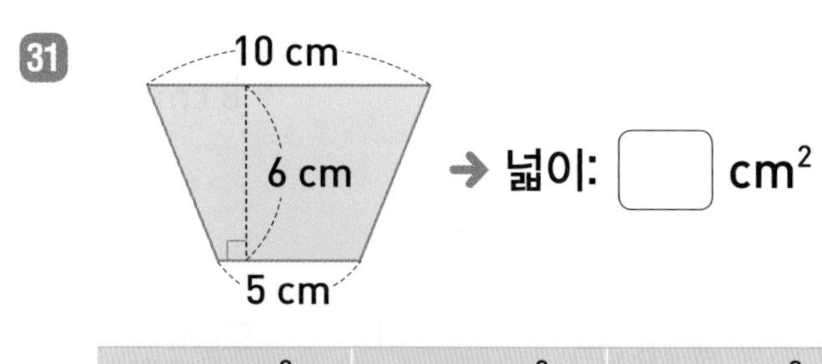

40 cm²	45 cm²	50 cm²
말	관	되

40회 테스트 6. 다각형의 둘레와 넓이

정다각형의 둘레를 구하세요.

1
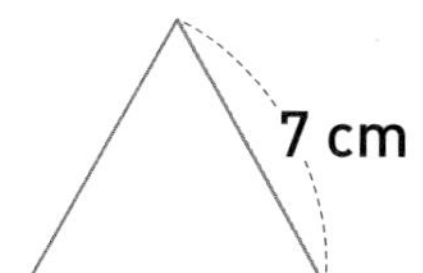

( )

2
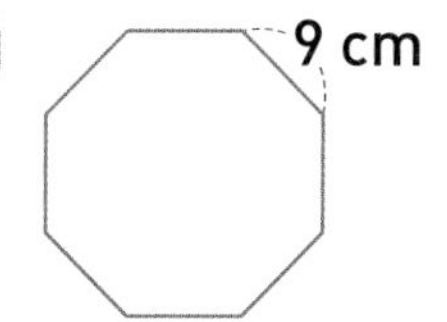

( )

3
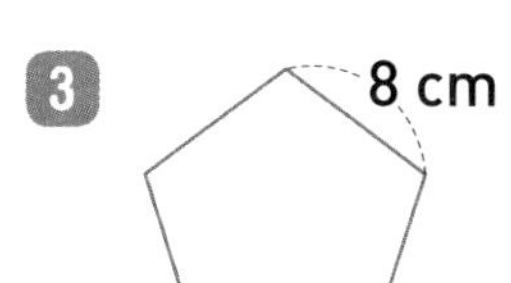

( )

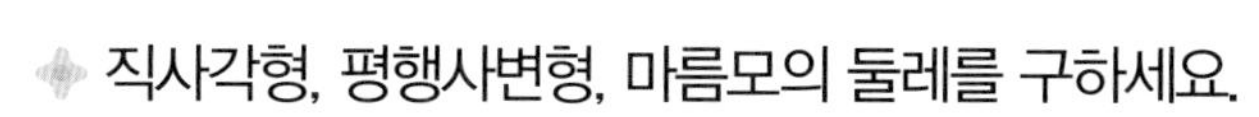
직사각형, 평행사변형, 마름모의 둘레를 구하세요.

4 6 cm, 5 cm

직사각형 ( )

5
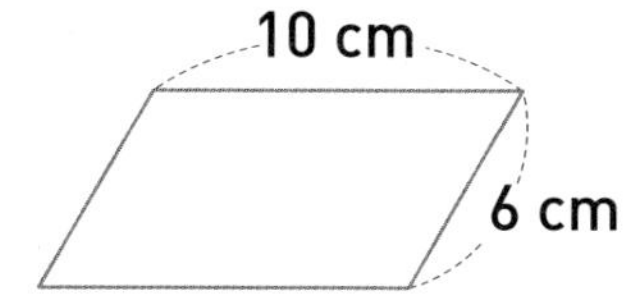

평행사변형 ( )

6 11 cm

마름모 ( )

□ 안에 알맞은 수를 써넣으세요.

7 ① $2\ m^2=$ □ cm^2

② $5\ m^2=$ □ cm^2

8 ① $4\ km^2=$ □ m^2

② $7\ km^2=$ □ m^2

9 ① $10\ km^2=$ □ m^2

② $30\ km^2=$ □ m^2

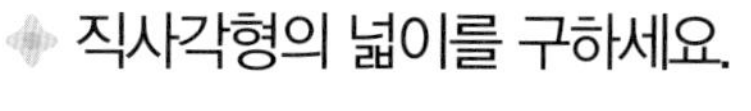
직사각형의 넓이를 구하세요.

10
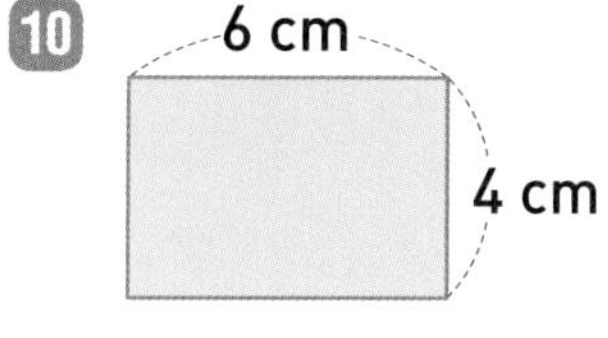

( )

11
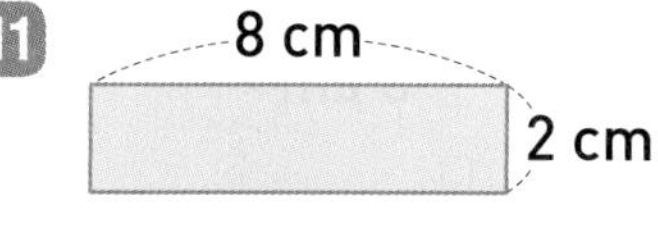

( )

12
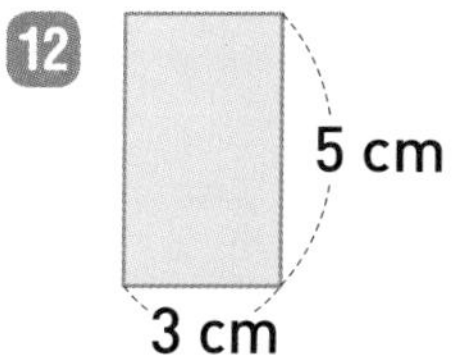

( )

6 단원 정답 23쪽

◈ 평행사변형의 넓이를 구하세요.

13
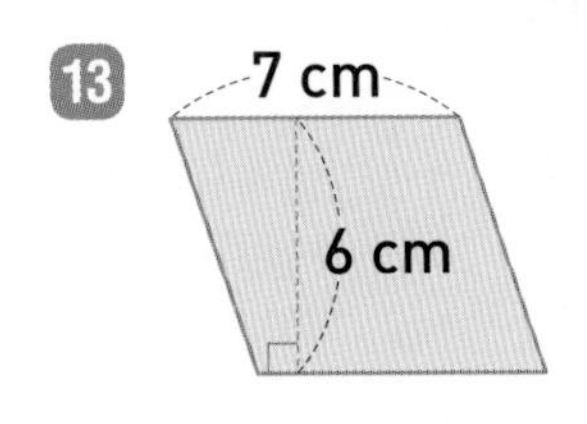

(　　　　　　　　)

14
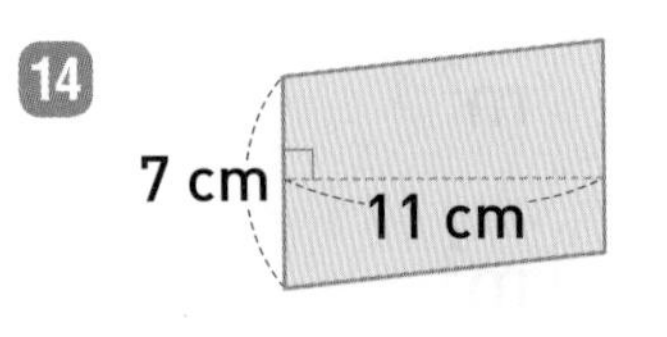

(　　　　　　　　)

15
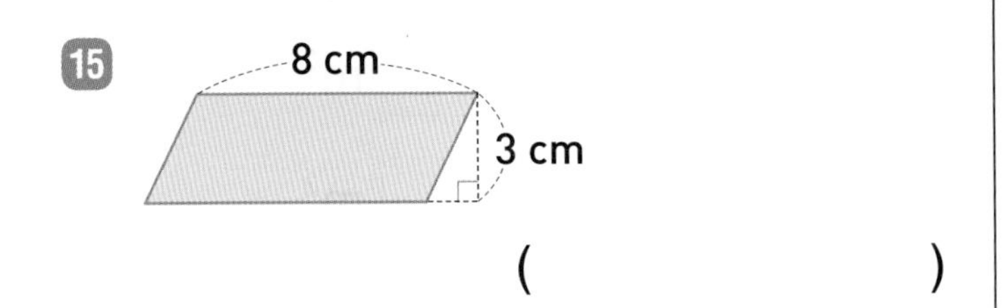

(　　　　　　　　)

◈ 삼각형의 넓이를 구하세요.

16
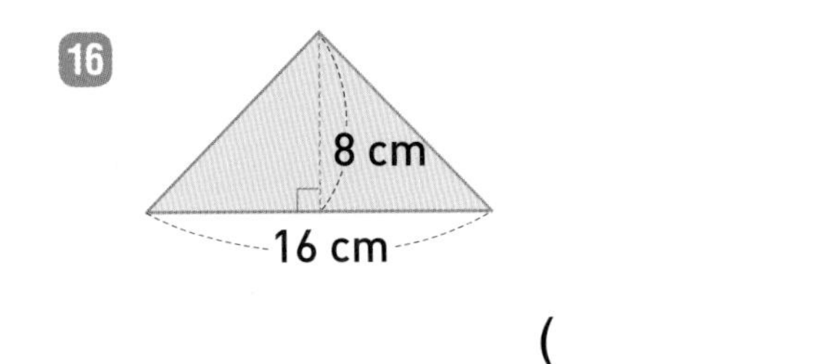

(　　　　　　　　)

17

6 cm

15 cm

(　　　　　　　　)

18
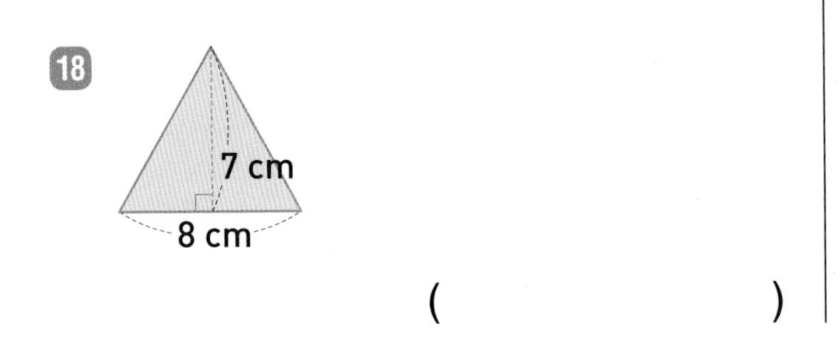

(　　　　　　　　)

◈ 마름모의 넓이를 구하세요.

19
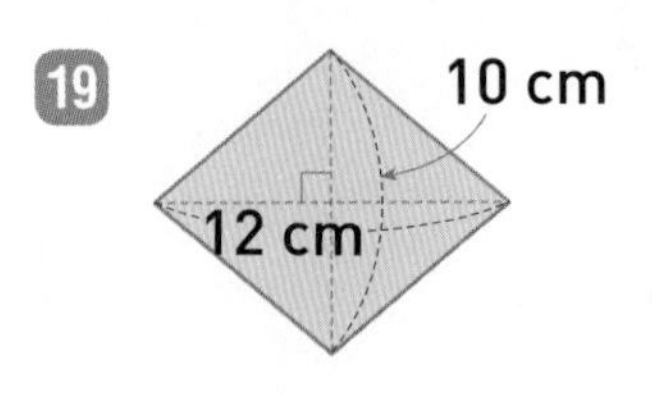

(　　　　　　　　)

20
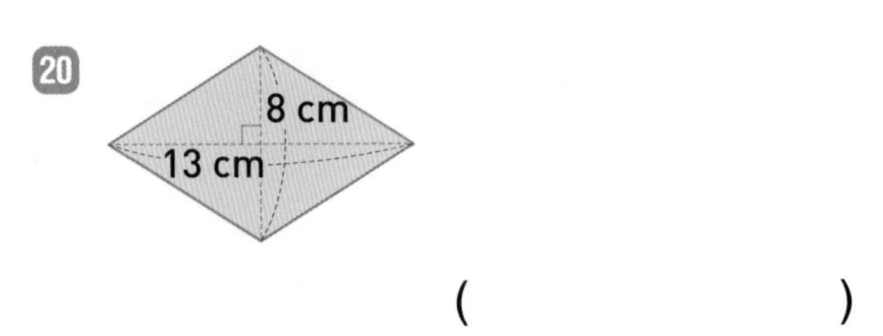

(　　　　　　　　)

21

7 cm

18 cm

(　　　　　　　　)

◈ 사다리꼴의 넓이를 구하세요.

22
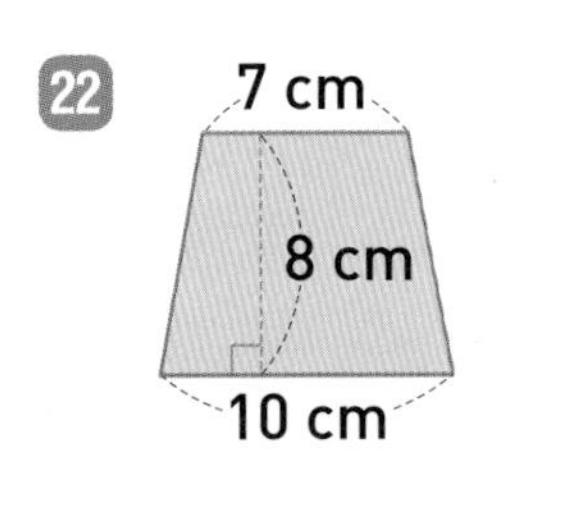

(　　　　　　　　)

23
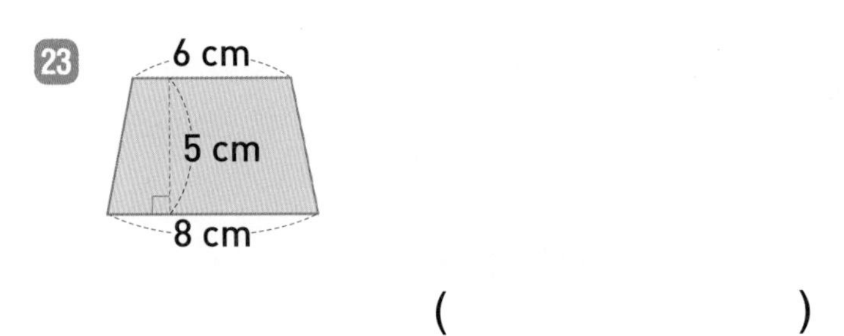

(　　　　　　　　)

24
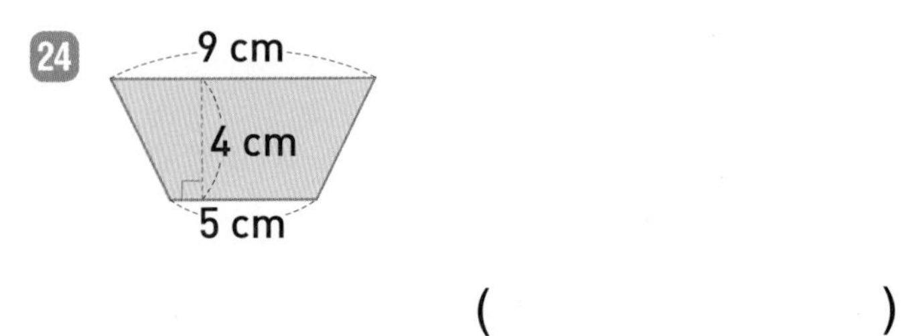

(　　　　　　　　)

◆ 도형의 둘레를 구하세요.

25 한 변의 길이가 5 cm인 정오각형

(　　　　　　)

26 한 변의 길이가 4 cm인 정육각형

(　　　　　　)

27 가로가 2 cm, 세로가 7 cm인 직사각형

(　　　　　　)

28 한 변의 길이가 16 cm인 마름모

(　　　　　　)

◆ 주어진 도형의 넓이가 다음과 같을 때 ☐ 안에 알맞은 수를 써넣으세요.

29 직사각형의 넓이: 32 cm^2

4 cm

☐ cm

30 평행사변형의 넓이: 56 cm^2

8 cm

☐ cm

◆ 넓이가 다른 도형을 찾아 기호를 쓰세요.

31

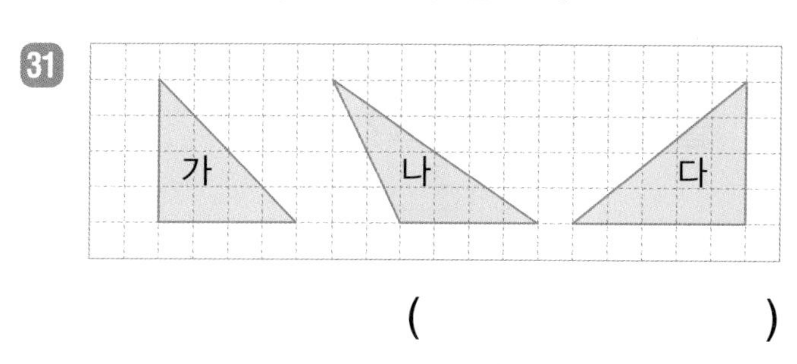

(　　　　　　)

32

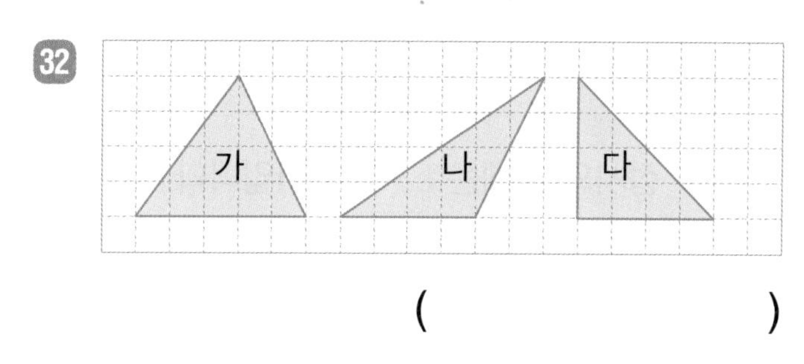

(　　　　　　)

33

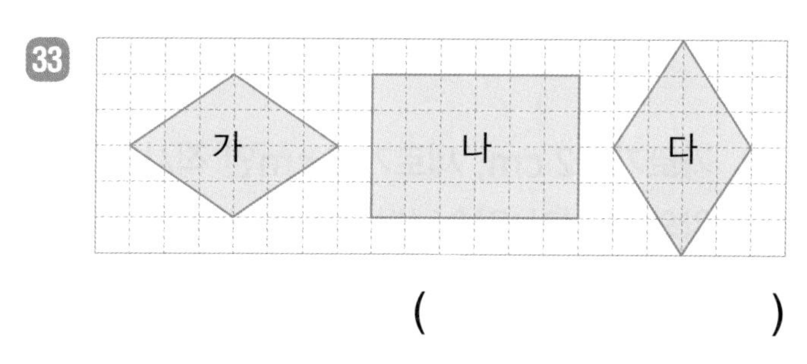

(　　　　　　)

34

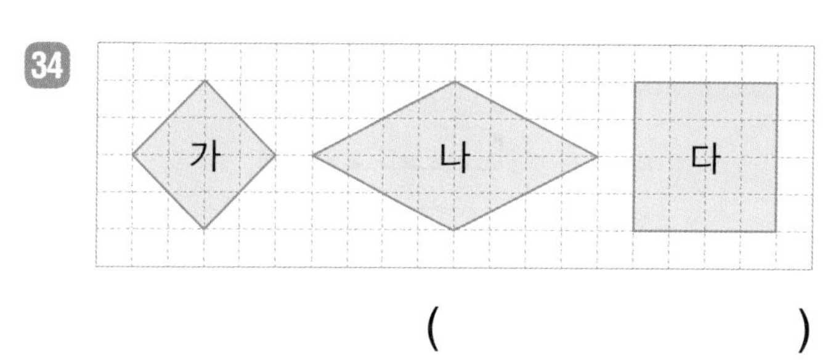

(　　　　　　)

35

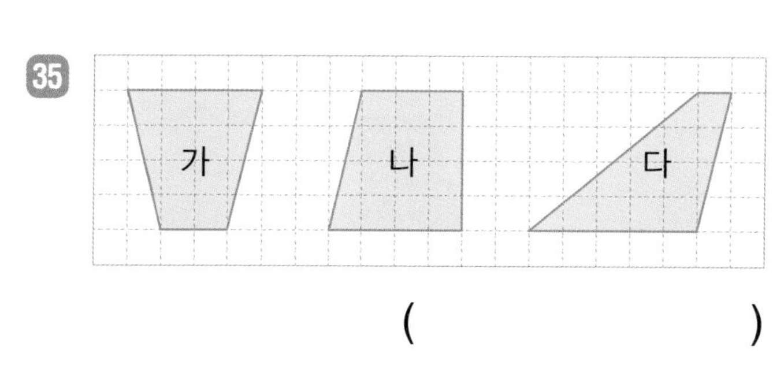

(　　　　　　)

36

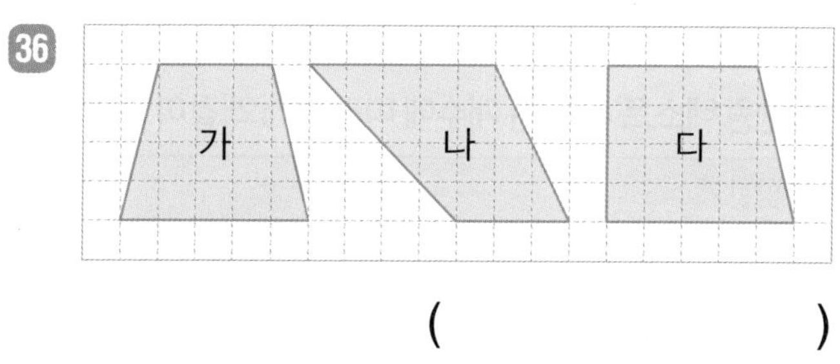

(　　　　　　)

◈ 문제를 읽고 답을 구하세요.

37 정사각형 모양의 접시가 있습니다. 이 접시의 둘레는 몇 cm일까요?

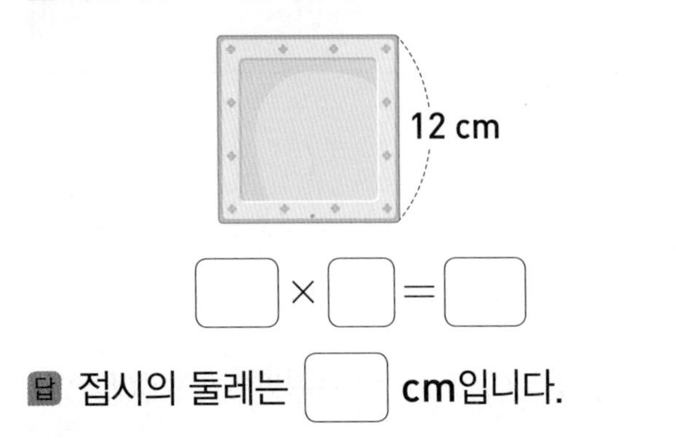

□×□=□

답 접시의 둘레는 □ cm입니다.

38 가로가 12 cm, 세로가 9 cm인 직사각형 모양의 엽서가 있습니다. 이 엽서의 둘레는 몇 cm일까요?

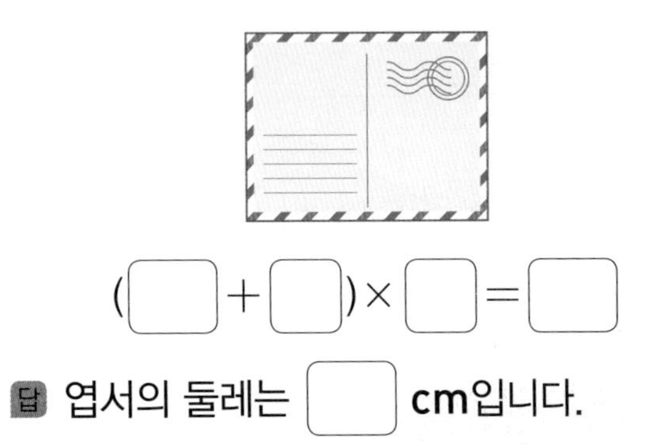

(□+□)×□=□

답 엽서의 둘레는 □ cm입니다.

◈ 문제를 읽고 답을 구하세요.

39 유희는 다음과 같은 직사각형 모양의 표지판을 따라 그리려고 합니다. 이 표지판의 넓이는 몇 m^2일까요?

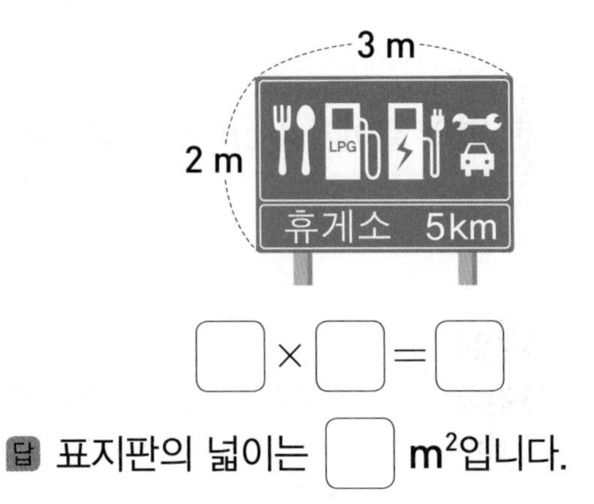

□×□=□

답 표지판의 넓이는 □ m^2입니다.

40 밑변의 길이가 19 m, 높이가 16 m인 삼각형 모양의 화단이 있습니다. 이 화단의 넓이는 몇 m^2일까요?

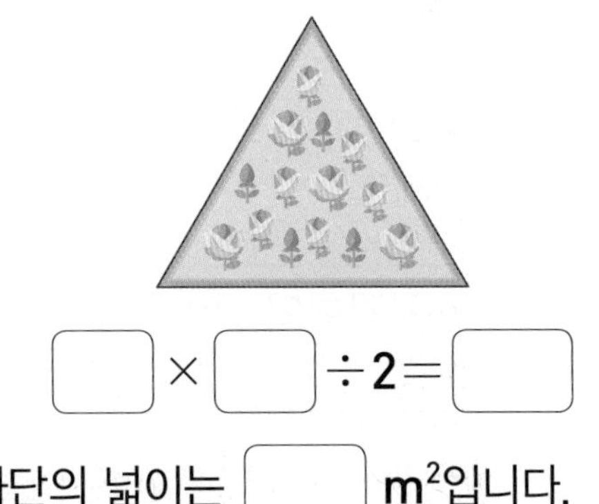

□×□÷2=□

답 화단의 넓이는 □ m^2입니다.

• 6단원 테스트 후 맞힌 개수에 따라 아래와 같이 공부하세요.

맞힌 개수	0~28개	29~36개	37~40개
공부 방법	다각형의 둘레와 넓이에 대한 이해가 부족해요. 32~39회를 다시 공부해요.	다각형의 둘레와 넓이에 대해 이해는 하고 있으나 좀 더 연습이 필요해요.	실수하지 않도록 집중하여 틀린 문제를 확인해요.

동아출판

동아출판 초등 무료 스마트러닝

동아출판 초등 **무료 스마트러닝**으로 쉽고 재미있게!

과목별·영역별 특화 강의

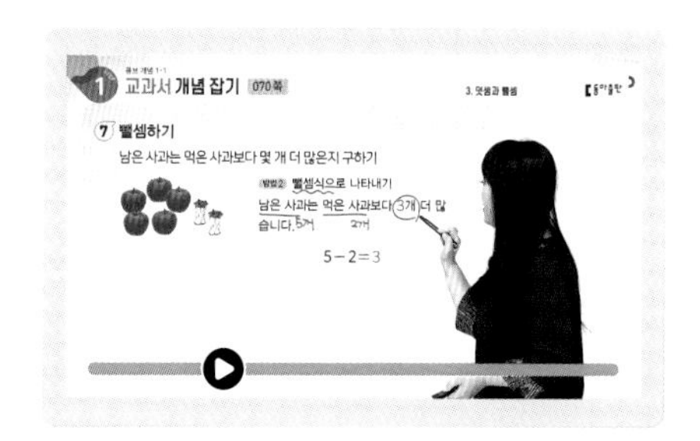

수학 개념 강의

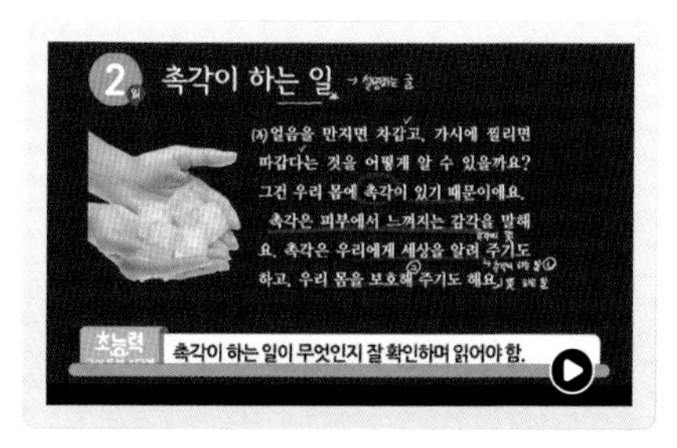

국어 독해 지문 분석 강의

구구단 송

그림으로 이해하는 비주얼씽킹 강의

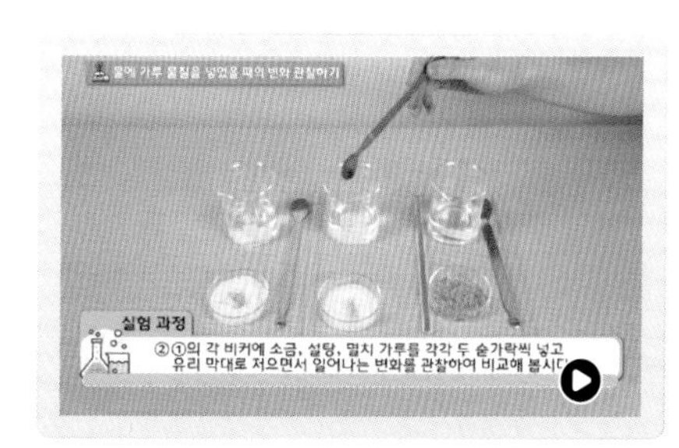

과학 실험 동영상 강의

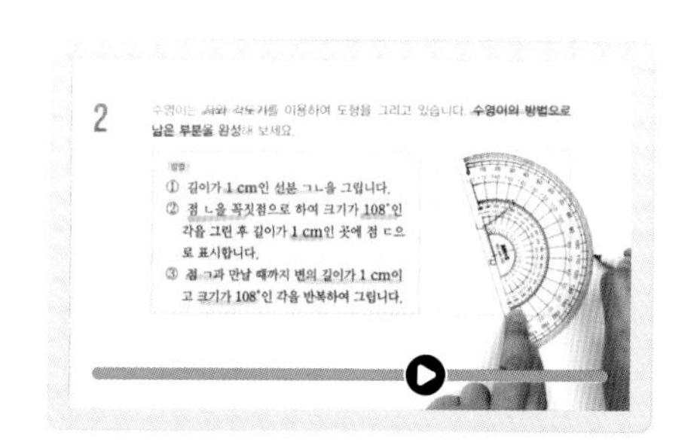

과목별 문제 풀이 강의

서비스 제공 교재 큐브 | 백점 과학 | 빠작 초등 국어 | 초능력 | 초고필 | 하이탑 초등 과학

큐브 수학

연산

5·1

정답

동아출판

차례

5·1

007쪽 01회 덧셈과 뺄셈이 섞여 있는 식의 계산

007쪽

1 $47-21$
2 $8+24$
3 $16+31$
4 $36-11$
5 $13+9$
6 $25-18$
7 47, 41
8 52, 14
9 26, 31, 5
10 29, 17
11 36, 51, 15

008쪽

12 22
13 40
14 34
15 47
16 30
17 31
18 56
19 82
20 56
21 63
22 7
23 8
24 12
25 9
26 31
27 34
28 49
29 37
30 33
31 35

009쪽

32 66
33 11
34 12
35 47
36 $20-(9+7)=4$
37 $15+26-19=22$
38 $76-(22+15)=39$
39 $41-12+17=46$
40 >
41 >
42 =
43 >
44 >
45 8500, 3000, 5000, 500 / 500

010쪽

46 (왼쪽에서부터) 50, 20, 25
47 (왼쪽에서부터) 9, 19, 30
48 (왼쪽에서부터) 25, 20, 43

011쪽 02회 곱셈과 나눗셈이 섞여 있는 식의 계산

011쪽

1 ㉠
2 ㉠
3 ㉡
4 ㉡
5 ㉡
6 $42\div7\times14=6\times14$ (① $42\div7$, ② 6×14) $=84$
7 $15\times4\div3=60\div3$ (① 15×4, ② $60\div3$) $=20$
8 $160\div(8\times4)=160\div32$ (① 8×4, ② $160\div32$) $=5$
9 $(24\times6)\div12=144\div12$ (① 24×6, ② $144\div12$) $=12$

012쪽

10 8
11 48
12 21
13 125
14 18
15 10
16 16
17 40
18 96
19 40
20 3
21 2
22 2
23 2
24 4
25 7
26 4
27 7
28 8
29 8

013쪽

30 9
31 8
32 6
33 8
34 ㉡
35 ㉠
36 ㉡
37 ㉠
38 $4\times27\div12=9$
39 $63\div(3\times3)=7$
40 $40\div(2\times4)=5$
41 70, 7, 5, 2 / 2

014쪽

42 018
43 110
44 035
45 050
46 015
47 005
48 004
49 020

015쪽 03회 덧셈, 뺄셈, 곱셈이 섞여 있는 식의 계산

015쪽

1 ㉡, ㉠, ㉢
2 ㉢, ㉠, ㉡
3 ㉠, ㉡, ㉢
4 ㉡, ㉢, ㉠
5 ㉢, ㉡, ㉠
6 63, 80, 17
7 64, 79, 49
8 14, 70, 80
9 10, 70, 33

016쪽

10 73
11 5
12 22
13 61
14 30
15 45
16 41
17 48
18 87
19 91
20 103
21 110
22 133
23 73
24 48
25 79
26 77
27 118
28 24
29 26

017쪽

30
31
32 ㉠
33 ㉡
34 ㉡
35 7개
36 5개
37 5개
38 1개
39 34, 2, 2, 7, 6 / 6

018쪽

40 40
41 55
42 60
43 45
44 70
45 50
46 35
47 85

- 수수께끼 질문: 떠돌아다니는 문은?
- 수수께끼 정답: 소문

019쪽 04회 덧셈, 뺄셈, 나눗셈이 섞여 있는 식의 계산

019쪽

1 $16\div4$
2 $45\div5$
3 $20-15$
4 $12+6$
5 $34+42\div14-21=34+3-21$
$=37-21$
$=16$
(① $42\div14$, ② $34+3$, ③ $37-21$)
6 $31+28\div(15-8)=31+28\div7$
$=31+4$
$=35$
(① $15-8$, ② $28\div7$, ③ $31+4$)
7 $(18+30)\div3-4=48\div3-4$
$=16-4$
$=12$
(① $18+30$, ② $48\div3$, ③ $16-4$)

020쪽

8 27
9 38
10 21
11 73
12 25
13 51
14 30
15 27
16 48
17 95
18 20
19 3
20 32
21 51
22 57
23 14
24 82
25 2
26 55
27 6

021쪽

28 (선 잇기)
29 (선 잇기)
30 (선 잇기)
31 현아
32 태우
33 승국
34 10
35 3
36 5
37 15
38 4
39 900, 4800, 700 / 700

022쪽

40 37
41 53
42 24
43 37
44 9
45 7
46 41

023쪽 05회 덧셈, 뺄셈, 곱셈, 나눗셈이 섞여 있는 식의 계산

023쪽

1 1, 3, 4, 2
2 1, 3, 4, 2
3 2, 1, 3, 4
4 2, 4, 1, 3
5 2, 3, 4, 1
6 (위에서부터) 10 / 36, 4, 17, 10
7 (위에서부터) 46 / 12, 5, 36, 46
8 (위에서부터) 67 / 19, 9, 76, 67

024쪽

9 53
10 165
11 51
12 30
13 55
14 73
15 26
16 63
17 38
18 71
19 14
20 27
21 29
22 46
23 91
24 59
25 63
26 52
27 20
28 2

025쪽

29 47
30 166
31 15
32 87
33 78, 358 / ×
34 72, 54 / ×
35 28, 18 / ×
36 ㉡
37 ㉠
38 ㉡
39 ㉠
40 500, 2, 6200, 2, 2900 / 2900

026쪽

41 두 번째 □에 ×표 / 17
42 세 번째 □에 ×표 / 50
43 두 번째 □에 ×표 / 15
44 첫 번째 □에 ×표 / 77

027쪽 06회 1단원 테스트

027쪽

1 ① 31 ② 28
2 ① 49 ② 61
3 ① 32 ② 490
4 ① 44 ② 42
5 ① 68 ② 80
6 ① 100 ② 20
7 ① 47 ② 59
8 ① 72 ② 29
9 ① 71 ② 31
10 ① 106 ② 61

정답 1. 자연수의 혼합 계산 ~ 2. 약수와 배수

028쪽

11 ① 21 ② 22
12 ① 13 ② 19
13 ① 8 ② 4
14 ① 9 ② 4
15 ① 253 ② 42
16 ① 20 ② 116
17 ① 30 ② 44
18 ① 97 ② 79
19 ① 59 ② 10
20 ① 24 ② 88

029쪽

21 56
22 35
23 43
24 51
25 지민
26 태수
27 수지
28 ㉠
29 ㉡
30 ㉠
31 $6+(21-7)\times5=76$
32 $14+91\div7=27$
33 $(19+16)\div5-4=3$
34 $22-2\times5+3=15$

030쪽

35 25, 8, 13, 30 / 30
36 54, 6, 3, 3 / 3
37 56, 3, 5, 6, 8 / 8
38 2100, 3, 800, 500 / 500

033쪽 07회 약수

033쪽 ※ 위에서부터 채점하세요.

1 1, 5 / 1, 5
2 1, 4, 2, 8 / 1, 2, 4, 8
3 1, 4, 2, 6, 3, 12 / 1, 2, 3, 4, 6, 12
4 1, 11, 2, 22 / 1, 2, 11, 22
5 10, 5 / 1, 2, 5, 10
6 21, 7 / 1, 3, 7, 21
7 24, 8, 12, 6 / 1, 2, 3, 4, 6, 8, 12, 24
8 56, 14, 28, 8 / 1, 2, 4, 7, 8, 14, 28, 56

034쪽

9 1, 2
10 1, 3, 5, 15
11 1, 17
12 1, 2, 4, 5, 10, 20
13 1, 2, 4, 7, 14, 28
14 1, 2, 4, 5, 8, 10, 20, 40
15 1, 2, 4, 13, 26, 52
16 1, 2, 4
17 1, 3, 9
18 1, 2, 4, 8, 16
19 1, 5, 25
20 1, 7, 49
21 1, 2, 4, 8, 16, 32, 64
22 1, 3, 9, 27, 81

035쪽

23 1, 2, 3, 4, 6, 9, 12, 18, 36
24 1, 3, 5, 9, 15, 45
25 2개
26 6개
27 8개
28 12개
29 (○)(×)
30 (×)(○)
31 (○)(×)
32 (○)(×)
33 (×)(○)
34 50, 25 / 25

036쪽

35 4개
36 2개
37 6개
38 4개
39 8개
40 6개

037쪽 08회 배수

037쪽

1 2, 4, 6 / 2, 4, 6
2 7, 14, 21 / 7, 14, 21
3 12, 24, 36 / 12, 24, 36
4 15, 30, 45 / 15, 30, 45
5 5, 10, 15 / 5, 10, 15
6 9, 18, 27 / 9, 18, 27
7 11, 22, 33 / 11, 22, 33

038쪽

8 10, 20, 30, 40
9 13, 26, 39, 52
10 14, 28, 42, 56
11 16, 32, 48, 64
12 18, 36, 54, 72
13 20, 40, 60, 80
14 22, 44, 66, 88
15 25, 50, 75, 100, 125
16 27, 54, 81, 108, 135
17 31, 62, 93, 124, 155
18 34, 68, 102, 136, 170
19 36, 72, 108, 144, 180
20 40, 80, 120, 160, 200
21 50, 100, 150, 200, 250

039쪽

22 3, 6, 9, 12, 15, 18, 21, 24, 27, 30, 33, 36, 39, 42, 45, 48
23 8, 16, 24, 32, 40, 48
24 ㉡
25 ㉢
26 ㉢
27 48
28 54
29 52
30 57
31 16 / 16, 32, 48

040쪽

32
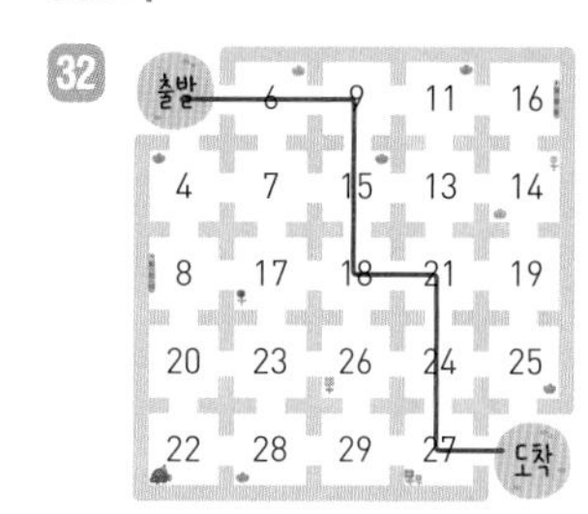

33
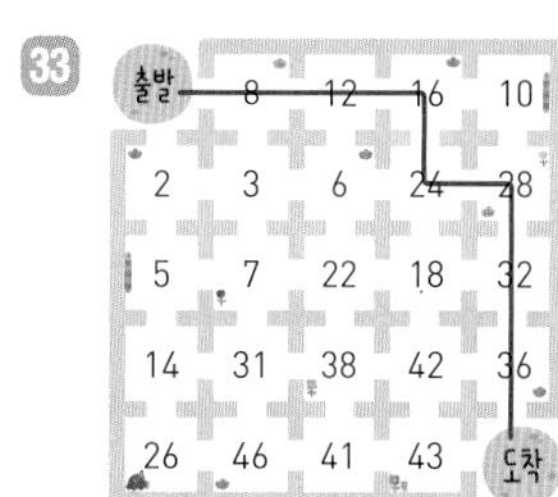

34
출발 1 27 31 38
5 3 25 30 35
10 15 20 33 40
11 18 26 41 45
17 12 29 43 도착

35
출발 2 4 12 20
8 16 24 30 18
1 10 32 34 42
18 28 40 52 60
36 44 48 56 도착

041쪽 09회 공약수와 최대공약수

041쪽

1 1, 3 / 1, 3
2 1, 2 / 1, 2
3 1, 2, 4 / 1, 2, 4
4 1, 2, 4 / 1, 2, 4
5 1, 2, 3, 6 / 6
6 1, 3, 9 / 9
7 1, 5 / 5

042쪽

8 1, 2, 4, 8, 16 / 1, 2, 4, 5, 10, 20 / 1, 2, 4
9 1, 5, 25 / 1, 2, 3, 5, 6, 10, 15, 30 / 1, 5
10 1, 2, 3, 4, 6, 8, 12, 24 / 1, 2, 3, 6, 7, 14, 21, 42 / 1, 2, 3, 6
11 1, 3, 9, 27 / 1, 3, 5, 9, 15, 45 / 1, 3, 9
12 1, 2, 4, 8, 16, 32 / 1, 2, 4, 7, 8, 14, 28, 56 / 1, 2, 4, 8
13 1, 2, 4, 5, 10, 20 / 1, 2, 4, 5, 8, 10, 20, 40 / 1, 2, 4, 5, 10, 20
14 1, 7 / 7
15 1, 2, 5, 10 / 10
16 1, 2, 3, 4, 6, 12 / 12
17 1, 3, 5, 15 / 15
18 1, 2, 7, 14 / 14
19 1, 11 / 11

043쪽

20 ① 3개 ② 2개
21 ① 2개 ② 3개
22 ① 4개 ② 2개
23 ㉠
24 ㉡
25 ㉠
26 ㉡
27 1, 5
28 1, 2, 4
29 1, 7
30 1, 2, 4, 8, 16
31 1, 2, 5, 10
32 16, 28, 4 / 4

044쪽

33
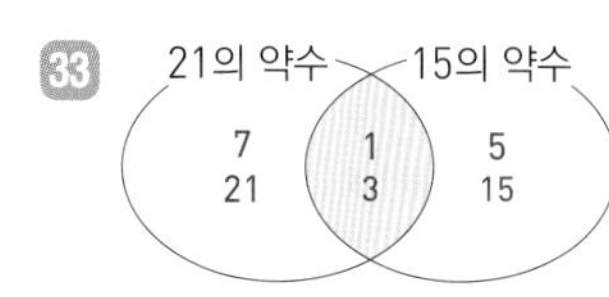

/ 3

35
25의 약수 40의 약수
25 | 1 5 | 2 4 8 10 20 40
/ 5

34
18의 약수 27의 약수
2 6 18 | 1 3 9 | 27
/ 9

36
56의 약수 32의 약수
7 14 28 56 | 1 2 4 8 | 16 32
/ 8

37
18의 약수 24의 약수
9 18 | 1 2 3 6 | 4 8 12 24
/ 6

045쪽 10회 최대공약수를 구하는 방법

045쪽

1 2, 2, 4
2 2, 3, 6
3 2, 7, 14
4 3, 3, 9
5 3, 5, 15
6 2, 2, 4
7 2, 7, 14

046쪽

8 2, 3, 5 / 5, 7 / 5
9 2, 2, 7 / 2, 2, 2, 2 / 4
10 2, 2, 2, 3 / 2, 3, 3, 3 / 6
11 2, 3, 7 / 3, 3, 7 / 21
12 3, 3, 5 / 3, 3, 3, 3 / 9

13 예 ①
2) 36 48 / 12
2) 18 24
3) 9 12
3 4

②
2) 24 16 / 8
2) 12 8
2) 6 4
3 2

14 예 ①
3) 18 27 / 9
3) 6 9
2 3

②
2) 30 12 / 6
3) 15 6
5 2

15 예 ①
2) 40 70 / 10
5) 20 35
4 7

②
2) 42 56 / 14
7) 21 28
3 4

16 예 ①
2) 56 16 / 8
2) 28 8
2) 14 4
7 2

②
2) 80 60 / 20
2) 40 30
5) 20 15
4 3

047쪽

17 ① 6 ② 5
18 ① 3 ② 6
19 ① 16 ② 7
20 9 / 1, 3, 9
21 4 / 1, 2, 4
22 8 / 1, 2, 4, 8
23 15 / 1, 3, 5, 15
24 ㉡
25 ㉠
26 ㉡
27 ㉠
28 12, 18, 6 / 6

048쪽

29
3) 27 24 / 3
9 8

30 예
2) 24 42 / 6
3) 12 21
4 7

31 예
2) 20 8 / 4
2) 10 4
5 2

32
5) 10 15 / 5
2 3

33
2) 22 20 / 2
11 10

34
7) 21 28 / 7
3 4

마행처우역거

049쪽 11회 공배수와 최소공배수

049쪽

1 6, 12 / 6, 12
2 24, 48 / 24, 48
3 9, 18 / 9, 18
4 30, 60 / 30, 60
5 10, 20 / 10
6 6, 12, 18, 24 / 6
7 12, 24, 36 / 12

050쪽

8 8, 16, 24, 32, 40, 48 / 12, 24, 36, 48, 60, 72 / 24, 48
9 4, 8, 12, 16, 20, 24 / 8, 16, 24, 32, 40, 48 / 8, 16
10 3, 6, 9, 12, 15, 18 / 5, 10, 15, 20, 25, 30 / 15, 30
11 6, 12, 18, 24, 30, 36 / 15, 30, 45, 60, 75, 90 / 30, 60
12 10, 20, 30, 40, 50, 60 / 6, 12, 18, 24, 30, 36 / 30, 60
13 5, 10, 15, 20, 25, 30 / 4, 8, 12, 16, 20, 24 / 20, 40
14 14, 28, 42 / 14
15 12, 24, 36 / 12
16 18, 36, 54 / 18
17 40, 80, 120 / 40
18 24, 48, 72 / 24
19 56, 112, 168 / 56

051쪽

20 30, 60, 90

21 20, 40, 60

22 8, 16, 24, 32

23 24, 48, 72

24 2와 5의 최소공배수

25 4와 6의 최소공배수

26 2와 7의 최소공배수

27 22와 11의 최소공배수

28 12, 24, 36

29 21, 42, 63

30 30, 60, 90

31 36, 72, 108

32 42, 84, 126

33 4, 5, 20 / 20

052쪽

34 / 24

8월

월	화	수	목	금	토	일
1	2	3	4	5	6	7
8	9	10	11	12	13	14
15	16	17	18	19	20	21
22	23	24	25	26	27	28
29	30	31				

35 / 14, 28

6월

월	화	수	목	금	토	일
		1	2	3	4	5
6	7	8	9	10	11	12
13	14	15	16	17	18	19
20	21	22	23	24	25	26
27	28	29	30			

36 / 12, 24

10월

월	화	수	목	금	토	일
				1	2	3
4	5	6	7	8	9	10
11	12	13	14	15	16	17
18	19	20	21	22	23	24
25	26	27	28	29	30	31

053쪽 12회 최소공배수를 구하는 방법

053쪽

1 2, 3, 3, 54

2 2, 2, 5, 100

3 2, 3, 5, 90

4 2, 3, 24

5 3, 4, 36

6 3, 5, 135

054쪽

7 2, 3 / 2, 7 / 42

8 3, 3 / 2, 3, 3 / 18

9 2, 2, 5 / 2, 2, 7 / 140

10 2, 2, 3 / 2, 2, 2, 2 / 48

11 3, 5, 7 / 3, 3, 5 / 315

12 예 ① 2) 24 36 / 72
2) 12 18
3) 6 9
2 3

② 2) 60 30 / 60
3) 30 15
5) 10 5
2 1

13 예 ① 2) 40 30 / 120
5) 20 15
4 3

② 3) 18 27 / 54
3) 6 9
2 3

14 예 ① 2) 52 24 / 312
2) 26 12
13 6

② 2) 28 42 / 84
7) 14 21
2 3

15 예 ① 2) 36 54 / 108
3) 18 27
3) 6 9
2 3

② 3) 81 54 / 162
3) 27 18
3) 9 6
3 2

055쪽

16 ① 90 ② 80
17 ① 80 ② 144
18 ① 180 ② 120
19 80 / 80, 160, 240
20 96 / 96, 192, 288
21 150 / 150, 300, 450
22 105 / 105, 210, 315
23 ㉡
24 ㉡
25 ㉠
26 ㉡
27 9, 15, 45 / 45

056쪽

28 3) 9 15 / 45
   3 5
29 2) 8 14 / 56
   4 7
30 5) 25 40 / 200
   5 8
31 예 2) 20 50 / 100
   5) 10 25
   2 5
32 예 2) 6 24 / 24
   3) 3 12
   1 4
33 7) 14 49 / 98
   2 7

B

057쪽 13회 2단원 테스트

057쪽

1 1, 2, 4
2 1, 2, 3, 6
3 1, 3, 9
4 1, 2, 3, 4, 6, 12
5 1, 13
6 1, 2, 4, 8, 16
7 1, 5, 7, 35
8 5, 10, 15, 20
9 6, 12, 18, 24
10 9, 18, 27, 36
11 15, 30, 45, 60
12 19, 38, 57, 76
13 23, 46, 69, 92
14 26, 52, 78, 104

058쪽

15 1, 2, 3, 6, 9, 18 / 1, 2, 3, 6, 7, 14, 21, 42 / 1, 2, 3, 6
16 1, 2, 3, 4, 6, 8, 12, 24 / 1, 2, 4, 8, 16 / 1, 2, 4, 8
17 1, 2, 5, 10, 25, 50 / 1, 3, 5, 15, 25, 75 / 1, 5, 25
18 3, 6, 9, 12, 15, 18 / 4, 8, 12, 16, 20, 24 / 12, 24
19 8, 16, 24, 32, 40, 48 / 12, 24, 36, 48, 60, 72 / 24, 48
20 15, 30, 45, 60, 75, 90 / 10, 20, 30, 40, 50, 60 / 30, 60
21 2 / 40
22 13 / 78
23 10 / 120
24 25 / 300
25 8 / 112
26 7 / 210

059쪽

27 ㉢
28 ㉠
29 ㉡
30 ㉢
31 48
32 55
33 56
34 51
35 ① 4개 ② 3개
36 ① 2개 ② 4개
37 ① 4개 ② 2개
38 ① 6개 ② 4개
39 39와 52의 최소공배수
40 22와 55의 최소공배수
41 40과 90의 최소공배수
42 45와 18의 최소공배수

060쪽

43 20, 10 / 10
44 19 / 19, 38, 57
45 20, 24, 4 / 4
46 4, 6, 12 / 12

063쪽 14회 도형에서의 대응 관계

063쪽

1 3, 4 / 1
2 4, 6 / 2
3 10, 15 / 5
4 (   )(○)
5 (○)(   )
6 (   )(○)

064쪽

7 (원의 수)=(삼각형 수)×2
또는 (삼각형 수)=(원의 수)÷2

8 (사각형 수)=(삼각형 수)+1
또는 (삼각형 수)=(사각형 수)−1

9 (삼각형 수)=(사각형 수)×2
또는 (사각형 수)=(삼각형 수)÷2

10 (사각형 수)=(삼각형 수)+1
또는 (삼각형 수)=(사각형 수)−1

11 (변의 수)=(사각형 수)×4
또는 (사각형 수)=(변의 수)÷4

12 △=□×2 또는 □=△÷2

13 △=□+4 또는 □=△−4

14 △=□÷8 또는 □=△×8

15 △=□−7 또는 □=△+7

16 △=□×9 또는 □=△÷9

17 △=□+16 또는 □=△−16

065쪽

18 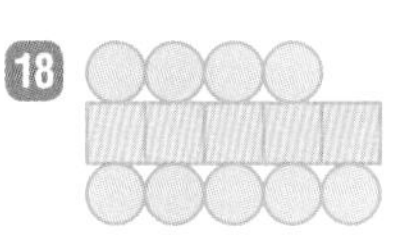

19

20 20개

21 11개

22 5개

23 (사각형 수)−2

24 (사각형 수)÷2

25 (삼각형 수)−1

26 3 / 60

066쪽

27 6

28 4

29 5

30 4

067쪽 15회 생활 속에서의 대응 관계

067쪽

1 예 책 수

2 예 연필 수

3 예 의자 수

4 4, 6, 8

5 3, 4, 5

6 20, 30, 40

068쪽

7 (그림 수)=(누름 못 수)−1
또는 (누름 못 수)=(그림 수)+1

8 (사탕 수)=(접시 수)×4
또는 (접시 수)=(사탕 수)÷4

9 (물고기 수)=(어항 수)×6
또는 (어항 수)=(물고기 수)÷6

10 (요금)=(주차 시간)×3000
또는 (주차 시간)=(요금)÷3000

11 □=△÷4 또는 △=□×4

12 ○=☆×500 또는 ☆=○÷500

13 △=□−1 또는 □=△+1

14 □=△×30 또는 △=□÷30

069쪽

15 예 자른 횟수, ☆, ☆+1

16 예 입장료, △, △÷700

17 예 꽃 수, ♡, ♡×8

18 ㉠

19 ㉡

20 30 / 240

070쪽

21 바퀴 수 = 자전거 수 × 2
또는 자전거 수 = 바퀴 수 ÷ 2

22 집게 수 = 사진 수 + 1
또는 사진 수 = 집게 수 − 1

23 다리 수 = 문어 수 × 8
또는 문어 수 = 다리 수 ÷ 8

24 우유 수 = 봉지 수 × 3
또는 봉지 수 = 우유 수 ÷ 3

071쪽 16회 3단원 테스트

071쪽

1 (삼각형 수)=(사각형 수)×2
또는 (사각형 수)=(삼각형 수)÷2

2 (원의 수)=(사각형 수)+2
또는 (사각형 수)=(원의 수)−2

3 (변의 수)=(육각형 수)×6
또는 (육각형 수)=(변의 수)÷6

4 (삼각형 수)=(사각형 수)+4
또는 (사각형 수)=(삼각형 수)−4

5 (사각형 수)=(원의 수)+2
또는 (원의 수)=(사각형 수)−2

6 △=□×3 또는 □=△÷3

7 △=□+11 또는 □=△−11

8 △=□×4 또는 □=△÷4

9 △=□+5 또는 □=△−5

10 △=□+8 또는 □=△−8

11 △=□×7 또는 □=△÷7

072쪽

12 (의자 수)=(책상 수)×2
또는 (책상 수)=(의자 수)÷2

13 (철봉 대의 수)=(기둥 수)−1
또는 (기둥 수)=(철봉 대의 수)+1

14 (다리 수)=(삼각대 수)×3
또는 (삼각대 수)=(다리 수)÷3

15 (농구공 수)=(상자 수)×4
또는 (상자 수)=(농구공 수)÷4

16 □=△×6 또는 △=□÷6

17 □=△+1 또는 △=□−1

18 □=△÷4 또는 △=□×4

19 □=△÷5 또는 △=□×5

073쪽

20 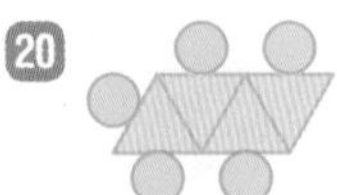

21 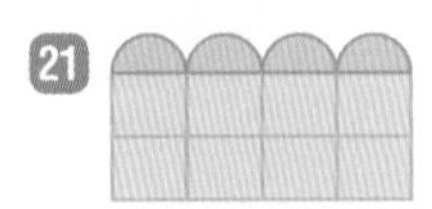

22 (사각형 수)−3

23 (사각형 수)÷4

24 (학생 수)=(모둠 수)×6
또는 (모둠 수)=(학생 수)÷6

25 (이모의 나이)=(연도)−1987
또는 (연도)=(이모의 나이)+1987

26 (연필 수)=(필통 수)×5
또는 (필통 수)=(연필 수)÷5

27 ㉡

28 ㉢

074쪽

29 4 / 40

30 2 / 22

31 13 / 91

32 2 / 2

077쪽 17회 크기가 같은 분수

077쪽

1 $\frac{5}{15}$

2 $\frac{4}{10}$

3 $\frac{12}{16}$

4 $\frac{1}{2}$

5 $\frac{1}{3}$

6 $\frac{3}{4}$

078쪽

7 $\frac{2}{6}$, $\frac{3}{9}$

8 $\frac{6}{8}$, $\frac{9}{12}$

9 $\frac{6}{10}$, $\frac{9}{15}$

10 $\frac{4}{14}$, $\frac{6}{21}$

11 $\frac{10}{16}$, $\frac{15}{24}$

12 $\frac{14}{18}$, $\frac{21}{27}$

13 $\frac{6}{20}$, $\frac{9}{30}$

14 $\frac{3}{6}$, $\frac{2}{4}$

15 $\frac{4}{10}$, $\frac{2}{5}$

16 $\frac{3}{9}$, $\frac{1}{3}$

17 $\frac{15}{18}$, $\frac{10}{12}$

18 $\frac{5}{15}$, $\frac{3}{9}$

19 $\frac{24}{30}$, $\frac{16}{20}$

20 $\frac{30}{40}$, $\frac{15}{20}$

079쪽

21 $\frac{8}{12}$

22 $\frac{8}{25}$

23 $\frac{10}{16}$

24

25

26

27 14, 28

28 24, 40

29 6, 12

30 4, 2

31 4, 3

32 $\frac{2}{3}$, 4, 6 / 4, 6

080쪽

33 (×)(   )(   )

34 (   )(   )(×)

35 (   )(   )(×)

36 (   )(   )(×)

081쪽 18회 약분

081쪽

1 5 / 5, $\frac{2}{3}$

2 4 / 4, $\frac{3}{9}$

3 8 / 8, $\frac{4}{5}$

4 6 / 5, $\frac{3}{5}$

5 8 / 3, $\frac{1}{3}$

6 4 / 8, $\frac{7}{8}$

082쪽

7 $\frac{18}{20}$, $\frac{9}{10}$

8 $\frac{9}{15}$, $\frac{3}{5}$

9 $\frac{12}{20}$, $\frac{6}{10}$, $\frac{3}{5}$

10 $\frac{21}{24}$, $\frac{14}{16}$, $\frac{7}{8}$

11 $\frac{18}{27}$, $\frac{6}{9}$, $\frac{2}{3}$

12 $\frac{21}{28}$, $\frac{6}{8}$, $\frac{3}{4}$

13 $\frac{20}{32}$, $\frac{10}{16}$, $\frac{5}{8}$

14 $\frac{20}{25}$, $\frac{12}{15}$, $\frac{4}{5}$

15 $\frac{1}{2}$

16 $\frac{1}{3}$

17 $\frac{4}{7}$

18 $\frac{2}{5}$

19 $\frac{1}{6}$

20 $\frac{3}{10}$

21 $\frac{4}{15}$

22 $\frac{2}{5}$

083쪽

23 $\frac{3}{4}$

24 $\frac{5}{6}$

25 $\frac{2}{5}$

26 $\frac{3}{4}$

27 $\frac{11}{20}$

28 $\frac{8}{15}$

29 $\frac{7}{18}$

30 $\frac{5}{12}$

31 ㉡

32 ㉠

33 ㉢

34 45, 36, 9, 9, 9, $\frac{4}{5}$ / $\frac{4}{5}$

084쪽

35 $\frac{12}{18}$

36 $\frac{1}{3}$

37 $\frac{1}{3}$

38 $\frac{6}{24}$

39 $\frac{1}{3}$

40 $\frac{2}{6}$

085쪽 19회 통분

085쪽

1. $\frac{8}{20}$, $\frac{15}{20}$
2. $\frac{15}{36}$, $\frac{28}{36}$
3. $\frac{8}{12}$, $\frac{3}{12}$
4. 28, 10
5. 21, 16
6. 5, 14
7. 25, 8
8. 10, 3

086쪽

9. $\frac{3}{6}$, $\frac{2}{6}$
10. $\frac{7}{42}$, $\frac{12}{42}$
11. $\frac{6}{24}$, $\frac{4}{24}$
12. $\frac{30}{40}$, $\frac{4}{40}$
13. $\frac{56}{80}$, $\frac{30}{80}$
14. $\frac{12}{48}$, $\frac{20}{48}$
15. $\frac{15}{50}$, $\frac{20}{50}$
16. $\frac{12}{21}$, $\frac{7}{21}$
17. $\frac{8}{18}$, $\frac{15}{18}$
18. $\frac{3}{8}$, $\frac{2}{8}$
19. $\frac{14}{24}$, $\frac{3}{24}$
20. $\frac{21}{30}$, $\frac{4}{30}$
21. $\frac{3}{63}$, $\frac{14}{63}$
22. $\frac{15}{18}$, $\frac{5}{18}$
23. $\frac{9}{60}$, $\frac{14}{60}$
24. $\frac{20}{36}$, $\frac{33}{36}$

087쪽

25.
26.
27. $\frac{28}{40}$, $\frac{10}{40}$ / $\frac{14}{20}$, $\frac{5}{20}$
28. $\frac{60}{96}$, $\frac{56}{96}$ / $\frac{15}{24}$, $\frac{14}{24}$
29. $\frac{30}{54}$, $\frac{45}{54}$ / $\frac{10}{18}$, $\frac{15}{18}$
30. ㉡
31. ㉠
32. $\frac{1}{4}$, $\frac{5}{6}$, $\frac{3}{12}$, $\frac{10}{12}$ / $\frac{3}{12}$, $\frac{10}{12}$

088쪽

33. $\frac{20}{24}$, $\frac{9}{24}$
34. $\frac{22}{30}$, $\frac{25}{30}$
35. $\frac{63}{90}$, $\frac{40}{90}$
36. $\frac{27}{72}$, $\frac{32}{72}$
37. $\frac{14}{20}$, $\frac{15}{20}$
38. $\frac{44}{60}$, $\frac{45}{60}$

089쪽 20회 분모가 다른 두 분수의 크기 비교

089쪽

1. $>$
2. $<$
3. $<$
4. 10, 3 / $>$
5. 21, 20 / $>$
6. 21, 22 / $<$
7. 5, 7 / $<$

090쪽

8. ① $<$ ② $<$
9. ① $<$ ② $>$
10. ① $>$ ② $>$
11. ① $<$ ② $>$
12. ① $<$ ② $>$
13. ① $>$ ② $<$
14. ① $>$ ② $>$
15. ① $>$ ② $<$
16. ① $>$ ② $<$
17. ① $>$ ② $<$
18. ① $<$ ② $>$
19. ① $>$ ② $>$

091쪽

20. (   )(○)
21. (○)(   )
22. (○)(   )
23. (○)(   )
24. ㉡
25. ㉠
26. ㉠
27. $\frac{4}{9}$
28. $\frac{5}{12}$
29. $\frac{11}{14}$
30. $\frac{7}{8}$, $>$, $\frac{13}{16}$ / 은서

092쪽

31. $>$
32. $<$
33. $>$
34. $<$
35. $>$
36. $<$

◆ 11

093쪽 21회 분모가 다른 세 분수의 크기 비교

093쪽

1 $\frac{3}{5}$, $\frac{2}{3}$, $\frac{11}{15}$

2 $\frac{1}{3}$, $\frac{1}{2}$, $\frac{5}{6}$

3 $\frac{1}{2}$, $\frac{7}{10}$, $\frac{4}{5}$

4 $>$, $>$ / $\frac{1}{6}$, $\frac{2}{3}$, $\frac{4}{5}$

5 $>$, $<$, $<$ / $\frac{1}{2}$, $\frac{5}{8}$, $\frac{7}{9}$

6 $>$, $<$, $>$ / $\frac{3}{5}$, $\frac{7}{10}$, $\frac{5}{6}$

094쪽

7 $\frac{7}{15}$

8 $\frac{4}{9}$

9 $\frac{5}{8}$

10 $\frac{7}{9}$

11 $\frac{5}{6}$

12 $\frac{9}{10}$

13 $\frac{11}{12}$

14 $\frac{2}{7}$

15 $\frac{7}{20}$

16 $\frac{7}{24}$

17 $\frac{7}{36}$

18 $\frac{2}{5}$

19 $\frac{5}{6}$

20 $\frac{5}{22}$

095쪽

21 $\frac{1}{2}$

22 $\frac{2}{3}$

23 $\frac{1}{6}$

24 $\frac{5}{9}$

25 $\frac{2}{5}$, $\frac{3}{10}$, $\frac{4}{15}$

26 $\frac{2}{3}$, $\frac{4}{9}$, $\frac{7}{18}$

27 $\frac{11}{12}$, $\frac{5}{6}$, $\frac{3}{5}$

28 $\frac{1}{2}$

29 $\frac{5}{6}$

30 $\frac{11}{14}$

31 $1\frac{3}{4}$, $1\frac{17}{25}$, $1\frac{3}{5}$ / 기태

096쪽

32 $\frac{3}{4}$

33 $\frac{5}{6}$

34 $\frac{5}{8}$

35 $\frac{7}{10}$

097쪽 22회 분수와 소수의 크기 비교

097쪽

1 5, 5, 5, 0.5

2 4, 4, 48, 0.48

3 125, 125, 625, 0.625

4 6, $\frac{3}{5}$

5 35, $\frac{7}{20}$

6 176, $\frac{22}{125}$

7 ① 6, 0.6 / $<$ ② 6, 7 / $<$

8 ① 42, 0.42 / $<$ ② 48, 24 / $<$

098쪽

9 0.8

10 0.55

11 0.76

12 0.725

13 $\frac{1}{2}$

14 $\frac{9}{20}$

15 $\frac{4}{5}$

16 $\frac{41}{50}$

17 ① $>$ ② $>$

18 ① $<$ ② $>$

19 ① $<$ ② $<$

20 ① $>$ ② $>$

21 ① $<$ ② $>$

22 ① $>$ ② $<$

099쪽

23 0.25

24 0.375

25 $\frac{3}{20}$

26 $\frac{32}{125}$

27 0.12

28 $\frac{1}{2}$

29 0.75

30 $\frac{1}{125}$

31 $\frac{21}{25}$

32 0.65

33 $\frac{17}{20}$

34 $\frac{1}{5}$, $<$, 0.23 / 복숭아

100쪽

35 회

36 전

37 목

38 마

◆ 회전목마

101쪽 23회 4단원 테스트

101쪽

1 $\frac{2}{10}$, $\frac{3}{15}$

2 $\frac{6}{14}$, $\frac{9}{21}$

3 $\frac{10}{12}$, $\frac{15}{18}$

4 $\frac{6}{9}$, $\frac{4}{6}$

5 $\frac{10}{25}$, $\frac{4}{10}$

6 $\frac{7}{14}$, $\frac{2}{4}$

7 $\frac{2}{4}$, $\frac{1}{2}$

8 $\frac{6}{9}$, $\frac{4}{6}$, $\frac{2}{3}$

9 $\frac{6}{14}$, $\frac{3}{7}$

10 $\frac{9}{12}$, $\frac{3}{4}$

11 $\frac{4}{24}$, $\frac{2}{12}$, $\frac{1}{6}$

12 $\frac{3}{27}$, $\frac{2}{18}$, $\frac{1}{9}$

13 $\frac{8}{32}$, $\frac{4}{16}$, $\frac{2}{8}$, $\frac{1}{4}$

14 $\frac{24}{27}$, $\frac{8}{9}$

102쪽

15 $\frac{40}{70}$, $\frac{49}{70}$

16 $\frac{7}{35}$, $\frac{5}{35}$

17 $\frac{15}{27}$, $\frac{18}{27}$

18 $\frac{42}{56}$, $\frac{20}{56}$

19 $\frac{10}{18}$, $\frac{15}{18}$

20 $\frac{6}{14}$, $\frac{9}{14}$

21 $\frac{5}{30}$, $\frac{9}{30}$

22 $\frac{28}{36}$, $\frac{15}{36}$

23 ① $<$ ② $>$

24 ① $<$ ② $<$

25 ① $>$ ② $<$

26 ① $>$ ② $<$

27 ① $<$ ② $>$

28 ① $>$ ② $<$

103쪽

29

30

31

32 $\frac{7}{9}$

33 $\frac{2}{7}$

34 $\frac{3}{5}$

35 $\frac{9}{10}$

36 36

37 22

38 8

39 45

40 $\frac{5}{9}$, $\frac{2}{5}$, $\frac{3}{10}$

41 $\frac{8}{9}$, $\frac{7}{10}$, $\frac{7}{12}$

42 $\frac{5}{8}$, $\frac{3}{5}$, $\frac{4}{9}$

104쪽

43 2, 8 / 2, 8

44 20, 15, 5, 5, 5, $\frac{3}{4}$ / $\frac{3}{4}$

45 $>$ / 은서

46 $<$ / 노란색 공

107쪽 24회 분모가 다른 진분수의 덧셈(1)

107쪽

1 60, 63, 123, $\frac{41}{45}$

2 4, 30, 34, $\frac{17}{20}$

3 8, 60, 68, $\frac{17}{24}$

4 21, 28, 49, $\frac{1}{2}$

5 3, 2, $\frac{5}{12}$

6 25, 12, $\frac{37}{40}$

7 14, 33, $\frac{47}{63}$

8 9, 8, $\frac{17}{30}$

9 15, 20, $\frac{35}{36}$

108쪽

10 ① $\frac{11}{12}$ ② $\frac{9}{20}$

11 ① $\frac{13}{15}$ ② $\frac{23}{25}$

12 ① $\frac{67}{72}$ ② $\frac{23}{24}$

13 ① $\frac{7}{9}$ ② $\frac{31}{36}$

14 ① $\frac{17}{20}$ ② $\frac{1}{2}$

15 ① $\frac{13}{14}$ ② $\frac{5}{6}$

16 ① $\frac{29}{30}$ ② $\frac{8}{9}$

17 ① $\frac{42}{55}$ ② $\frac{31}{40}$

18 ① $\frac{17}{35}$ ② $\frac{11}{21}$

19 ① $\frac{19}{24}$ ② $\frac{29}{40}$

20 ① $\frac{34}{39}$ ② $\frac{61}{65}$

21 ① $\frac{23}{30}$ ② $\frac{68}{75}$

109쪽

22 $\frac{5}{6}$, $\frac{8}{15}$

23 $\frac{17}{36}$, $\frac{2}{3}$

24 $\frac{24}{35}$, $\frac{11}{20}$

25 $\frac{13}{24}$

26 $\frac{61}{72}$

27 $\frac{51}{70}$

28 >

29 >

30 <

31 >

32 <

33 $\frac{2}{5}$, $\frac{4}{9}$, $\frac{38}{45}$ / $\frac{38}{45}$

110쪽

34 $\frac{31}{48}$

35 $\frac{31}{40}$

36 $\frac{14}{15}$

37 $\frac{13}{35}$

38 $\frac{7}{18}$

39 $\frac{47}{60}$

111쪽 25회 분모가 다른 진분수의 덧셈(2)

111쪽

1 18, 24, 42, 1, 15, $1\frac{5}{9}$

2 30, 28, 58, 1, 18, $1\frac{9}{20}$

3 18, 40, 58, 1, 10, $1\frac{5}{24}$

4 40, 84, 124, 1, 28, $1\frac{7}{24}$

5 5, 8, 13, $1\frac{3}{10}$

6 15, 4, 19, $1\frac{1}{18}$

7 8, 33, 41, $1\frac{5}{36}$

8 27, 16, 43, $1\frac{13}{30}$

112쪽

9 ① $1\frac{5}{12}$ ② $1\frac{1}{2}$

10 ① $1\frac{7}{40}$ ② $1\frac{23}{60}$

11 ① $1\frac{13}{24}$ ② $1\frac{13}{40}$

12 ① $1\frac{7}{36}$ ② $1\frac{11}{45}$

13 ① $1\frac{5}{36}$ ② $1\frac{7}{24}$

14 ① $1\frac{13}{45}$ ② $1\frac{13}{30}$

15 ① $1\frac{3}{20}$ ② $1\frac{7}{36}$

16 ① $1\frac{1}{6}$ ② $1\frac{5}{24}$

17 ① $1\frac{1}{14}$ ② $1\frac{1}{28}$

18 ① $1\frac{5}{18}$ ② $1\frac{1}{36}$

19 ① $1\frac{43}{70}$ ② $1\frac{29}{60}$

20 ① $1\frac{22}{35}$ ② $1\frac{31}{56}$

113쪽

21 $1\frac{3}{10}$

22 $1\frac{16}{35}$

23 $1\frac{1}{2}$

24 $1\frac{23}{72}$

25 $1\frac{1}{6}$

26 $1\frac{5}{12}$

27 $1\frac{1}{15}$

28 ㉡

29 ㉠

30 ㉠

31 ㉡

32 $\frac{5}{9}$, $\frac{7}{12}$, $1\frac{5}{36}$ / $1\frac{5}{36}$

114쪽

33 $1\frac{3}{56}$

34 $1\frac{5}{24}$

35 $1\frac{17}{50}$

36 $1\frac{13}{18}$

37 $1\frac{2}{15}$

38 $1\frac{13}{45}$

115쪽 26회 분모가 다른 대분수의 덧셈(1)

115쪽

1 8, 5, 3, 13, $3\frac{13}{20}$

2 7, 6, 5, 13, $5\frac{13}{21}$

3 12, 10, 9, 22, $9\frac{22}{45}$

4 19, 23, 57, 46, 103, $5\frac{13}{18}$

5 41, 42, 205, 84, 289, $5\frac{39}{50}$

6 20, 51, 320, 153, 473, $9\frac{41}{48}$

116쪽

7 ① $5\frac{13}{18}$ ② $6\frac{7}{10}$

8 ① $3\frac{34}{45}$ ② $2\frac{35}{36}$

9 ① $5\frac{17}{36}$ ② $6\frac{11}{12}$

10 ① $5\frac{41}{63}$ ② $3\frac{9}{14}$

11 ① $8\frac{11}{12}$ ② $9\frac{5}{6}$

12 ① $6\frac{43}{48}$ ② $4\frac{43}{60}$

13 ① $2\frac{13}{15}$ ② $3\frac{20}{21}$

14 ① $3\frac{4}{5}$ ② $4\frac{11}{20}$

15 ① $3\frac{23}{40}$ ② $4\frac{13}{24}$

16 ① $5\frac{7}{10}$ ② $3\frac{5}{6}$

17 ① $6\frac{34}{35}$ ② $5\frac{13}{20}$

18 ① $5\frac{31}{36}$ ② $4\frac{41}{45}$

117쪽

19

20

21

22 ① $5\frac{35}{36}$ ② $2\frac{44}{45}$

23 ① $3\frac{11}{14}$ ② $4\frac{57}{80}$

24 $4\frac{13}{24}$

25 $6\frac{67}{80}$

26 $7\frac{5}{12}$

27 $3\frac{3}{8}$, $4\frac{5}{12}$, $7\frac{19}{24}$ / $7\frac{19}{24}$

118쪽

28 $4\frac{23}{33}$

29 $3\frac{13}{20}$

30 $4\frac{25}{63}$

31 $3\frac{25}{42}$

32 $5\frac{5}{8}$

33 $6\frac{7}{12}$

34 $5\frac{19}{24}$

35 $5\frac{1}{2}$

119쪽 27회 분모가 다른 대분수의 덧셈(2)

119쪽

1 16, 9, 25, 1, $4\frac{1}{24}$

2 14, 15, 29, 9, $7\frac{9}{20}$

3 40, 57, 97, 25, $9\frac{25}{72}$

4 11, 3, 22, 21, 43, $3\frac{1}{14}$

5 35, 13, 175, 78, 253, $8\frac{13}{30}$

6 47, 31, 94, 93, 187, $5\frac{7}{36}$

120쪽

7 ① $5\frac{1}{9}$ ② $6\frac{1}{15}$

8 ① $5\frac{13}{40}$ ② $3\frac{17}{60}$

9 ① $7\frac{3}{8}$ ② $8\frac{7}{20}$

10 ① $4\frac{13}{36}$ ② $5\frac{14}{45}$

11 ① $9\frac{5}{24}$ ② $10\frac{11}{18}$

12 ① $5\frac{23}{45}$ ② $5\frac{19}{30}$

13 ① $3\frac{1}{24}$ ② $5\frac{11}{40}$

14 ① $3\frac{1}{12}$ ② $4\frac{1}{3}$

15 ① $4\frac{1}{6}$ ② $6\frac{1}{10}$

16 ① $5\frac{11}{36}$ ② $6\frac{41}{90}$

17 ① $6\frac{1}{2}$ ② $5\frac{18}{35}$

18 ① $5\frac{5}{28}$ ② $6\frac{2}{21}$

121쪽

19 $3\frac{2}{21}$, $4\frac{3}{56}$

20 $9\frac{11}{45}$, $6\frac{7}{36}$

21 $7\frac{3}{4}$, $6\frac{11}{18}$

22 $6\frac{1}{24}$

23 $8\frac{1}{21}$

24 $8\frac{11}{30}$

25 $6\frac{4}{15}$

26 $7\frac{5}{36}$

27 $9\frac{4}{9}$

28 $3\frac{4}{9}$, $4\frac{13}{18}$, $8\frac{1}{6}$ / $8\frac{1}{6}$

122쪽

29 $5\frac{1}{2}$

30 $6\frac{7}{20}$

31 $7\frac{5}{24}$

32 $9\frac{9}{20}$

33 $7\frac{28}{45}$

34 $5\frac{3}{56}$

35 $9\frac{7}{30}$

36 $5\frac{7}{22}$

123쪽 28회 분모가 다른 진분수의 뺄셈

123쪽

1 80, 15, 65, $\frac{13}{20}$

2 40, 30, 10, $\frac{5}{24}$

3 84, 45, 39, $\frac{13}{36}$

4 66, 12, 54, $\frac{3}{4}$

5 10, 6, $\frac{4}{15}$

6 9, 2, $\frac{7}{12}$

7 36, 15, $\frac{21}{40}$

8 10, 7, $\frac{3}{28}$

9 40, 21, $\frac{19}{75}$

124쪽

10 ① $\frac{2}{9}$ ② $\frac{10}{21}$

11 ① $\frac{18}{35}$ ② $\frac{11}{45}$

12 ① $\frac{10}{21}$ ② $\frac{2}{15}$

13 ① $\frac{13}{24}$ ② $\frac{11}{40}$

14 ① $\frac{11}{18}$ ② $\frac{13}{36}$

15 ① $\frac{5}{24}$ ② $\frac{2}{15}$

16 ① $\frac{1}{6}$ ② $\frac{7}{24}$

17 ① $\frac{17}{45}$ ② $\frac{23}{55}$

18 ① $\frac{5}{28}$ ② $\frac{3}{14}$

19 ① $\frac{11}{24}$ ② $\frac{5}{24}$

20 ① $\frac{31}{40}$ ② $\frac{13}{30}$

21 ① $\frac{11}{60}$ ② $\frac{31}{75}$

125쪽

22 $\frac{13}{60}$, $\frac{4}{45}$

23 $\frac{19}{48}$, $\frac{1}{2}$

24 $\frac{17}{45}$, $\frac{13}{72}$

25 $\frac{27}{40}$

26 $\frac{25}{36}$

27 $\frac{38}{63}$

28 $<$

29 $>$

30 $<$

31 $<$

32 $>$

33 $\frac{4}{9}$, $\frac{3}{8}$, $\frac{5}{72}$ / $\frac{5}{72}$

126쪽

34 $\frac{11}{70}$
35 $\frac{4}{9}$
36 $\frac{3}{10}$
37 $\frac{2}{15}$
38 $\frac{5}{14}$
39 $\frac{7}{16}$

휴대 전화

127쪽 29회 분모가 다른 대분수의 뺄셈(1)

127쪽

1 6, 5, 3, 1, $3\frac{1}{30}$
2 27, 8, 2, 19, $2\frac{19}{42}$
3 5, 2, 5, 3, $5\frac{3}{10}$
4 7, 6, 35, 12, 23, $2\frac{3}{10}$
5 86, 13, 86, 39, 47, $3\frac{2}{15}$
6 59, 45, 236, 135, 101, $4\frac{5}{24}$

128쪽

7 ① $3\frac{2}{9}$ ② $2\frac{7}{15}$
8 ① $3\frac{3}{28}$ ② $2\frac{4}{21}$
9 ① $2\frac{5}{24}$ ② $1\frac{1}{8}$
10 ① $3\frac{5}{18}$ ② $2\frac{19}{36}$
11 ① $1\frac{5}{44}$ ② $2\frac{1}{33}$
12 ① $\frac{7}{30}$ ② $\frac{5}{24}$
13 ① $2\frac{1}{3}$ ② $3\frac{5}{18}$
14 ① $3\frac{1}{10}$ ② $2\frac{3}{20}$
15 ① $1\frac{17}{24}$ ② $3\frac{10}{21}$
16 ① $2\frac{13}{72}$ ② $6\frac{17}{72}$
17 ① $3\frac{13}{30}$ ② $1\frac{31}{40}$
18 ① $\frac{19}{75}$ ② $2\frac{23}{45}$

129쪽

19 (위에서부터) $3\frac{5}{8}$, $2\frac{1}{4}$
20 (위에서부터) $2\frac{13}{30}$, $3\frac{17}{30}$
21 (위에서부터) $2\frac{1}{6}$, $1\frac{13}{20}$
22 $6\frac{13}{20}$
23 $5\frac{53}{80}$
24 $4\frac{5}{42}$
25 $2\frac{17}{48}$
26 $3\frac{11}{30}$
27 $1\frac{17}{24}$
28 $6\frac{5}{8}$, $1\frac{2}{5}$, $5\frac{9}{40}$ / $5\frac{9}{40}$

130쪽

29 $3\frac{1}{12}$
30 $3\frac{1}{10}$
31 $1\frac{5}{9}$
32 $5\frac{9}{28}$
33 $1\frac{3}{16}$
34 $1\frac{4}{9}$
35 $5\frac{17}{36}$
36 $3\frac{19}{42}$

오늘도 보람찬 하루

131쪽 30회 분모가 다른 대분수의 뺄셈(2)

131쪽

1 2, 20, 1, 17, $1\frac{17}{18}$
2 5, 45, 3, 21, $3\frac{21}{40}$
3 15, 33, 3, 17, $3\frac{17}{18}$
4 21, 8, 63, 40, 23, $1\frac{8}{15}$
5 43, 41, 129, 82, 47, $1\frac{23}{24}$
6 74, 13, 74, 39, 35, $3\frac{8}{9}$

132쪽

7 ① $2\frac{13}{18}$ ② $1\frac{7}{10}$

8 ① $2\frac{8}{9}$ ② $1\frac{14}{15}$

9 ① $2\frac{23}{40}$ ② $1\frac{14}{45}$

10 ① $2\frac{5}{8}$ ② $1\frac{7}{8}$

11 ① $2\frac{29}{35}$ ② $1\frac{16}{21}$

12 ① $2\frac{8}{9}$ ② $1\frac{7}{18}$

13 ① $1\frac{17}{24}$ ② $2\frac{11}{15}$

14 ① $1\frac{7}{8}$ ② $\frac{11}{12}$

15 ① $4\frac{13}{20}$ ② $3\frac{7}{10}$

16 ① $1\frac{17}{35}$ ② $4\frac{32}{63}$

17 ① $\frac{61}{72}$ ② $3\frac{7}{18}$

18 ① $2\frac{4}{15}$ ② $3\frac{11}{50}$

133쪽

19 $3\frac{7}{12}$, $1\frac{13}{20}$

20 $1\frac{7}{24}$, $4\frac{47}{56}$

21 ① $2\frac{13}{21}$ ② $\frac{7}{10}$

22 ① $1\frac{17}{30}$ ② $2\frac{13}{22}$

23 ① $2\frac{29}{45}$ ② $2\frac{11}{12}$

24 $4\frac{23}{24}$

25 $3\frac{13}{24}$

26 $2\frac{5}{6}$

27 $3\frac{3}{5}$, $1\frac{3}{4}$, $1\frac{17}{20}$ / $1\frac{17}{20}$

134쪽

28 ◯

29 ╳, $1\frac{17}{18}$

30 ◯

31 ╳, $6\frac{35}{36}$

32 ◯

33 ╳, $1\frac{47}{60}$

34 ◯

35 ╳, $2\frac{7}{18}$

135쪽 31회 5단원 테스트

135쪽

1 ① $\frac{8}{15}$ ② $\frac{9}{20}$

2 ① $\frac{37}{42}$ ② $\frac{13}{24}$

3 ① $1\frac{7}{12}$ ② $1\frac{5}{8}$

4 ① $1\frac{23}{72}$ ② $1\frac{5}{18}$

5 ① $\frac{43}{60}$ ② $1\frac{7}{36}$

6 ① $1\frac{19}{45}$ ② $\frac{53}{60}$

7 ① $4\frac{11}{36}$ ② $5\frac{1}{20}$

8 ① $5\frac{11}{40}$ ② $4\frac{13}{20}$

9 ① $5\frac{9}{14}$ ② $8\frac{10}{21}$

10 ① $5\frac{13}{24}$ ② $6\frac{19}{40}$

11 ① $3\frac{4}{9}$ ② $4\frac{14}{45}$

12 ① $7\frac{13}{30}$ ② $7\frac{59}{60}$

136쪽

13 ① $\frac{5}{12}$ ② $\frac{19}{36}$

14 ① $\frac{7}{12}$ ② $\frac{11}{24}$

15 ① $\frac{18}{35}$ ② $\frac{17}{63}$

16 ① $\frac{20}{63}$ ② $\frac{13}{18}$

17 ① $\frac{1}{40}$ ② $\frac{37}{50}$

18 ① $\frac{19}{54}$ ② $\frac{5}{9}$

19 ① $3\frac{3}{4}$ ② $2\frac{19}{22}$

20 ① $3\frac{4}{15}$ ② $1\frac{5}{6}$

21 ① $\frac{39}{40}$ ② $1\frac{17}{45}$

22 ① $3\frac{23}{35}$ ② $2\frac{17}{28}$

23 ① $2\frac{11}{24}$ ② $1\frac{3}{56}$

24 ① $3\frac{5}{6}$ ② $2\frac{27}{40}$

137쪽

25 $\frac{35}{72}$

26 $\frac{1}{8}$

27 $3\frac{5}{6}$

28 $2\frac{5}{6}$

29 ① $\frac{23}{36}$ ② $1\frac{21}{40}$

30 ① $1\frac{17}{45}$ ② $2\frac{17}{21}$

31 ① $6\frac{2}{9}$ ② $6\frac{2}{15}$

32 $<$

33 $<$

34 $=$

35 $>$

36 $\frac{11}{12}$

37 $\frac{5}{42}$

38 $9\frac{1}{8}$

39 $4\frac{11}{12}$

138쪽

40 $\frac{3}{8}$, $\frac{4}{7}$, $\frac{53}{56}$ / $\frac{53}{56}$

41 $1\frac{8}{9}$, $1\frac{1}{2}$, $3\frac{7}{18}$ / $3\frac{7}{18}$

42 $\frac{1}{6}$, $\frac{1}{18}$, $\frac{1}{9}$ / $\frac{1}{9}$

43 $7\frac{3}{8}$, $3\frac{1}{2}$, $3\frac{7}{8}$ / $3\frac{7}{8}$

141쪽 32회 정다각형의 둘레

141쪽

1 5, 5, 15
2 6, 6, 24
3 7, 7, 35
4 4, 5, 20
5 5, 6, 30
6 6, 8, 48

142쪽

7 12 cm
8 40 cm
9 45 cm
10 36 cm
11 56 cm
12 16 cm
13 36 cm
14 42 cm
15 25 cm
16 30 cm

143쪽

17 30 cm
18 48 cm
19 20 cm
20 64 cm
21 ㉠
22 ㉡
23 ㉡
24 9
25 8
26 7
27 15, 4, 60 / 60

144쪽

28 50 cm
29 32 cm
30 42 cm
31 40 cm
32 56 cm
33 18 cm
34 20 cm

145쪽 33회 사각형의 둘레

145쪽

1 6, 3, 2, 18
2 8, 10, 2, 36
3 11, 5, 2, 32
4 10, 7, 2, 34
5 7, 4, 28
6 15, 4, 60

146쪽

7 18 cm
8 38 cm
9 28 cm
10 32 cm
11 40 cm
12 30 m
13 22 m
14 40 m
15 20 m
16 36 m

147쪽

17 14 cm
18 24 cm
19 16 cm
20 20 cm
21 32 cm
22 24 cm
23 52 cm
24 56 cm
25 (   )(○)
26 (○)(   )
27 (   )(○)
28 (○)(   )
29 18, 13, 62 / 62

148쪽

30 36 cm
31 34 cm
32 48 cm
33 48 cm
34 28 cm
35 80 cm

149쪽 34회 넓이의 단위 cm^2, m^2, km^2

149쪽

1 $3\ cm^2$ / 3 제곱센티미터

2 $7\ m^2$ / 7 제곱미터

3 $6\ km^2$ / 6 제곱킬로미터

4 7, 7

5 8, 8

6 10, 10

7 12, 12

150쪽

8 ① 10000 ② 40000

9 ① 200000 ② 350000

10 ① 1000000 ② 3000000

11 ① 12000000 ② 50000000

12 ① m^2 ② m^2

13 ① km^2 ② km^2

14 12, 12

15 2, 2

16 28, 28

17 40, 40

18 54, 54

151쪽

19 539000000, 501

20 605000000, 770

21 1062000000, 1850

22 나, 1

23 나, 3

24 가, 2

25 ㉢

26 ㉡

27 ㉣

28 ㉠

29 12 / 12

152쪽

30 선희, 18

31 민호, 19

32 태성, 18

33 고은, 19

153쪽 35회 직사각형의 넓이

153쪽

1 3, 4, 12 / 12

2 6, 3, 18 / 18

3 5, 2, 10 / 10

4 5, 4, 20

5 12, 9, 108

6 6, 6, 36

154쪽

7 $35\ cm^2$

8 $32\ cm^2$

9 $27\ m^2$

10 $12\ km^2$

11 $48\ km^2$

12 $25\ cm^2$

13 $16\ cm^2$

14 $49\ m^2$

15 $9\ km^2$

16 $36\ km^2$

155쪽

17 (위에서부터) 4, 3, 12 / 5, 4, 20

18 (위에서부터) 3, 3, 9 / 4, 4, 16

19 나

20 가

21 7

22 8

23 9

24 8, 12, 96 / 96

156쪽

25 $12\ m^2$

26 $16\ m^2$

27 $6\ m^2$

28 $10\ m^2$

29 $32\ m^2$

30 $56\ m^2$

31 $4\ m^2$

32 $20\ m^2$

157쪽 36회 평행사변형의 넓이

157쪽

1 10, 8, 80

2 9, 6, 54

3 3, 18

4 8, 24

5 7, 5, 35

158쪽

6 20 cm^2
7 40 cm^2
8 66 m^2
9 12 km^2
10 48 km^2
11 42 m^2
12 24 m^2
13 36 m^2
14 30 m^2
15 56 m^2

159쪽

16 12 cm^2
17 24 cm^2
18 36 cm^2
19 나
20 가
21 가
22 8
23 6
24 5
25 13, 9, 117 / 117

160쪽

26 25 cm^2
27 18 cm^2
28 20 cm^2
29 21 cm^2
30 16 cm^2
31 30 cm^2
32 24 cm^2
33 28 cm^2

161쪽 37회 삼각형의 넓이

161쪽

1 7, 6, 21
2 8, 8, 32
3 4, 12
4 12, 2, 48
5 10, 6, 2, 30

162쪽

6 49 cm^2
7 80 m^2
8 96 m^2
9 39 km^2
10 90 km^2
11 45 cm^2
12 81 cm^2
13 45 cm^2
14 42 cm^2
15 102 cm^2

163쪽

16 28 cm^2
17 35 cm^2
18 12 cm^2
19 가
20 가
21 나
22 라
23 다
24 가
25 13, 10, 65 / 65

164쪽

26 (　)(○)
27 (○)(　)
28 (　)(○)
29 (○)(　)
30 (○)(　)
31 (○)(　)

165쪽 38회 마름모의 넓이

165쪽

1 12, 6, 36
2 8, 5, 20
3 6, 42
4 10, 60
5 8, 8, 32

166쪽

6 54 cm^2
7 56 cm^2
8 100 m^2
9 50 m^2
10 42 km^2
11 49 cm^2
12 112 cm^2
13 48 cm^2
14 117 cm^2
15 96 cm^2

167쪽

16 8 cm^2
17 6 cm^2
18 15 cm^2
19 84 cm^2
20 45 cm^2
21 18 cm^2
22 가
23 가
24 나
25 40, 50, 1000 / 1000

168쪽

26 90

27 117

28 110

29 112

30 98

31 105

버블티

169쪽 39회 사다리꼴의 넓이

169쪽

1 9, 27

2 10, 25

3 10, 3, 21

4 8, 4, 28

5 14, 5, 55

170쪽

6 39 cm^2

7 42 cm^2

8 49 m^2

9 30 m^2

10 35 km^2

11 36 cm^2

12 45 cm^2

13 24 cm^2

14 42 cm^2

15 26 cm^2

171쪽

16 60 cm^2

17 28 cm^2

18 33 cm^2

19 나

20 나

21 가

22 나

23 다

24 가

25 6, 14, 8, 80 / 80

172쪽

26 24

27 50

28 42

29 66

30 49

31 45

자연사박물관

173쪽 40회 6단원 테스트

173쪽

1 21 cm

2 72 cm

3 40 cm

4 22 cm

5 32 cm

6 44 cm

7 ① 20000 ② 50000

8 ① 4000000 ② 7000000

9 ① 10000000 ② 30000000

10 24 cm^2

11 16 cm^2

12 15 cm^2

174쪽

13 42 cm^2

14 77 cm^2

15 24 cm^2

16 64 cm^2

17 45 cm^2

18 28 cm^2

19 60 cm^2

20 52 cm^2

21 63 cm^2

22 68 cm^2

23 35 cm^2

24 28 cm^2

175쪽

25 25 cm

26 24 cm

27 18 cm

28 64 cm

29 8

30 7

31 다

32 가

33 나

34 가

35 나

36 다

176쪽

37 12, 4, 48 / 48

38 12, 9, 2, 42 / 42

39 3, 2, 6 / 6

40 19, 16, 152 / 152

memo

정답 5·1